普通高等院校计算机类专业规划教材·精品系列

实用数据结构基础
（第四版）

陈元春　王中华　张　亮　王　勇　编著

中国铁道出版社有限公司
CHINA RAILWAY PUBLISHING HOUSE CO., LTD.

内 容 简 介

本书对数据结构的概念和原理进行了阐述，对数据结构的基本运算进行了分析，并给出了详细的实现过程。全书共分 11 章，内容包括：绪论、线性表、栈、队列、串、多维数组和广义表、树和二叉树、图、查找、排序、数据结构课程设计等，并在附录部分介绍了数据结构实验系统的组装。

本书集教学内容、习题、实验和课程设计于一体，书中的重要算法均给出了完整的 C/C++语言源程序，并全部在 VC++环境中运行通过，一书在手就能方便地进行"数据结构"课程的理论学习和实验、课程设计等实践性环节的训练。

本书适合作为高等院校计算机类专业数据结构课程的教材，也可以作为成人教育、自学考试和从事计算机应用的工程技术人员的参考用书。

图书在版编目（CIP）数据

实用数据结构基础 / 陈元春等编著. — 4 版. — 北京：
中国铁道出版社，2015.9（2021.12 重印）
普通高等院校计算机类专业规划教材. 精品系列
ISBN 978-7-113-20748-9

Ⅰ. ①实… Ⅱ. ①陈… Ⅲ. ①数据结构-高等学校-
教材 Ⅳ. ①TP311.12

中国版本图书馆 CIP 数据核字(2015)第 167389 号

书　　名：**实用数据结构基础**
作　　者：陈元春　王中华　张　亮　王　勇

策　　划：周海燕
责任编辑：周海燕　彭立辉
封面设计：穆　丽
封面制作：白　雪
责任校对：徐盼欣
责任印制：樊启鹏

出版发行：中国铁道出版社有限公司（100054，北京市西城区右安门西街 8 号）
网　　址：http://www.tdpress.com/51eds/
印　　刷：三河市兴达印务有限公司
版　　次：2003 年 9 月第 1 版　2007 年 8 月第 2 版　2011 年 2 月第 3 版
　　　　　2015 年 9 月第 4 版　2021 年 12 月第 8 次印刷
开　　本：787 mm×1 092 mm　1/16　印张：19.25　字数：455 千
印　　数：18 001～19 500 册
书　　号：ISBN 978-7-113-20748-9
定　　价：37.00 元

本书在第三版的基础上进行了修订，共由 11 章教学内容和一个附录组成。

第 1 章绪论，介绍了数据结构与算法的基本概念；第 2 章～第 5 章，介绍了线性表、栈、队列、串等线性结构的逻辑特征、存储方法，以及常用算法的实现和基本应用；第 6 章多维数组和广义表介绍了它们的存储方法及基本算法；第 7 章和第 8 章，介绍了树和图两种非线性数据结构的逻辑特征、存储方法，以及相关算法的实现和基本应用；第 9 章查找，主要介绍了顺序查找、二分查找、分块查找、二叉排序树的查找方法以及哈希查找方法；第 10 章排序，介绍了在计算机中广泛使用的各种排序方法，并对各种排序算法的优劣进行了分析和比较。各章内容相对独立，自成体系。

第 11 章是数据结构课程设计，精选了 28 个数据结构的典型题目。每个课题都有明确的设计目的、设计内容和设计要求，学生可以根据自己的学习基础选做适当的课题。

附录部分是指导学生设计一个主控模块，以调用第 2 章～第 10 章的 9 个验证性实验的子系统，完成一个数据结构实验系统的组装。其作用是学习文件包含处理的基本方法，让学生在学好数据结构基本算法的同时，建立起系统设计的初步概念。

本次改版，除了对各章的内容做了一些修订外，重点修改了以下三方面的内容：

（1）对各章的习题（主要包括判断题、填空题、选择题、编程题）进行了全面的修改和充实。

（2）对第三版的第 12 章进行了改写，并变成了第 11 章数据结构课程设计。

（3）对第三版的第 11 章进行了全面压缩，并使之变成了一个附录：数据结构实验系统的组装。

《实用数据结构基础》自 2003 年 9 月出版，到 2015 年 5 月共印刷了 17 次。本次改版的第 1 章～第 10 章，以及附录部分由陈元春修订，第 11 章由王中华修订，全书由陈元春定稿。

学习本课程的学生应具备 C 或 C++的初步编程能力。使用本书的总学时建议为 72 学时，其中实验性课程约占 32 学时。

本书集教学内容、习题、实验和课程设计于一体，使用本书的学生，一书在手就能方便地进行数据结构课程的理论学习和实验、课程设计等实践性环节的训练。本书配套的电子教案中有几十个数据结构演示动画供读者学习使用。

由陈元春、王淮亭、王中华编著的《实用数据结构基础学习指导》（第二版）也由中国铁道出版社重新修订出版。该书与本教材密切配合，内容包括：各章要点分析、典型习题分析、各章单元练习解答、自主设计实验指导、模拟试卷及参考解答、课程设计报告样例。

中国铁道出版社编辑参与了本书的审稿和编排工作，在此一并表示感谢！

由于编者水平有限，书中疏漏或不妥之处在所难免，恳请广大专家和读者不吝赐教。

编 者

2015 年 5 月

◀ 第三版前言

"数据结构"课程是计算机及相关专业的一门重要的专业基础课程。它不仅是计算机程序设计的理论基础,还是学习计算机操作系统原理、编译原理、数据库原理等课程的重要基础。

数据结构的主要任务是讨论数据的各种逻辑结构和数据在计算机中的存储表示,以及各种非数值运算算法的实现。通过"数据结构"课程的学习,使学生能使用数据结构的基本分析方法来提高编写程序的能力和应用计算机解决实际问题的能力。

本书编写的定位是大学本科和高职高专计算机专业的学生,采用"以应用为目的,以够用为度"的原则,从应用实际的需求出发,大胆取舍,注重实用性。本书对数据结构的概念和原理的阐述通俗易懂,例子翔实,习题丰富,对数据结构基本运算的分析注重其实现过程。对于书中的重要算法均给出了完整的 C/C++语言源程序,并全部在 VC++环境中运行通过。

本书以"数据结构实验演示系统"为主线来组织教材的编写。本书的实践性环节分为验证性实验、自主性设计实验、课程实训和课程设计四个层次。本书前 10 章每章都有一个验证性实验和一个自主设计实验。每一章的验证性实验构成一个相对独立的子系统,主要用来验证各章教学的重点算法;自主设计实验是要求学生自主设计完成的程序,每个实验都有详细的设计要求;课程实训是把各章验证性实验的子系统组装成一个完整的数据结构实验系统,并在此基础上扩充自主设计实验的算法;课程设计的目的则是为了进一步提高和巩固学生分析问题和解决问题的能力,使编程能力得到有效的巩固和提高。

本书内容共分 12 章,第 1 章绪论,介绍了数据结构与算法的基本概念;第 2 章至第 5 章,介绍了线性表、栈、队列、串等线性结构的逻辑特征、存储方法以及常用算法的实现和基本应用;第 6 章多维数组和广义表介绍了它们的存储方法以及基本算法;第 7 章和第 8 章,介绍了树和图两种非线性数据结构的逻辑特征、存储方法以及相关算法的实现和基本应用;第 9 章查找,主要介绍了顺序查找、二分查找和二叉排序树的查找方法以及散列存储的基本方法;第 10 章排序,介绍了在计算机中广泛使用的各种排序方法,并对各种排序算法的优劣进行了分析和比较。各章内容相对独立,自成体系。

第 11 章是数据结构课程实训,让学生设计一个主控模块,用以调用第 2 章至第 10 章的 9 个验证性实验的子系统,完成一个数据结构实验系统的组装。本章的作用是学习文件包含处理的基本方法,让学生在学好数据结构基本算法的同时,建立起系统设计的初步概念。

第 12 章是数据结构课程设计,精选了 24 个数据结构的典型题目,并按照从易到难的顺序分为 A、B、C 三个类别。其中 A 类课题 6 个,B 类课题 9 个,C 类课题 9 个。每个课题都有明确的设计目的、设计内容和设计要求。学生可以根据自己的学习基础选做适当的课程设计题目。

《实用数据结构基础》自 2003 年 8 月出版，到 2007 年 6 月共印刷了 7 次。《实用数据结构基础（第二版）》由陈元春修订。第二版自 2007 年 8 月出版，至 2010 年 6 月也印刷了 7 次。《实用数据结构基础（第三版）》中王中华编写了第 12 章；重画了第 2 章、第 4 章部分插图；修订和增加了第 2 章、第 4 章、第 7 章部分源代码；增加了 8.2.3 节的十字链表，充实了 8.5 节的最短路径，增加了 8.6 节的有向无环图及其应用，并且增加了部分图表和源代码；充实了 9.3.2 节的平衡二叉树；修订了第 10 章堆排序的部分内容。陈元春对第 11 章内容进行了修改，并改名为"数据结构课程实训"；对各章过渡文字和错误进行了修订，并完成全书的定稿工作。

学习本课程的学生应具备 C 或 C++的初步编程能力。使用本教材的总学时建议为 72 学时，其中实验性课程约占 32 学时。

本书集教材、习题、实验、实训和课程设计于一体，使用本书的学生，一册在手就能方便地进行数据结构课程的理论学习和实验、实训、课程设计等实践性环节的训练。本书配套的电子教案中有几十个数据结构演示动画供读者学习使用。

由陈元春、王淮亭合编的《实用数据结构基础学习指导》也由中国铁道出版社出版。该书与本教材密切配合，内容包括：各章要点分析；典型习题分析；各章单元练习解答；自主设计实验指导，以及与教学内容紧密配套的六套模拟试卷。

中国铁道出版社编辑参与了本书的审稿和编排工作，在此一并表示感谢！

由于作者水平有限，书中疏漏或不妥之处在所难免，恳请广大专家和读者不吝赐教。

编　者

2010 年 12 月

第二版前言

数据结构是计算机专业及相关专业的一门重要的专业基础课程。它不仅是计算机程序设计的理论基础，还是学习计算机操作系统原理、编译原理、数据库原理等课程的重要基础。

数据结构的主要任务是讨论数据的各种逻辑结构和数据在计算机中的存储表示，以及各种非数值运算的算法的实现。通过数据结构课程的学习，使学生能使用数据结构的基本分析方法来提高编写程序的能力和应用计算机解决实际问题的能力。

本书编写的定位是大学本科和高职、高专计算机专业的学生，采用"以应用为目的，以够用为度"的原则，从应用实际的需要出发，大胆取舍，注重实用性。

从体系结构而言，本书以"数据结构实验演示系统"为主线来组织教材的编写。每一章的主要算法构成一个相对独立的子系统（即子模块），子系统既是各章教学的重点内容，也是上机实验的主要算法。各个子系统可以通过菜单的选择对本章的基本算法进行实验和演示，也可以用它来检验相关习题的正确性。而系统又是开放式的，学生可以将自行设计的数据结构其他算法扩充到这个实验演示系统中去。

本书内容共分 11 章，第 1 章绪论，介绍了数据结构与算法的基本概念，并对算法的时间复杂度和空间复杂度做了介绍；第 2 章到第 5 章，介绍了线性表、栈、队列、串等线性结构的逻辑特征，存储方法以及常用算法的实现和基本应用；第 6 章多维数组和广义表（第二版新增）介绍了它们的存储方法以及基本算法；第 7 章到第 8 章，介绍了树和图两种非线性数据结构的逻辑特征、存储方法以及相关算法的实现和基本应用；第 9 章查找，主要介绍了顺序查找、二分查找和二叉排序树的查找方法以及散列存储的基本方法；第 10 章排序，介绍了在计算机中广泛使用的各种排序方法，并对各种排序算法的优劣进行了分析和比较。各章内容相对独立，自成体系；各章后都有一个验证性实验和一个自主设计实验，有明确的实验目的和实验要求，供学生课内或课外上机实验使用。第 11 章为"数据结构实验系统开发"，全书就是以这个"数据结构实验系统"为主线来组织教材编写的，具有很强的实用性和可操作性，本章提出了系统设计的要求，文件的包含处理方法以及主控模块的设计。实际上它是一个数据结构的实训课题，让学生在完成各章子系统的前提下，再设计一个主控模块（即主菜单），来调用各章的子系统。通过实训，把各章子系统的实验，组装成一个完整的数据结构实验系统，进而再把自主设计的其他算法扩充到实验系统中去，通过菜单的选择可以方便地进行各章算法的实验和演示，也可以用它来检验相关习题的正确性。这样安排的作用是，让学生在学好数据结构基本算法的同时，逐步建立起系统设计的初步概念。

本书集教材、习题和实验于一体，让使用本书的学生和自修的读者，一册在手就能方便地进行数据结构课程的学习和实验训练。

本书初版由计春雷、曾宪文和沈学东策划，由陈元春、张亮、王勇编写，并由陈元春完成全书的统稿、修改和定稿工作。自 2003 年 8 月出版以来，到 2007 年 6 月已进行了 7 次印刷。

《实用数据结构基础（第二版）》由陈元春修订，新增了第 6 章多维数组和广义表的内容；重新调整和修改了各章的实验程序，新增了 10 个自主设计的实验；重新编写了各章单元练习，使题型和题量都有大幅度的增加；重新修改了与教材配套的电子课件。使全书的内容进一步充实，质量有了进一步的提高。

王淮亭审阅了《实用数据结构基础（第二版）》全书内容，并提出了许多宝贵的修改意见；陈默、费宏慧绘制了本书的大量图片，在此一并表示感谢！

另外，由陈元春、王淮亭等合编的《实用数据结构基础学习指导（第二版）》也由中国铁道出版社出版。该书与《实用数据结构基础（第二版）》密切配合，内容包括：各章要点分析；典型习题分析；各章单元练习解答；自主设计实验指导，以及与教学内容紧密配套的六套模拟试卷。

由于编者水平有限，书中疏漏或不妥之处在所难免，恳请广大专家和读者不吝赐教。

编　者
2007 年 6 月

第一版前言

　　数据结构是计算机及相关专业的一门重要的专业基础课程。它不仅是计算机程序设计的理论基础，还是学习计算机操作系统、编译原理、数据库原理等课程的重要基础。

　　数据结构的主要任务是讨论数据的各种逻辑结构和数据在计算机中的存储表示，以及各种非数值运算的算法的实现。通过数据结构课程的学习，使学生能使用数据结构的基本分析方法来提高编写程序的能力和应用计算机解决实际问题的能力。

　　本书编写的定位是大学本科和高职、高专的计算机专业的学生，采用"以应用为目的，以够用为度"的原则，从实际应用的需要出发，大胆取舍，注重实用性。

　　从体系结构而言，本书以"数据结构实验演示系统"为主线来组织教材的编写。每一章的主要算法构成一个相对独立的子系统（即子模块），子系统既是各章教学的重点内容，也是上机实验的主要算法。各个子系统可以通过菜单的选择对本章的基本算法进行实验和演示，也可以用它来检验相关习题的正确性。而系统又是开放式的，对于学有余力的同学，可以将数据结构的其他算法扩充到整个实验演示系统中去。

　　从编写风格而言，本书力求做到简明扼要，条理清楚，并尽量避免抽象的理论论述和复杂的公式推导。本书集教学和实验指导于一体，使得使用本书的学生和自修的读者，一册在手就能方便地进行数据结构课程的学习和实验训练。如果读者在使用本书的过程中需习题答案及"数据结构实验演示系统"，可向中国铁道出版社计算机图书中心或任课老师索取。

　　本书内容共分 10 章，第 1 章绪论，介绍了数据结构与算法的基本概念，并对算法的时间复杂度和空间复杂度做了介绍；第 2 章到第 5 章，介绍了线性表、栈、队列、串等线性结构的逻辑特征，存储方法以及常用算法的实现和基本应用；第 6 章到第 7 章，介绍了树和图两种非线性数据结构的逻辑特征、存储方法以及相关算法的实现和基本应用；第 8 章，主要介绍了顺序查找、二分查找、分块查找和二叉排序树的查找方法以及散列存储的基本方法；第 9 章，介绍了在计算机中广泛使用的各种排序方法，并对各种排序算法的优劣进行了分析和比较。各章内容相对独立，自成体系；每章都有明确的实验目的和实验要求，供学生上机实验使用，在实验参考程序中给出了各章子系统的源代码。书中各章子系统的实验均给出了完整的源代码，并全部在 VC++环境中上机运行通过。由于篇幅所限，本书大部分算法都是以单独的函数形式给出的，若读者要运行这些算法，还必须给出一些变量的说明及主函数来调用所给的函数。

　　本书的第 10 章为"系统的开发"，提出了系统设计的要求，文件包含处理方法及主控模块的设计。实际上它相当于数据结构的一个实训课题，让学生在完成各章子系统的前提下，再设计一个主控模块（即主菜单），来调用各个子系统。通过实训，使学生在原有各章子系统的基础上，组装成一个完整的数据结构实验系统，从而使学生在学好基本算法的基础上，逐步建立起系统的概念。

本书由计春雷副教授、曾宪文副教授和沈学东老师策划，本书第 1 章、第 3 章、第 4 章、第 6 章、第 10 章由陈元春执笔，第 2 章、第 7 章、第 8 章由张亮执笔，第 5 章、第 9 章由王勇执笔。实验和习题指导部分由陈元春和张亮合编，并由张亮调试了整个"数据结构实验演示系统"。最后由陈元春完成全书的统稿、修改和定稿工作。王淮亭副教授、刘新铭副教授和郑君华老师审阅了全书的内容，并提出了许多宝贵的修改意见，费宏慧老师绘制了本书的大量图片。另外，还有陈贤淑、陈晓娟、廖康良等参与了本书的编排工作，在此一并表示感谢！

　　由于编者水平有限，书中的疏漏或不妥之处在所难免，恳请广大专家和读者不吝赐教。同时，我们也会在适当的时间对本书的内容进行修订和补充，并发布在天勤网站（http://www.tqbooks.net）的"图书修订"栏目中。

编　者

2003 年 8 月

目　　录

绪　　论 ⋘

　　自从世界上第一台电子计算机诞生以来，特别是近 30 年来，计算机技术的飞速发展与广泛应用已远远超出人们的预料。计算机技术已成为现代化发展的重要支柱和标志，并逐步渗透到人类生活的各个领域。随着计算机硬件的发展，对计算机软件的发展也提出了越来越高的要求。由于软件的核心是算法，而算法实际上是对加工数据过程的描述，所以研究数据结构（包括数据的逻辑结构、存储结构及算法）对提高编程能力和设计高性能的算法是至关重要的。

1.1　什么是数据结构

　　随着计算机应用领域的不断扩大，简单的数据类型远远不能满足程序设计的需要，各元素之间的联系也不再是普通数学方程所能表达的。掌握数据结构和算法在很大程度上取决于描述实际问题的数据结构，那么数据结构究竟是研究什么的呢？

1.1.1　从数据结构实验演示系统认识数据结构

下面先介绍一个简单的数据结构实验演示系统。

在 Windows 等操作系统下运行本书提供的 DS.exe 文件，就会出现如下信息：

```
            数 据 结 构 实 验 演 示 系 统
                    主  菜  单
* * * * * * * * * * * * * * * * * * * * * * * * * * *
*                1--------线    性    表                *
*                2---------        栈                    *
*                3--------队        列                  *
*                4---------    串                        *
*                5--------二    叉    树                *
*                6---------    图                        *
*                7--------查        找                  *
*                8--------多维数组和广义表              *
*                9--------排        序                  *
*                0--------退        出                  *
* * * * * * * * * * * * * * * * * * * * * * * * * * *
            请选择菜单号（0--9）：
```

按提示进行选择，例如选择 2，即进入栈子系统。

```
栈 子 系 统
* * * * * * * * * * * * * * * * * * * * * * * * * * * * * * *
*                    1-------进    栈                    *
*                    2-------出    栈                    *
*                    3-------显    示                    *
*                    4-------数 制 转 换                 *
*                    5-------逆 波 兰 式                 *
*                    0-------返    回                    *
* * * * * * * * * * * * * * * * * * * * * * * * * * * * * * *
    请输入菜单号（0--5）:
```

再按提示选择 4，进入二进制和十进制转换的演示……

学过 C（或 C++）程序设计的人对结构化程序设计的一些特点应有一定的了解，但是对于数据，特别是数据结构往往缺乏更深层次的认识。著名的计算机科学家 N.Writh 提出"算法+数据结构=程序"的思想，明确地指出了数据结构实际上是程序的主要部分。

数据结构是一门介于数学、计算机硬件和计算机软件三者之间的核心课程。在计算机科学中，数据结构不仅是一般非数值计算程序设计的基础，还是设计和实现汇编语言、编译程序、操作系统、数据库系统，以及其他系统程序和大型应用程序的重要基础。打好"数据结构"这门课程的扎实基础，将会对程序设计有进一步的认识，使编程能力上一个台阶，从而使自己学习和开发应用软件的能力有明显的提高。

从我国计算机教学现状来看，数据结构不仅仅是计算机专业教学计划中的核心课程之一，而且已经逐步成为非计算机专业学生的重要选修课程。

1.1.2　数据结构研究的内容

用计算机解决一个具体问题时，大致需要经过以下几个步骤：

（1）从具体问题抽象出适当的数学模型。

（2）设计求解数学模型的算法。

（3）编制、运行并调试程序，直到解决实际问题。

寻求数学模型的实质是分析问题，从中提取操作的对象，并找出这些操作对象之间的关系，然后用数学语言加以描述。

下面请看几个例子。

【例 1-1】学生入学情况登记简表，如表 1-1 所示。

表 1-1　学生入学情况登记简表

学　　号	姓　　名	性　　别	入 学 总 分
01	丁一	男	440
02	马二	男	435
03	张三	女	438
04	李四	男	430
05	王五	女	445
06	赵六	男	428

续表

学　号	姓　名	性　别	入 学 总 分
07	钱七	女	432
08	孙八	男	437
09	冯九	女	426
10	郑十	女	425

表1-1称为一个表数据结构,表中的每一行是一个结点(node),或称记录(record),由学号、姓名、性别、入学总分等数据项(item)组成。在此表中,第一条记录没有直接前驱,称为开始结点;最后一条记录没有直接后继,称为终端结点。除了第一条记录和最后一条记录以外,其余的记录,都有且仅有一条直接前驱记录和一条直接后继记录。这些结点之间是"一对一"的关系,它构成了"学生入学情况登记简表"的逻辑结构。

那么,"学生入学情况登记简表"在计算机的存储器中又是如何存储的呢?表中各元素是存储在存储器中连续的存储单元(顺序存储),还是用指针链接存储在不连续的存储单元(链接存储)呢?它构成了"学生入学情况登记简表"的存储结构。

如何在"学生入学情况登记简表"中查找、插入和删除记录,以及如何对记录进行排序、统计、分析等,构成了数据的运算。

【例1-2】井字棋对弈问题。

图1-1(a)是井字棋对弈过程中的一个格局,任何一方只要使相同的3个棋子连成一条直线(可以是一行、一列或一条对角线)即为胜方。如果下一步由"×"方下,可以派生出5个子格局,如图1-1(b)所示;随后由"○"方接着下,对于每个子格局又可以派生出4个子格局。

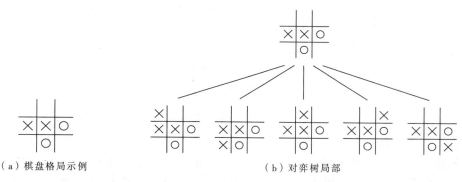

（a）棋盘格局示例　　　　　　　（b）对弈树局部

图 1-1　井字棋对弈"树"

若将从对弈开始到结束的过程中所有可能的格局画在一张图上,即形成一棵倒挂的对弈"树"。"树根"是对弈开始时的第一步棋,而所有"叶子"便是可能出现的结局,对弈过程就是从树根沿树权到某个叶子的过程。在本例中,对弈开始之前的棋盘格局没有直接前驱,称为开始结点(即根),以后每走一步棋,都有多种应对的策略,结点之间存在着"一对多"的关系,它构成了井字棋对弈的逻辑结构。

【例 1-3】七桥问题。

位于俄罗斯境内的哥尼斯堡有一条小河叫勒格尔河,河有两条支流,一条叫新河,一条叫老河,它们在市中心汇合,在合流的地方中间有一座小岛,在小岛和两条支流上建有七座桥。于是哥尼斯堡可分为四块陆地,四周均为河流,四块陆地由七座桥相连。设四块陆地分别为 A、B、C、D,可以用图 1-2 表示。

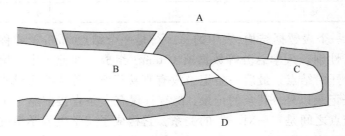

图 1-2　七桥问题

哥尼斯堡的居民有个传统习惯,星期天沿着城市的河岸和小岛散步,同时试图找到一条可经过所有七座桥但又不重复经过任意一座桥的路线,这就是著名的"七桥问题"。1736 年,正在哥尼斯堡的瑞士数学家欧拉对"七桥问题"产生了兴趣。他化繁为简,把四块陆地和七座桥抽象为四个点和七条线组成的几何图形,如图 1-3 所示,人们称之为欧拉回路。

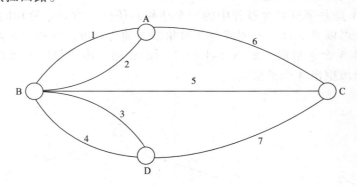

图 1-3　欧拉回路

欧拉对"七桥问题"的结论是:"所有结点的度(一个结点拥有的边数称为度)均为偶数时,原问题才有解"。换言之,"七桥问题"永远无解。在此,我们无意讨论数学证明问题,而仅对图 1-3 中每一个结点有多个直接前驱和多个直接后继这样一个结果产生兴趣,即那些结点之间存在"多对多"的关系,称之为图。

综上所述,非数值计算问题的数学模型不再是数学方程的问题,而是诸如上述的表(如例 1-1)、树(如例 1-2)、图(如例 1-3)之类的数据结构。因此,简单地说,数据结构是一门研究非数值计算的程序设计问题的学科,主要研究数据的逻辑结构、存储结构和运算方法。

本章以下的三节就介绍这三方面的内容。

1.2 数据的逻辑结构

数据元素之间的逻辑关系，称为数据的逻辑结构。

1.2.1 基本概念

1. 数据（data）

数据是信息的载体，是对客观事物的符号表示。通俗地说，凡是能被计算机识别、存取和加工处理的符号、字符、图形、图像、声音、视频信号等一切信息都可以称为数据。

在计算机科学中，所谓数据就是计算机加工处理的对象，它可以是数值数据，也可以是非数值数据。数值数据包括整数、实数、浮点数或复数等，主要用于科学计算、金融、财会和商务处理等；非数值数据则包括文字、符号、图形、图像、动画、语音、视频信号等。随着多媒体技术的飞速发展，计算机中处理的非数值数据已越来越多。

2. 数据元素（data element）

数据元素是对现实世界中某独立个体的数据描述，是数据的基本单位。

数据元素又称为结点（node），在计算机中，常作为一个整体来处理。例如，表 1-1 中的一行就是一个结点（又称记录）。数据元素在 C（或 C++）语言中可以用结构体来描述，每个数据项都是结构体中的一个分量。

3. 数据项（data item）

数据项是数据不可分割的、具有独立意义的最小数据单位，是对数据元素属性的描述。数据项也称为域或字段（field）。

数据项一般有名称、类型、长度等属性。在 C（或 C++）语言中数据的类型有整型、实型、浮点型、字符型、指针型等。

数据、数据元素、数据项反映了数据组织的 3 个层次，即数据可以由若干个数据元素组成，数据元素又由若干数据项组成。

4. 数据对象（data object）

数据对象是性质相同的数据元素的集合，是数据的一个子集。例如，在"学生入学情况登记简表"中，数据对象就是全体学生记录的集合。

5. 数据结构（data structure）

数据结构是相互之间存在一种或多种特定关系的数据元素的集合。

根据数据元素之间关系的不同特性，存在以下 4 类基本的数据结构：

（1）集合：结构中的数据元素之间除了"同属于一个集合"的关系之外，别无其他关系。例如，某些高级语言中同一个容器里面的元素之间就是集合关系。

（2）线性结构：结构中的数据元素之间存在着"一对一"的关系。在线性结构中，集合中的元素，有且仅有一个开始结点和一个终端结点，除了开始结点和终端结点以外，其余结点都有且仅有一个直接前驱和一个直接后继。

（3）树形结构：结构中的数据元素之间存在着"一对多"的关系。树形结构除了起始结点（即根结点）外，各结点都有唯一的直接前驱；所有的结点都可以有 0 个至多个直接后继。

（4）图形结构：结构中的数据元素之间存在着"多对多"的关系。在图形结构中，每个结点都可以有多个直接前驱和多个直接后继。

图1-4所示为4类基本数据结构的示意图。

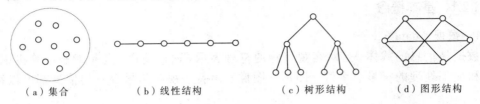

（a）集合　　　　　（b）线性结构　　　　　（c）树形结构　　　　（d）图形结构

图1-4　4类基本数据结构的示意图

1.2.2　逻辑结构的描述

一个数据的逻辑结构 G 可以用二元组来表示：

$$G=(D,R)$$

其中，D 是数据元素的集合；R 是 D 上所有数据元素之间关系的有限集合（反映了各元素的前驱、后继关系）。下面来看几个实例。

【例1-4】一种数据结构 Line=(D,R)，其中：

D={01,02,03,04,05,06,07,08,09,10}

R={<05,01>,<01,03>,<03,08>,<08,02>,<02,07>,<07,04>,<04,06>,<06,09>,<09,10>}

尖括号表示关系集合，如<05,01>表示是有向的，即表示从05指向01。细心的读者会发现，如果把图1-5所示的结构与表1-1对照，它实质上是表1-1按入学总分降序排列的学号次序。其特点是除了头结点"05"和尾结点"10"以外，其余结点都只有一个直接前驱和一个直接后继，即结构的元素之间存在着一对一（1:1）的关系。我们把具有这种特点的数据结构称为线性结构。

图1-5　线性结构

【例1-5】一种数据结构 Tree=(D,R)，其中：

D={01,02,03,04,05,06,07,08,09,10}

R={<01,02>,<01,03>,<01,04>,<02,05>,<02,06>,<02,07>,<03,08>,<03,09>,<04,10>}

这种数据结构的特点是除了结点"01"无直接前驱（称为根）以外，其余结点都只有一个直接前驱，但每个结点都可以有零个或多个直接后继，即结构的元素之间存在着一对多的关系，如图1-6所示。通常把具有这种特点的数据结构叫作树形结构（或树结构），简称树。

树形结构反映了结点元素之间的一种层次关系，如图1-6所示，从根结点起共分为三层，有向的箭头体现了结点之间的从属关系。但为了画图方便，在不会引起误解的前提下，本书以后所画的大部分树形结构图，都忽略箭头，只画直线。

【例1-6】一种数据结构 Graph=(D,R)，其中：

$D=\{a,b,c,d,e\}$

$R=\{(a,b),(a,d),(b,d),(b,c),(b,e),(c,d),(d,e)\}$

圆括号表示的关系集合是无向的，如 (a,b) 表示从 a 到 b 之间的边是双向的。其特点是各个结点之间都存在着多对多（$M:N$）的关系，即每个结点都可以有多个直接前驱或多个直接后继，如图 1-7 所示。通常把具有这种特点的数据结构叫作图形结构，简称图。

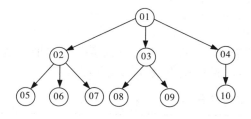

图 1-6 树形结构

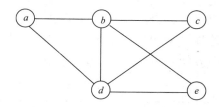

图 1-7 图形结构

从上述三种结构的描述可知，树形结构是图形结构的特殊情况（当 $M=1$ 时），而线性结构则是树形结构的特殊情况（当 $M=N=1$ 时）。为了区别于数据元素之间存在一对一关系的线性结构，我们把数据元素之间存在一对多关系的树形结构和数据元素之间存在多对多关系的图形结构统称为非线性结构。

1.3 数据的存储结构

数据的存储结构是数据元素及其关系在计算机存储器内的表示，所以又称为数据的物理结构。数据元素在计算机中主要有以下 4 种不同的存储结构。

1．顺序存储

顺序存储结构的特点是借助元素在存储器中的相对位置来表示数据元素之间的逻辑关系。例如，一个字母占 1 字节，输入A、B、C、D、E，并存储在由 2000 起始的连续存储单元中，如图 1-8 所示。

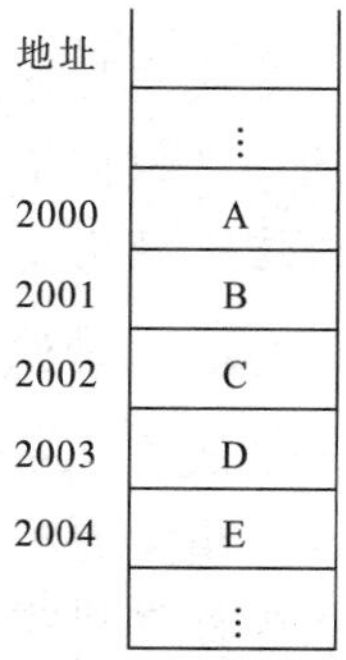

在 C（或 C++）语言中，最简单的方法是用一维数组来实现顺序存储。

地址	
	$\vdots$
2000	A
2001	B
2002	C
2003	D
2004	E
	$\vdots$

图 1-8 顺序存储结构

2．链式存储

链式存储结构的特点是借助指示元素存储地址的指针（pointer）来表示数据元素之间的逻辑关系。例如，图 1-9 表示复数 $Z=2.0+4.8i$ 的链式存储结构。其中，地址 2000 存放实部，地址 2100 存放虚部，实部与虚部的关系用值为 2100 的指针来表示。

用指针来实现链式存储时，数据元素不一定存在地址连续的存储单元，存储处理的灵活性较大。

3．索引存储

索引存储是在原有存储数据结构的基础上，附加建立一个索引表，索引表中的每

一项都由关键字（能唯一标识一个结点的数据项）
和地址组成。索引表反映了按某一个关键字递增或
递减排列的逻辑次序。采取索引存储的主要作用是
提高数据的检索速度。

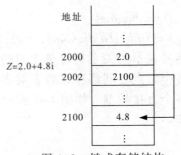

图 1-9　链式存储结构

4．散列（hash）存储

散列存储是通过构造散列函数来确定数据存
储地址或查找地址。例如，某一地区进行 1948 年
以后出生人口的统计。这里用"出生年份–1948=存
储地址"来构造一个函数，即用出生年份减去 1948 得到的差值就是存储地址，这样
就能方便地得到一个某地区 1948 年以后出生人口的调查表，如表 1–2 所示。

表 1–2　人口调查表

存 储 地 址	出 生 年 份	人　　数	存 储 地 址	出 生 年 份	人　　数
01	1949	1 000	21	1969	1 800
02	1950	1 200	…	…	…
03	1951	1 500	54	2002	1 350
…	…	…	55	2003	1 100

对于散列存储的具体方法将在第 9 章进行介绍。

1.4　算法和算法的效率

算法与数据结构的关系紧密，在设计算法时首先要确定相应的数据结构，而在讨
论某一种数据结构时也必然会涉及相应的算法。任何一个算法的设计都取决于选定数
据的逻辑结构；而算法的实现则依赖于数据所采用的存储结构。

1.4.1　算法

算法（algorithm）是对特定问题求解步骤的一种描述，是指令的有限序列。其中
每一条指令表示一个或多个操作。

在计算机领域，一个算法实质上是针对所处理问题的需要，在数据的逻辑结构和
存储结构的基础上施加的一种运算。由于数据的逻辑结构和存储结构不是唯一的，所
以处理同一个问题的算法也不是唯一的；即使对于具有相同逻辑结构和存储结构的问
题而言，由于设计思想和设计技巧不同，编写出来的算法也大不相同。学习数据结构
这门课的目的，就是要学会根据实际问题的需要，为数据选择合适的逻辑结构和存储
结构，进而设计出合理和实用的算法。

1．算法的特性

（1）有穷性：一个算法必须在有限步之后结束，并且每一步应该在有限时间内完成。

（2）确定性：算法的每一条指令必须有确切的定义，无二义性。

（3）可行性：算法所描述的操作可以通过有限次基本运算来实现，并得到正确的
结果。

（4）输入：一个算法具有零个或多个输入。

（5）输出：一个算法具有一个或多个输出。

2．算法与程序的关系

（1）一个算法必须在有穷步之后结束；一个程序不一定满足有穷性。

例如，操作系统只要整个系统不遭破坏，它将永远不会停止，即使没有作业需要处理，它仍处于动态等待之中。因此，操作系统不是一个算法。

（2）程序中的指令必须是机器可执行的，而算法中的指令则无此限制。

（3）算法代表了对问题的求解过程，而程序则是算法在计算机上的实现。算法用特定的程序设计语言来描述，就成了程序。

（4）算法与数据结构是相辅相成的。

3．一个好算法应该达到的目标

（1）正确性：算法的执行结果应当满足预先设定的功能和要求。

（2）可读性：一个算法应当思路清晰、层次分明、易读易懂。

（3）健壮性：当发生误操作或输入非法数据时，应能做适当的反应和处理，不至于引起莫名其妙的后果。在有些专业书籍上健壮性又称为鲁棒性（为 robust 的音译）。

（4）高效性：对同一个问题，执行时间越短，算法的效率就越高。

（5）低存储量：完成相同的功能，执行算法时所占用的附加存储空间应尽可能少。

实际上，一个算法很难做到十全十美，原因是上述要求有时会相互抵触。例如，要节约算法的执行时间，往往要以牺牲一定存储空间为代价；而为了节省存储空间，就可能需要耗费更多的计算时间。所以，实际操作中应以算法正确性为前提，根据具体情况而有所侧重。

若一个程序使用次数较少，一般要求简明易懂即可；对于需要反复多次使用的程序，应尽可能选用快速的算法；若待解决的问题数据量极大，而机器的存储空间又相对较小，则主要考虑的是如何节约存储空间的问题。

1.4.2　算法的效率

算法执行时间需要根据该算法编制的程序在计算机上的执行时间来定。度量一个程序的执行时间通常有两种方法。

1．事后统计法

事后统计法可通过计算机内部计时功能来统计，但缺点是：

（1）必须先运行按照算法编写的程序。

（2）运行时间的统计依赖于计算机硬件和软件的环境，容易掩盖算法本身的优劣。

2．事先估算法

将一个算法转换成程序并在计算机上运行时，其所需要的时间取决于下列因素：

（1）使用何种程序设计语言。

（2）采取怎样的算法策略。

（3）算法涉及问题的规模。

（4）编译程序产生的目标代码的质量。

（5）机器执行指令的速度。

显然，在各种因素不确定的情况下，使用执行算法的绝对时间来衡量算法的效率是不合适的。在上述各种与计算机相关的软、硬件因素确定以后，那么一个特定算法的运行工作量的大小就只依赖于问题的规模（通常用正整数 n 表示）。

1.4.3 算法效率的评价

算法的效率通常用时间复杂度与空间复杂度来评价。

1. 时间复杂度（time complexity）

通常把算法中所包含简单操作次数的多少叫作算法的时间复杂度。但是，当一个算法比较复杂时，其时间复杂度的计算会变得相当困难。实际上，没有必要精确地计算出算法的时间复杂度，只要大致计算出相应的数量级即可。

一般情况下，算法中原操作重复执行的次数是规模 n 的某个函数 $f(n)$，算法的时间复杂度 $T(n)$ 的数量级可记作：

$$T(n)=O(f(n)) \tag{1-1}$$

它表示随着问题规模的扩大，算法执行时间的增长率和 $f(n)$ 的增长率相同，称为算法的渐近时间复杂度，简称时间复杂度。

下面看几个例子。

【例 1-7】 执行时间与问题规模无关的例子（交换 A 和 B 的内容）。

（1）$T=A$；（2）$A=B$；（3）$B=T$；

三条语句的执行频度均为 1，执行时间是与问题规模 n 无关的常数，算法的时间复杂度为常数阶，即 $T(n)=O(1)$。

【例 1-8】 执行时间与问题规模相关的例子。

（1）x=0;y=0;　　　　　　　　　　　//执行 2 次
（2）for(k=1;k<=n;k++)
（3）　　x++;　　　　　　　　　　　//执行 n 次
（4）for(i=1;i<=n;i++)
（5）　　for(j=1; j<=n;j++)
（6）　　　　y++;　　　　　　　　　//执行 n^2 次

执行以上所有语句次数之和为：n^2+n+2。

当 $n\to\infty$ 时，显然有：

$$\lim_{n\to\infty}\frac{T(n)}{n^2}=\lim_{n\to\infty}\frac{(n^2+n+2)}{n^2}=1$$

所以 $T(n)=O(n^2)$。

【例 1-9】 交换 A 和 B 内容的另一种方法。

（1）$A=A+B$；（2）$B=A-B$；（3）$A=A-B$；

例 1-9 中的三条语句也实现了 A 和 B 内容的交换，虽然这种交换数据的方式不太直观，并且需要花费比例 1-7 更多的执行时间，但是和例 1-7 中交换数据采用的算法相比，例 1-9 中交换数据的方法节省了临时变量 T 所需的内存空间。其实很多实现同样功能的算法都具有这样一个特点：算法甲如果在执行时间上优于算法乙，那么算

效率上都很优的算法。在算法设计过程中，往往要根据实际条件的需要来决定是用时间来换空间，还是用空间来换时间。

常见函数的时间复杂度如图 1-10 所示。通常用 $O(1)$ 表示常数阶的计算时间。当 n 很大时，其关系如下：

$$O(1)<O(\lg n)<O(n)<O(n\lg n)<O(n^2)<O(n^3)<O(2^n)$$

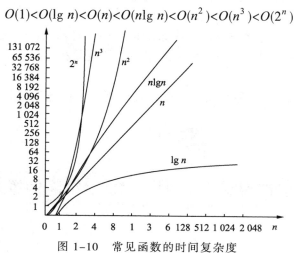

图 1-10 常见函数的时间复杂度

2. 空间复杂度（space complexity）

一个程序的空间复杂度是指程序运行从开始到结束所需要的存储空间。类似于算法的时间复杂度，把算法所需存储空间的量度记作：

$$S(n)=O(f(n)) \tag{1-2}$$

其中，n 为问题的规模。一个程序执行时，除了需要存储空间来存放本身所用的指令、常数、变量和输入数据以外，还需要一些对数据进行操作的工作单元和实现算法所必需的辅助空间。在进行时间复杂度分析时，如果所占空间依赖于特定的输入，一般都按最坏情况来分析。

小 结

（1）数据结构就是研究数据的逻辑结构、存储结构和运算方法的学科。

（2）数据的逻辑结构包括：集合、线性结构、树形结构、图形结构 4 种类型。

（3）集合中不存在数据之间的关系；线性结构元素之间存在一对一的关系；树形结构元素之间存在一对多的关系；图形结构元素之间存在多对多的关系。具有一对多和多对多关系的结构又称为非线性结构。

（4）数据的存储结构包括：顺序存储、链式存储、索引存储、散列存储 4 种。

（5）顺序存储可以采用一维数组来存储；链式存储可以采用链表结构来存储；索引存储则在原有存储数据结构的基础上，附加建立一个索引表来实现，主要作用是为了提高数据的检索速度；而散列存储则是通过构造散列函数来确定数据存储地址或查找地址。

（6）算法是对特定问题求解步骤的一种描述，是指令的有限序列。算法具有有穷

（6）算法是对特定问题求解步骤的一种描述，是指令的有限序列。算法具有有穷性、确定性、可行性、输入、输出等特性。

（7）一个好的算法应该达到正确性、可读性、健壮性、高效性和低存储量等目标。

（8）算法的效率常用时间复杂度与空间复杂度来评价，应该逐步掌握其基本分析方法。

（9）通常把算法中包含简单操作次数的多少叫作算法的时间复杂度。一般只要大致计算出相应的数量级即可；一个程序的空间复杂度是指程序运行从开始到结束所需的存储量。

（10）一个算法的时间和空间复杂度越好，则算法的效率就越高。

实　　　验

验证性实验1 数组、指针、结构体练习

1. 实验目的

（1）复习 C（或 C++）语言数组的用法。

（2）复习 C（或 C++）语言指针的用法。

（3）复习 C（或 C++）语言结构体的用法。

（4）理解算法时间复杂度分析的基本方法。

（5）通过实验程序，分析它们的时间复杂度。

2. 实验内容

（1）将 1～10 存入数组 a[10]，并将其逆序输出。

（2）用指针方式编写程序：从键盘输入 10 个整型数据，并存入数组，要求将 10个数中最大的数与第 1 个输入的数交换；将 10 个数中最小的数与最后 1 个输入的数交换。

（3）有 5 个学生，每个学生的数据包括学号、姓名、3 门课的成绩、平均分。

要求：从键盘依次输入 5 个学生的学号、姓名、3 门课成绩，自动计算 3 门课的平均分，并将 5 个学生的数据在屏幕上输出。

3. 参考程序

（1）
```c
#include<stdio.h>
void main()
{   int i,a[10];
    for(i=0;i<=9;i++)   a[i]=i+1;
    for(i=9;i>=0;i--)   printf("%3d",a[i]);
    printf("\n");
}
```
（2）
```c
#include<stdio.h>
void main()
{   int a[10],*p,*max,*min,k;
    for(p=a;p<a+10;p++)   scanf("%d",p);
```

```
        max=min=a;
        for(p=a+1;p<a+10;p++)
        {   if(*max<*p)    max=p;
            if(*min>*p)    min=p;
        }
        p=a;
        if(*max==*(p+9)&&*min==*p)
        {   k=*p;
            *p=*(p+9);
            *(p+9)=k;
        }
        else if(*max==*(p+9))
        {   k=*max;*max=*p;*p=k;k=*min; *min=*(p+9); *(p+9)=k; }
        else
        {   k=*min;*min=*(p+9);*(p+9)=k;k=*max;*max=*p;*p=k; }
        for(p=a;p<a+10;p++)    printf("%4d",*p);
        printf("\n");
    }
（3）#include"stdio.h"
    struct STUDENT
    {   char id[10];
        char name[8];
        int score[3];
        double ave;
    }stu[5];
    void main()
    {   int num=5,i,j;
        for(i=0;i<num;i++)
        {   printf("\t 请输入第%d 学生的数据",i+1);
            printf("\t 学号: ");
            scanf("%s",stu[i].id);
            printf("\t 姓名: ");
            scanf("%s",stu[i].name);
            int Tave=0;
            for(j=0;j<3;j++)
            {   printf("\t 第%d 门课的成绩:",j+1);
                scanf("%d",&stu[i].score[j]);
                Tave+=stu[i].score[j];
            }
            stu[i].ave=(double)Tave/3.0;
        }
        printf("\n\t 学号\t 姓名\t 成绩 1\t 成绩 2\t 成绩 3\t 平均分\n");
        for(i=0;i<num;i++)
        {   printf("\t%s\t%s",stu[i].id,stu[i].name);
            for(j=0;j<3;j++)    printf("\t%d",stu[i].score[j]);
            printf("\t%f\n",stu[i].ave);
        }
    }
```

自主设计实验 1 学生成绩分析程序

1. 实验目的

（1）复习 C（或 C++）语言的基本描述方法。

（2）熟练掌握数组的用法。

（3）提高运用 C（或 C++）语言解决实际问题的能力。

2. 实验内容

设一个班有 10 个学生，每个学生有学号，以及数学、物理、英语、语文、体育 5 门课的成绩信息。分别编写 3 个函数以实现以下 3 个要求：

（1）求数学的平均成绩。

（2）对于有两门以上课程不及格的学生，输出他们的学号、各门课成绩及平均成绩。

（3）输出成绩优良的学生（平均成绩在 85 分以上或全部成绩都在 80 分以上）的学号、各门课成绩和平均成绩。

3. 实验要求

（1）利用 C（或 C++）语言完成程序设计。

（2）上机调试通过实验程序。

（3）输入 10 个学生的学号和数学、物理、英语、语文、体育 5 门课的成绩，检验程序运行的正确性。

（4）总结整个程序的组成和设计思想。

（5）撰写实验报告（把输入数据及运行结果用抓图的形式粘贴到实验报告上）。

习题 1

一、判断题（下列各题，正确的请在后面的括号内打√，错误的打×）

（1）数据元素是数据的最小单位。　　　　　　　　　　　　　　　　　（　　）

（2）一个数据结构是由一个逻辑结构和这个逻辑结构上的一个基本运算集构成的整体。

　　　　　　　　　　　　　　　　　　　　　　　　　　　　　　　　（　　）

（3）数据的存储结构是数据元素之间的逻辑关系和逻辑结构在计算机存储器内的映像。

　　　　　　　　　　　　　　　　　　　　　　　　　　　　　　　　（　　）

（4）数据的逻辑结构是描述数据元素之间的逻辑关系，它是依赖于计算机的。

　　　　　　　　　　　　　　　　　　　　　　　　　　　　　　　　（　　）

（5）用语句频度来表示算法的时间复杂度的最大好处是可以独立于计算机的软、硬件，分析算法的时间。　　　　　　　　　　　　　　　　　　　　　　　（　　）

二、填空题

（1）数据结构是一门研究非数值计算的程序设计问题中计算机的_____，以及它们之间的关系和运算的学科。

（2）数据有逻辑结构和_____两种结构。

（3）数据逻辑结构除了集合以外，还包括线性结构、树形结构和_____。

（4）数据结构按逻辑结构可分为两大类，分别是线性结构和_____。

（5）图形结构和_____合称为非线性结构。

（6）在树形结构中，除了树根结点以外，其余每个结点只有_____个前驱结点。

（7）在图形结构中，每个结点的前驱结点数和后继结点数可以_____。

（8）数据的存储结构又叫_____。

（9）数据的存储结构形式包括顺序存储、链式存储、索引存储和_____。

（10）树形结构中的元素之间存在_____的关系。

（11）图形结构的元素之间存在_____的关系。

（12）数据结构主要研究数据的逻辑结构、存储结构和_____三方面的内容。

（13）数据结构被定义为(D,R)，D是数据的有限集合，R是D上的_____的有限集合。

（14）算法是对特定问题_____的描述。

（15）算法效率的度量可以分为事先估算法和_____。

（16）一个算法的时间复杂度是算法_____的函数。

（17）算法的空间复杂度是指该算法所耗费的_____，它是该算法求解问题规模 n 的函数。

（18）若一个算法中含有 10 万条基本语句，但与问题的规模无关，则该算法的时间复杂度为：_____。

（19）若一个算法中的语句频度之和为 $T(n)=6n+3n\log_2 n$，则算法的时间复杂度为_____。

（20）若一个算法中的语句频度之和为 $T(n)=3n+n\log_2 n+n_2$，则算法的时间复杂度为_____。

三、选择题

（1）数据结构是具有（　　　）的数据元素的集合。

　　A. 相同性质　　　　　B. 相互关系　　　C. 相同运算　　　　D. 数据项

（2）数据在计算机存储器内表示时，物理地址和逻辑地址相同并且是连续的，称之为（　　　）。

　　A. 存储结构　　　　　B. 逻辑结构　　　C. 顺序存储结构　　D. 链式存储结构

（3）链式存储结构所占存储空间（　　　）。

　　A. 分两部分，一部分存放结点的值，另一部分存放表示结点间关系的指针

　　B. 只有一部分，存放结点的值

　　C. 只有一部分，存储表示结点间关系的指针

　　D. 分两部分，一部分存放结点的值，另一部分存放结点所占的元素

（4）下面不属于数据的存储结构的是（　　　）。

　　A. 散列存储　　　　　B. 链式存储　　　C. 索引存储　　　　D. 压缩存储

（5）不能独立于计算机的是（　　　）。

　　A. 数据的逻辑结构　　　　　　　　B. 数据的存储结构

　　C. 算法的设计和分析　　　　　　　D. 抽象数据类型

（6）（　　　）数据的基本单位。

　　A. 数据结构　　　　　B. 数据元素　　　C. 数据项　　　　　D. 文件

（7）每个结点只含有一个数据元素，所有存储结点相继存放在一个连续的存储空间里，这种存储结构称为（　　　）结构。

　　A. 顺序存储　　B. 链式存储　　C. 索引存储　　　　D. 散列存储

（8）每一个存储结点不仅含有一个数据元素，还包含一组指针，该存储方式是（　　　）存储方式。

　　A. 顺序　　　　B. 链式　　　　C. 索引　　　　　　D. 散列

（9）以下任何两个结点之间都没有逻辑关系的是（　　　）。

　　A. 图形结构　　B. 线性结构　　C. 树形结构　　　　D. 集合

（10）在数据结构中，与所使用的计算机无关的是（　　　）。

　　A. 物理结构　　B. 存储结构　　C. 逻辑结构　　　　D. 逻辑和存储结构

（11）下列 4 种基本逻辑结构中，数据元素之间关系最弱的是（　　　）。

　　A. 集合　　　　B. 线性结构　　C. 树形结构　　　　D. 图形结构

（12）每一个存储结点只含有一个数据元素，存储结点存放在连续的存储空间，另外有一组指明结点存储位置的表，该存储方式是（　　　）存储方式。

　　A. 顺序　　　　B. 链式　　　　C. 索引　　　　　　D. 散列

（13）计算机算法必须具备输入、输出和（　　　）。

　　A. 计算方法　　　　　　　　　　B. 排序方法

　　C. 解决问题的有限运算步骤　　　D. 程序设计方法

（14）算法分析的两个主要方面是（　　　）。

　　A. 空间复杂度和时间复杂度　　　B. 正确性和简明性

　　C. 可读性和文档性　　　　　　　D. 数据复杂性和程序复杂性

（15）算法的执行时间取决于（　　　）。

　　A. 问题的规模　　　　　　　　　B. 语句的条数

　　C. 输入实例的初始状态　　　　　D. A 和 C

（16）算法的计算量大小称为算法的（　　　）。

　　A. 现实性　　　B. 难度　　　　C. 效率　　　　　　D. 时间复杂度

（17）算法在发生非法操作时可以做出相应处理的特性称为算法的（　　　）。

　　A. 正确性　　　B. 易读性　　　C. 健壮性　　　　　D. 高效性

（18）若 $T(n)=n^{\sin n}$，则用大 O 记号课表示为（　　　）。

　　A. $T(n)=O(n\text{-}1)$　　　　　　　B. $T(n)=O(1)$

　　C. $T(n)=O(n)$　　　　　　　　　D. 不确定

（19）下列时间复杂度中最坏的是（　　　）。

　　A. $O(1)$　　　B. $O(2^n)$　　　C. $O(\log_2 n)$　　　D. $O(n^2)$

（20）某程序的时间复杂度为（$10n+n\log_2 n+2n^2+36$），其数量级表示为（　　　）。

　　A. $O(n)$　　　B. $O(n\log_2 n)$　　C. $O(\log_2 n)$　　D. $O(n^2)$

四、分析下面各程序段的时间复杂度

（1）for(i=0;i<n;i++)

　　　　for(j=0;j<m;j++)　　A[i][j]

（2）s=0;

```
        for(i=0;i<n;i++)
          for(j=0;j<n;j++)   s+=B[i][j];
        sum=s;
```
（3） T=A;A=B;B=T;
（4） s1(int n)
```
    {   int p=1,s=0;
        for(i=1;i<=n;i++)
        {  p*=i;
           s+=p;
        }
        return(s);
    }
```
（5） s2(int n)
```
    {   x=0;
        y=0;
        for(k=1;k<=n;k++)   x++;
        for(i=1;i<=n;i++)
            for(j=1;j<=n;j++)   y++;
    }
```
（6） 矩阵相乘算法
```
    void matrixmul(int a[m][n],b[n][l],c[m][l])
    {   int i,j,k;
        for(i=0;i<m;i++)
        for(j=0;j<l;j++)
        {  c[i][j]=0;
          for(k=0;k<n;k++)
            c[i][j]=c[i][j]+a[i][k]*b[k][j];
        }
    }
```

五、根据二元组关系画出逻辑图形，并指出它们属于哪种数据结构

（1） $A=(D,R)$，其中：

$D=\{a,b,c,d,e\}$

$R=\{\ \}$

（2） $B=(D,R)$，其中：

$D=\{a,b,c,d,e,f\}$，$R=\{r\}$

$R=\{<a,b>,<b,c>,<c,d>,<d,e>,<e,f>\}$ （尖括号表示结点之间关系是有向的）

（3） $F=(D,R)$，其中：

$D=\{50,25,64,57,82,36,75,55\}$，$R=\{r\}$

$R=\{<50,25>,<50,64>,<25,36>,<64,57>,<64,82>,<57,55>,<57,75>\}$

（4） $C=(D,R)$，其中：

$D=\{1,2,3,4,5,6\}$，$R=\{r\}$

$R=\{(1,2),(2,3),(2,4),(3,4),(3,5),(3,6),(4,5),(4,6)\}$（圆括号表示结点之间关系是无向的）

（5） $E=(D,R)$，其中：

$D=\{a,b,c,d,e,f,g,h\}$，$R=\{r\}$

$R=\{<d,b>,<d,g>,<d,a>,<b,c>,<g,e>,<g,h>,<e,f>\}$

线 性 表 ‹‹‹

线性表是一种最简单、最基本、也是最常用的数据结构，线性表上的插入、删除操作不受限制。本章主要介绍线性表的逻辑结构定义、线性表的顺序存储和链式存储结构，以及线性表的基本操作。

2.1　线性表的定义与运算

本节先给出线性表的定义，然后介绍线性表的基本运算。

2.1.1　线性表的定义

线性表（linear list）是一种线性数据结构，其特点是数据元素之间存在"一对一"的关系。在一个线性表中每个数据元素的类型都是相同的，即线性表是由同一类型的数据元素构成的线性结构。

1. 线性表的定义

线性表是具有相同数据类型的 n（$n>=0$）个数据元素的有限序列，通常记为：

$$(a_1, a_2, \cdots, a_{i-1}, a_i, a_{i+1}, \cdots, a_n)$$

其中，n 为表长，$n=0$ 时称为空表。

在线性表中相邻元素之间存在着顺序关系。对于元素 a_i 而言，a_{i-1} 称为 a_i 的直接前驱，a_{i+1} 称为 a_i 的直接后继。也就是说：

（1）有且仅有一个开始结点（a_1），它没有直接前驱。

（2）有且仅有一个终端结点（a_n），它没有直接后继。

（3）除了开始结点和终端结点外，其余结点都有且仅有一个直接前驱和一个直接后继。

2. 线性表举例

需要说明的是：a_i 是序号为 i 的数据元素（$i=1$，2，…，n），通常将它的数据类型抽象为 datatype，datatype 可以根据具体问题而定。

（1）简单的线性表。例如，一年 12 个月：

$$(1,2,3,4,5,6,7,8,9,10,11,12)$$

在 C（或 C++）语言中可以把它们定义为数值型。

又如 26 个英文字母：

$$(a,b,c,d,e,f,g,\cdots,x,y,z)$$

在 C（或 C++）语言中可以把它们定义为字符型。

（2）复杂的线性表。例如，引用这里一个"学生入学情况登记简表"，如表 2-1 所示。学生入学情况登记简表可以是用户自定义的学生类型（如 C++语言中的结构体或数据库管理系统中的记录）。

在一个比较复杂的线性表中，常把数据元素称为记录（record），它由若干个数据项（item）组成，而含有大量记录的线性表又称为文件（file）。

由于表 2-1 中各记录之间也存在"一对一"的关系，所以它也是一种线性表。

综上所述，线性表中的元素可以是各种各样的，但同一线性表中的元素必定具有相同特性，即属于同一数据类型。

表 2-1　学生入学情况登记简表

学　号	姓　名	性　别	入 学 总 分
01	丁一	男	440
02	马二	男	435
03	张三	女	438
04	李四	男	430
05	王五	女	445
06	赵六	男	428
07	钱七	女	432
08	孙八	男	437
09	冯九	女	426
10	郑十	女	425

3．线性表的二元组表示

线性表的相邻数据元素之间存在着序偶关系，若线性表为$(a_1,a_2,\cdots,a_{i-1},a_i,a_{i+1},\cdots,a_n)$，可以用二元组进行描述。

$$Linearity = (D,R)$$

数据对象：$D=\{a_i \mid 1 \le i \le n, n \ge 0\}$

数据关系：$\{\langle a_{i-1},a_i \rangle \mid a_{i-1}, a_i \in D, 2 \le i \le n\}$

数据关系中$\langle a_{i-1},a_i \rangle$是一个序偶的集合，它表示线性表中数据元素的相邻关系，即 a_{i-1} 领先 a_i，a_i 领先 a_{i+1}。

2.1.2　线性表的基本操作

从第 1 章绪论中可知，数据结构的运算是定义在逻辑结构层次上的，而运算的具体实现是建立在存储结构上的。因此，下面定义的线性表的基本运算作为逻辑结构的一部分，每一个操作的具体实现只有在确定了线性表的存储结构之后才能完成。

线性表上的基本操作介绍如下：

（1）创建线性表：CreateList()。

初始条件：表不存在。

操作结果：构造一个空的线性表。

（2）求线性表的长度：int LengthList(L)。

初始条件：表 L 存在。

操作结果：返回线性表中所含元素的个数，即线性表的长度。

（3）按值查找：SearchList(L, x)。

初始条件：线性表 L 存在，x 是给定的一个待查数据元素。

操作结果：在表 L 中查找值为 x 的数据元素，其结果返回在 L 中首次出现的值为 x 的那个元素的序号或地址，称为查找成功；否则，在 L 中未找到值为 x 的数据元素，返回一个特殊值表示查找失败。

（4）插入操作：InsertList(L, i, x)。

初始条件：线性表 L 存在，插入位置正确（1≤i≤n+1，n 为插入前的表的长度）。

操作结果：在线性表 L 的第 i 个位置上插入一个值为 x 的新元素，这样使原序号为 i, i+1,…, n 的数据元素的序号变为 i+1, i+2,…, n+1，插入后表的长度等于原表的长度加 1。

（5）删除操作：DeleteList(L,i)。

初始条件：线性表 L 存在，1≤i≤n。

操作结果：在线性表 L 中删除序号为 i 的数据元素，删除后使序号为 i+1, i+2,…, n 的元素变为序号为 i, i+1,…, n-1，新表的长度等于原表的长度减 1。

（6）显示操作：ShowList(L)。

初始条件：线性表 L 存在，且非空。

操作结果：显示线性表 L 中的所有元素。

2.2 线性表的顺序存储

线性表的顺序存储包括顺序表的实现，以及定义在顺序表上的基本运算两部分。

2.2.1 顺序表

线性表的顺序存储是用一组地址连续的存储单元依次存储线性表的数据元素，我们把用这种形式存储的线性表称为顺序表。顺序表中各个元素的物理顺序和逻辑顺序是一致的，如图 2-1 所示。

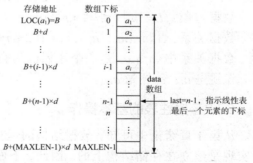

图 2-1 线性表顺序存储各元素的数组

设 a_1 的存储地址 $LOC(a_1)$ 为首地址 B，每个数据元素占 d 个存储单元，则第 i 个数据元素的地址为：

$$LOC(a_i)=LOC(a_1)+(i-1)\times d \qquad 1\leqslant i\leqslant n$$

即

$$LOC(a_i)=B+(i-1)\times d \qquad 1\leqslant i\leqslant n$$

只要知道顺序表首地址和每个数据元素所占存储单元的个数，就可以求出第 i 个数据元素的存储地址。顺序表具有按数据元素的序号随机存取的特点。

在程序设计语言中，一维数组在内存中占用的存储空间就是一组连续的存储区域，因此，用一维数组来表示顺序表的数据存储是最合适的。考虑到线性表的运算有插入、删除等运算，则需要表的长度是可变的。所以，数组的容量需设计得足够大。设用 data[MAXLEN]来表示数组，其中 MAXLEN 是一个根据实际问题定义的足够大的整数。在 C（或 C++）语言中，线性表中的数据从 data[0]开始依次顺序存放，直到 data[MAXLEN−1]。

此外，当前线性表中的实际元素个数可能达不到 MAXLEN 那么多，这就需要用一个变量 last 来记录当前线性表中最后一个元素在数组中的位置，即 last 起到了一个指针的作用，始终指向线性表中的最后一个元素。从 data[last+1]到 data[[MAXLEN−1]号单元为数组的空闲区；当 last < 0 时，表示表为空。例如：

```
datatype data[MAXLEN];
int last;
```

图 2-2 所示的顺序表中，设表的长度为 last+1，则数据元素分别存放在 data[0]到 data[last]中。这样使用简单方便，但由于表示顺序表的这两个成员是割裂开的，所以有时管理却不太方便。

从结构性上考虑，通常将 data 和 last 封装在一个结构体中作为顺序表的类型。

```
typedef struct
{ datatype data[MAXLEN];
  int last;
}SeqList;              // 定义顺序表类型 SeqList
```

线性表的顺序存储如图 2-2 所示。

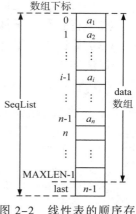

图 2-2 线性表的顺序存储示意图

2.2.2 顺序表上基本运算的实现

1. 顺序表的空间分配及初始化

顺序表的空间分配及初始化，即给顺序表分配内存空间，并设置好 last 指示标志的初值为−1，构造一个空表的过程。

如果将顺序表的空间动态分配在堆内存区，并将其初始化为一个空表，则其代码如下：

```
SeqList *CreateSeqList()
{ SeqList *Lq;
  Lq=new SeqList;  // 给顺序表开辟内存空间
                   // 在 C 语言中用 Lq=(SeqList *)malloc(sizeof(SeqList))
  Lq->last=-1;     // 初始化顺序表为空
  return Lq;       // 返回指向顺序表的指针 Lq
}
```

此时，顺序表只有一个指针 Lq，该顺序表空间并无名字。

如果顺序表在主函数中做了如下定义，则顺序表 L 的空间分配在栈内存区。

```
void main()
{ SeqList L;         //这里的 L 是顺序表类型的结构体变量，而非指针
```

```
    InitList(&L);      //调用 InitList()函数初始化顺序表 L
    ...
}
```

由于顺序表 L 在栈内存区已分配空间,初始化函数只需设置好 last 指示标志的初值即可,代码如下:

```
void InitSeqList(SeqList *Lq)
{ Lq->last=-1;       // 初始化顺序表为空
}
```

2．插入运算

线性表的插入是指在表的第 i 个位置上插入一个值为 x 的新元素,插入后使原表长度为 n 的表成为表长为 $n+1$ 的表。

顺序表插入结点运算的步骤如下:

（1）将 $a_n \sim a_i$ 之间的所有结点依次后移,为新元素让出第 i 个位置。

（2）将新结点 x 插入到第 i 个位置。

（3）修改 last 指针（相当于修改表长）,使之仍指向线性表的最后一个元素。

算法如下:

```
int InsertList(SeqList *Lq,int i,datatype x)
{ int j;
  if(Lq->last==MAXLEN-1)
  { printf("顺序表已满! ");
    return(-1);                   // 顺序表已满,不能插入
  }
  if(i<1||i>Lq->last+1)           // 检查给定的插入位置的正确性
  { printf("位置出错! ");
    return(0);
  }
  for(j=Lq->last;j>=i-1;j--)      // 结点移动
    Lq->data[j+1]=Lq->data[j];
  Lq->data[i-1]=x;                // 新元素插入
  Lq->last++;                     // last 仍指向最后元素
  return(1);                      // 插入成功,返回
}
```

要注意的问题如下:

（1）顺序表中数据区域有 MAXLEN 个存储单元,所以在插入前先检查顺序表是否已满,在表满的情况下不能插入,否则将产生溢出错误。

（2）检验插入位置的有效性,插入位置 i 的有效范围是:$1 \leqslant i \leqslant n+1$,其中 n 为原表的长度。

（3）注意数据的移动方向,必须从原线性表最后一个结点（a_n）起往后移动,如图 2-3 所示。

插入算法的时间性能分析如下:

顺序表上的插入运算,时间主要消耗在数据的移动上,在第 i 个位置插入 x,从 a_n 到 a_i 都要向下移动一个位置,共需要移动 $n-i+1$ 个元素,而 i 的取值范围为 $1 \leqslant i \leqslant n+1$,即有 $n+1$ 个位置可以插入。

设在第 i 个位置上做插入的概率为 P_i,则平均移动数据元素的次数:

$$E_{in} = \sum_{i=1}^{n+1} P_i (n - i + 1)$$

设 $P_i = 1/(n+1)$，即在等概率情况下，则

$$E_{in} = \sum_{i=1}^{n+1} P_i (n - i + 1) = \frac{1}{n+1} \sum_{i=1}^{n+1} (n - i + 1) = \frac{n}{2}$$

这说明：在顺序表上做插入操作平均需要移动表中一半的数据元素，显然时间复杂度为 $O(n)$。

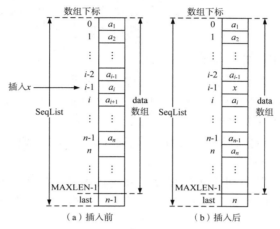

图 2-3　顺序表中插入元素 x

3．删除运算

线性表的删除运算是指将表中第 i 个元素从线性表中去掉，删除后使原来长度为 n 的线性表 $(a_1, a_2, \cdots, a_{i-1}, a_i, a_{i+1}, \cdots, a_n)$ 变为长度为 $n-1$ 的线性表 $(a_1, a_2, \cdots, a_{i-1}, a_{i+1}, \cdots, a_{n-1})$。

i 的取值范围为 $1 \leqslant i \leqslant n$。

顺序表删除结点运算的步骤如下：

（1）将 $a_{i+1} \sim a_n$ 之间的结点依次顺序向前移动。

（2）修改 last 指针（相当于修改表的长度）使之仍指向最后一个元素，如图 2-4 所示。

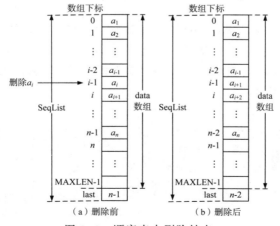

图 2-4　顺序表中删除结点 a_i

删除算法：

```
int DeleteList(SeqList *Lq,int i)
{   int j;
    if(i<1||i>Lq->last+1)                    // 检查空表及删除位置的合法性
    {   printf("不存在第 i 个元素");
        return(0);
    }
    for(j=i;j<=Lq->last;j++)                  // 向上移动
        Lq->data[j-1]=Lq->data[j];
    Lq->last--;                               // last 仍指向最后的元素
    return(1);                                // 删除成功
}
```

本算法需注意以下问题：

（1）首先要检查删除位置的有效性，删除第 i 个元素，i 的取值为 $1 \leqslant i \leqslant n$。

（2）当表空时不能进行删除操作，因表空时 Lq->last 的值为 -1，条件(i<1 || i>Lq->last+1)也包括对表空的检查。

（3）删除 a_i 之后，该数据则已不存在，如果需要，必须先取出 a_i 后，再将其删除。

删除算法的时间复杂度分析：

与插入运算相同，其时间主要消耗在了移动表中的元素上，删除第 i 个元素时，其后面的元素 $a_{i+1} \sim a_n$ 都要向上移动一个位置，共移动了 $n-i$ 个元素，所以平均移动数据元素的次数：

$$E_{de} = \sum_{i=1}^{n} p_i(n-i)$$

在等概率情况下，$p_i=1/n$，则

$$E_{de} = \sum_{i=1}^{n} p_i(n-i) = \frac{1}{n}\sum_{i=1}^{n}(n-i) = \frac{n-1}{2}$$

这说明：在顺序表上做删除运算时大约需要移动表中一半的元素，显然该算法的时间复杂度为 $O(n)$。

4．按值查找

线性表中的按值查找是指在线性表中查找与给定值 x 相等的数据元素。在顺序表中完成该运算最简单的方法是：从第一个元素 a_1 起依次和 x 比较，直到找到一个与 x 相等的数据元素，则返回它在顺序表中的存储下标或序号；或者查遍整个表都没有找到与 x 相等的元素，则返回 -1。

算法如下：

```
int LocationSeqList(SeqList *Lq,datatype x)
{   int i=0;
    while(i<=Lq->last&&Lq->data[i]!=x)    i++;
    if(i>Lq->last)    return -1;
    else   return i;                         // 返回的是存储位置
}
```

上述算法的主要运算是比较。显然比较的次数与 x 在表中的位置和表的长度

MAXLEN 有关。当 $a_1=x$ 时，比较一次成功；当 $a_n=x$ 时，比较 n 次成功。平均比较次数为 $(n+1)/2$，时间复杂度为 $O(n)$。

2.3 线性表的链式存储

通过上一节的学习，可以看到：

（1）由于顺序表的存储结构是逻辑上相邻的两个元素在物理位置上也相邻，因此，可以随机存取表中任意一个元素，存储位置可以用公式 $B+(i-1)\times d$ 计算；另外，顺序存储结构的优点是节约存储空间。

（2）顺序存储的缺点如下：

① 对顺序表进行插入、删除时需要移动大量的数据元素，影响了运行效率。

② 线性表预先分配空间时，必须按最大空间分配，存储空间得不到充分的利用。

③ 表的容量难以扩充（对有些高级语言而言）。

本节介绍线性表链式存储结构，它不需要用地址连续的存储单元来实现，因为它不要求逻辑上相邻的两个数据元素物理上也相邻，而是通过"链"，建立数据元素之间的逻辑关系。链式存储的线性表对于插入、删除操作不再需要移动数据元素，但它也失去了顺序表随机存取的优点。

2.3.1 线性链表

线性链表——链接式存储的线性表。

1. 链式存储结构的特点

（1）用一组任意的存储单元存储线性表的数据元素。

链表通过一组任意的存储单元来存储线性表中的数据元素。存储单元可以是连续的，也可以是不连续的。

（2）单向链表的每个结点由一个数据域和一个指针域组成。

结点中存放数据元素信息的域称为数据域；存放其后继地址的域称为指针域。因为 n 个元素的线性表通过每个结点的指针域连接成了一个"链子"，所以又称为链表；又因为每个结点中只有一个指向后继结点的指针，所以称其为单向链表（或线性链表）。其结构如图 2-5 所示。

（3）单向链表的存取必须从头指针开始。

例如，线性表 $(a_1,a_2,a_3,a_4,a_5,a_6,a_7,a_8)$ 对应的链式存储结构如图 2-6 所示。

存储地址	数据域	指针域
2000	a_6	3200
1400	a_2	1800
2500	a_5	2000
1800	a_3	1200
1000	a_1	1400
2400	a_8	NULL
1200	a_4	2500
3200	a_7	2400

头指针H 1000

data	next

图 2-5 单向链表结点结构

图 2-6 链表示意图

首先，必须将第一个结点的地址 1000 放到一个头指针变量（如 H）中，最后一个结点没有后继，其指针域必需置空，表明此表到此结束。这样就可以从第一个结点的地址开始，顺着指针依次找到每个结点。

作为线性表的一种存储结构，我们考虑的是结点间的逻辑结构，而对每个结点的实际地址并不关心，所以通常的线性链表用图 2-7 的形式表示。

图 2-7　单向链表示意图

2．关于头指针、头结点和开始结点

（1）头指针：指向链表中第一个结点（头结点或无头结点时的开始结点）的指针。

（2）头结点：在开始结点之前附加的一个结点。

（3）开始结点：在链表中，存储第一个数据元素（a_1）的结点。

通常用"头指针"来标识一个线性链表，如线性链表 L、线性链表 H 等，是指某链表的第一个结点的地址放在了指针变量 L 和 H 中，头指针为 NULL 则表示一个空表。由于单向链表不能随机存取存储的数据元素，在单向链表中存取第 i 个元素，必须从头指针出发寻找，其寻找的时间复杂度为 $O(n)$。

3．结点的描述

单向链表由一个个结点构成，在 C（或 C++）中可以用"结构体指针"来描述。

```
typedef struct linknode // 定义结点的结构体
{ datatype data;
  struct linknode *next;
}LinkNode,*LinkList;    // 定义结点类型 LinkNode, 定义结点指针类型 LinkList
```

上面定义的 LinkNode 是结点的类型，LinkList 是指向 LinkNode 类型结点的指针类型。为了增强程序的可读性，通常将标识一个链表的头指针说明为 LinkList 类型的变量，如 LinkList L。当 L 有定义时，值要么为 NULL，则表示一个空表；要么为第一个结点的地址，即链表的头指针。将操作中用到指向某结点的指针变量说明为 LinkNode *类型，如 LinkNode *p，则语句

```
p=new  LinkNode; // 在 C 语言中用 p=(LinkNode *)malloc(sizeof(LinkNode));
```

完成了申请一块 LinkNode 类型的存储单元的操作，并将其地址赋值给变量 p，如图 2-8 所示。

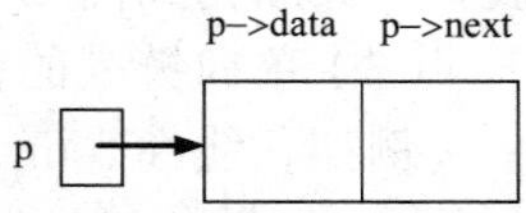

p 所指的结点为*p，*p 的类型为 LinkNode 型，所以该结点的数据域为(*p).data 或 p->data，指针域为(*p).next 或 p->next。

p->data　p->next

p

图 2-8　申请一个结点

delete (p) 则表示释放 p 所指的结点，在 C 语言中用 free(p)表示释放 p 所指的结点。

2.3.2　线性链表上基本运算的实现

1．建立线性链表

（1）在链表的头部插入结点建立线性链表。

链表与顺序表不同，它是一种动态管理的存储结构，链表中的每个结点占用的存

储空间不是预先分配，而是运行时系统根据需求生成的，因此建立线性链表从空表开始，每读入一个数据元素则申请一个结点，然后插在链表的头部。图 2-9 所示为线性表(25,45,18,66,24)的链式存储的建立过程，因为是在链表的头部插入，所以读入数据的顺序和线性表中的逻辑顺序是相反的。

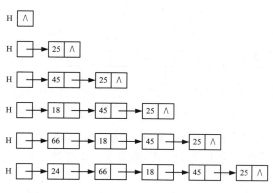

图 2-9　在头部插入结点建立单向链表

算法如下：

```
LinkNode *CreateLinkList()              // 建立线性链表
{ LinkNode *head,*p,*s;
  int x;
  int z=1,n=0;                          // n 用来记录表长
  head=NULL;                            // 初始化头指针为空
  printf("\n\t\t 建立一个线性表");
  printf("\n\t\t 说明：请逐个输入整数，结束标记为"-1"! \n");
  while(z)
  { printf("\t\t 输入: ");
    scanf("%d",&x);
    if(x!=-1)                           // 输入数据不等于-1，则构造结点
    { s=new LinkNode;
      n++;                              // 插入一个结点，结点数 n 增加 1
      s->data=x;
      s->next=head;
      head=s;
    }
    else z=0;                           // 输入-1 循环结束
  }
  return head;                          // 返回创建链表的头指针
}
```

（2）在线性链表的尾部插入结点建立线性链表。

头插入建立线性链表简单，但读入的数据元素的顺序与生成的链表中元素的顺序是相反的，若希望次序一致，则用尾插入的方法。因为每次是将新结点插入到链表的尾部，所以需加入一个指针 p 用来始终指向链表中的尾结点，以便能够将新结点插入到链表的尾部。图 2-10 所示为在链表的尾部插入结点建立链表的过程。

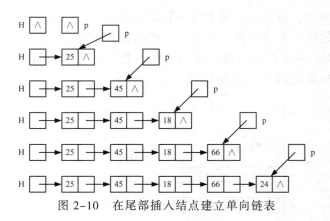

图 2-10　在尾部插入结点建立单向链表

算法思路：初始状态头指针 H=NULL，尾指针 p=NULL；按线性表中元素的顺序依次读入数据元素，不是结束标志时，申请结点，将新结点插入到 p 所指结点的后面，然后 p 指向新结点。

算法如下：

```
LinkNode *CreateLinkList()          // 建立线性链表
{ LinkNode *head,*p,*s;
  int x;
  int z=1,n=0;                      // n 用来存储表长
  head=NULL;
  p=head;
  printf("\n\t\t 建立一个线性表");
  printf("\n\t\t 说明：请逐个输入整数，结束标记为"-1"! \n");
  while(z)
  { printf("\t\t 输入: ");
    scanf("%d",&x);
    if(x!=-1)                       // 输入数据不等于-1 则构造结点并插入
    { s=new LinkNode;               // 给新结点开辟空间
      s->data=x;                    // 构造新结点
      s->next=NULL;
      if(!head)   head=s;           // 将构造好的结点插入链表尾部
      else   p->next=s;
      p=s;
      n++;                          // 表长加 1
    }
    else z=0;                       // 输入-1 则循环结束
  }
  return head;                      // 返回建立好的单链表头指针
}
```

注意：在上面的算法中，第一个结点的处理和其他结点是不同的。

这是因为第一个结点加入时，链表为空，它没有直接前驱结点，它的地址就是整个链表的起始地址，需要放在链表的头指针变量中；而其他结点插入时是有直接前驱结点的，其地址放入其直接前驱结点的指针域中。这样的问题在很多操作中都会遇到，如在链表中插入结点时，将结点插在第一个位置和其他位置是不同的；在链表中删除

结点时，删除第一个结点和删除其他结点的处理也是不同的。

为了方便操作，有时在链表的头部加入一个头结点，头结点的类型与数据结点类型一致，标识链表的头指针变量 L 中存放该结点的地址，这样即使是空表，头指针变量 L 也不为空。头结点的加入使得上述问题不再存在。

头结点的加入完全是为了运算方便，它的数据域无定义，指针域中存放的是第一个数据结点的地址，空表时为空，如图 2-11（a）所示；非空的线性链表如图 2-11（b）所示。

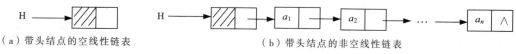

（a）带头结点的空线性链表   （b）带头结点的非空线性链表

图 2-11　带头结点的单向链表

2．求表长

算法思路：设一个移动指针 p 和计数器 n，初始化后，p 所指结点后面若还有结点，p 向后移动，计数器加 1。

（1）设 L 是带头结点的线性链表（线性表的长度不包括头结点）。

算法如下：

```
int LenList1(LinkList L)
{ LinkNode *p=L;              // p 指向头结点
  int n=0;
  while(p->next)
  { p=p->next;n++ }           // 指针移动一次，计数器 n+1
  return n;
}
```

（2）设 L 是不带头结点的线性链表。

算法如下：

```
int  LenList2(LinkList L)
{ LinkNode *p=L;
  int n=0;
  if(p==NULL) return 0;       // 空表的情况
  n=1;                        // 在非空表的情况下，p 所指的是第一个结点
  while(p->next)
  { p=p->next;n++ }
  return  n;
}
```

从上面两个算法中看到，不带头结点的线性链表空表情况要单独处理，而带上头结点之后则不用。在以后的算法中不加说明则认为线性链表是带头结点的。

上述两个算法的时间复杂度均为 $O(n)$。

3．查找

（1）按序号查找 SearchList1(L,i)。

算法思路：从链表的第一个元素结点开始，判断当前结点是否是第 i 个，若是，则返回该结点的指针，否则继续下一个，直到链表结束。若没有第 i 个结点则返回空。

算法如下：

```
LinkNode *SearchList1(LinkList L,int i)
{  // 在带头结点的线性链表 L 中查找第 i 个元素结点，找到后返回其指针，否则返回空
   LinkNode *p=L;
   int j=0;
   while(p->next!=NULL&&j<i)
   { p=p->next;
     j++;
   }
   if(j==i)    return p;
   else  return NULL;
}
```

（2）按值查找 SearchList2(L,x)。

算法思路：从链表的第一个元素结点开始，判断当前结点的值是否等于 x，若是，返回该结点的指针，否则继续判断下一个，直到链表结束。若找不到，则返回空。

算法如下：

```
LinkNode *SearchList2(LinkList L,datatype x)
{  //在带头结点的线性链表 L 中查找值为 x 的结点，找到后返回其指针，否则返回空
   LinkNode *p=L->next;
   while(p!=NULL&&p->data!=x)      p=p->next;
   if(p->data==x)  return p;
   else  return NULL;
}
```

以上两个算法的时间复杂度均为 $O(n)$。

4．插入

（1）后插结点：设 p 指向线性链表中某结点，s 指向待插入的值为 x 的新结点，将*s 插入到*p 的后面，插入示意图如图 2-12 所示。

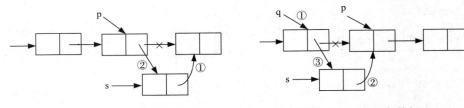

图 2-12　在*p 之后插入*s　　　　　图 2-13　在*p 之前插入*s

操作如下：

① s->next=p->next;　　② p->next=s;

注意：两条语句的操作顺序不能交换。

（2）前插结点：设 p 指向链表中某结点，s 指向待插入的值为 x 的新结点，将*s 插入到*p 的前面，插入示意图如图 2-13 所示，与后插不同的是：首先要找到*p 的前驱*q，然后再完成在*q 之后插入*s，设线性链表头指针为 L，操作如下：

```
q=L;
while(q->next!=p)  q=q->next;                // 找*p 的直接前驱
```

```
s->next=q->next;
q->next=s;
```

后插操作的时间复杂度为 $O(1)$，前插操作因为要找 *p 的前驱，时间复杂度为 $O(n)$；其实我们关心的是数据元素之间的逻辑关系，所以仍然可以将 *s 插入到 *p 的后面，然后将 p->data 与 s->data 交换即可，这样既满足了逻辑关系，也能使得时间复杂度为 $O(1)$。

（3）插入运算的算法思路。

① 找到第 i 个结点，若不存在则结束，若存在继续下一步。

② 申请一个新结点，并赋值。

③ 将新结点插入。

算法如下：

```
void InsertList(LinkList head,int i,char x)
{ // 插入结点元素
  LinkNode *s,*p;
  p=head;
  int j=0;
  while(p!=NULL&&j<i)              // 找插入位置 i
  { j++;
    p=p->next;                     // 后移指针
  }
  if(p!=NULL)
  { s=new LinkNode;
    s->data=x;                     // 插入结点
    s->next=p->next;               // 修改指针
    p->next=s;
    n++;                           // 表的长度加 1
  }
  else printf("\n\t\t 线性表为空或插入位置超出！\n");
}
```

这个算法的时间复杂度为 $O(n)$。

5．删除

（1）删除结点。

设 p 指向线性链表中某结点，删除 *p 的操作示意图如图 2-14 所示。

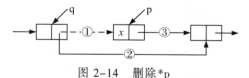

图 2-14　删除 *p

通过图 2-14 可见，要实现对结点 *p 的删除，首先要找到 *p 的前驱结点 *q，然后完成指针的操作即可。指针的操作由下列语句实现：

```
q->next=p->next;    // 建立链接② 的同时链接① 将自动断开
delete(p);          // 通过指针 p 回收结点 x 空间的同时，链接③ 也将不复存在
```

显然找*p 前驱的时间复杂度为 $O(n)$。

若要删除*p 的后继结点（假设存在），则可以直接完成：

```
s=p->next;
p->next=s->next;
delete(s);
```

以上操作的时间复杂度都为 $O(1)$。

（2）删除运算的算法思路。

① 如果链表为空，则不能进行删除操作。

② 查找值为 x 的结点，并得到其先驱结点。

③ 将值为 x 的结点从链表中删除。

算法如下：

```
LinkList DeleteList(LinkList head,char x)// head 为头指针，x 为待删除结点的值
{ //删除不带头结点的单链表中结点 x，返回删除指定结点后的单链表头指针
  LinkNode *p,*q;
  if(head==NULL)
  { printf("\t\t 单链表为空！\n");
    return head;
  }
  if(head->next==NULL)
  { if(head->data!=x)                  // 只有一个结点，并且不是待删结点
    { printf("\t\t 未找到待删除的结点！");
      return head;
    }
    else                              // 只有一个结点，并且是待删结点
    { delete head;                    // 释放被删除结点的空间
      return NULL;
    }
  }
  q=head;
  p=head->next;
  while(p!=NULL&&p->data!=x)          // 查找待删结点
  { q=p;
    p=p->next;
  }
  if(p!=NULL)
  { q->next=p->next;
    delete p;
    n--;
    printf("\t\t %c 已经被删除！",x);
  }
  else  printf("\t\t 未找到待删除的结点！\n");
}
```

本算法的时间复杂度为 $O(n)$。请参照以上算法写出删除带头结点的单链表中结点 x 的算法，并比较其异同。

通过上面的学习可知：

（1）在线性链表中插入、删除一个结点，必须知道其前驱结点。

（2）线性链表不具有按序号随机访问的特点，查找只能从头指针开始一个个顺序进行。

2.3.3 循环链表

1．特点

将线性单向链表中最后一个结点的指针域指向头结点，整个链表头尾结点相连形成一个环，就构成了单循环链表，如图 2-15 所示。

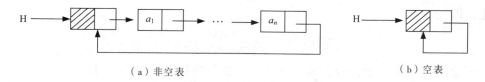

（a）非空表　　　　　　　　　　　　（b）空表

图 2-15　带头结点的单向循环链表

2．循环链表上的操作

在循环链表上的操作和非循环链表上的操作基本相同，差别在于算法中循环条件不是判断指针是否为空（p->next==NULL），而是判断指针是否为头指针而已，即

```
p->next==head;
```

3．在循环链表中设尾指针可以简化某些操作

对于线性链表只能从头结点开始遍历整个链表，而对于单循环链表则可以从表中任意结点开始遍历整个链表。不仅如此，有时对链表常做的操作是在表尾、表头进行，此时可以改变一下链表的标识方法，不用头指针而用一个指向尾结点的指针 T 来标识，可以使得操作效率得以提高。

当知道循环链表的尾指针 T 后，其另一端的头指针是 T->next->next（表中带头结点），仅改变两个指针值即可，其运算时间复杂度为 $O(1)$。

例如，对两个单循环链表 H1、H2 的连接操作，是将 H2 的第一个数据结点接到 H1 的尾结点，如用头指针标识，则需要找到第一个链表的尾结点，其时间复杂度为 $O(n)$，而链表若用尾指针 T1、T2 来标识，则时间复杂度为 $O(1)$。操作如下：

```
p=T1->next;              // 保存 T1 的头结点指针
q=T2->next;              // 保存 T2 的头结点指针
T1->next=q->next;        // 两个链表头尾相连，建立链接①的同时链接②自动断开
free(q);                 // 释放单链表 T2 的头结点
T2->next=p;              // 重新构成循环链表，建立链接③的同时链接④自动断开
```

这一过程如图 2-16 所示。

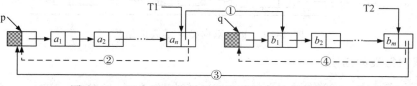

图 2-16　两个用尾指针标识的单循环链表的连接

如果不设临时指针变量 q，则以上代码可以简写为：

```
p=T1->next;                  // 保存 T1 的头结点指针
T1->next=T2->next->next;      // 两个链表头尾相连,建立链接①的同时链接②自动断开
free(T2->next);              // 释放单链表 T2 的头结点
T2->next=p;                  // 重新构成循环链表,建立链接③的同时链接④自动断开
```

请大家思考临时指针变量 p 能否同 q 一样省略不设?

请写出只有头指针 H1、H2 的两个单向循环链表的连接操作代码。

4.关于存储密度

(1)存储密度是指结点数据本身所占的存储空间和整个结点结构所占的存储空间之比,即

$$存储密度 = \frac{结点数据占的存储位}{整个结点实际分配的存储位}$$

由此可见:顺序表的存储密度等于 1,链表的存储密度小于 1。

(2)采用链式存储比采用顺序存储占用更多的存储空间,是因为链式存储结构增加了存储其后继结点地址的指针域。

(3)存储空间完全被结点值占用的存储方式称为紧凑存储,否则称为非紧凑存储。显然,顺序存储是紧凑存储,而链式存储是非紧凑存储。存储密度的值越大,表示数据所占的存储空间越少。

2.3.4 双向链表

1.单向链表的缺点

单向链表只能顺指针往后寻找其他结点。若要寻找结点的前驱,则需要从表头指针出发。为了克服上述缺点,可以采用双向链表。

2.双向链表

双向链表由一个数据域和两个指针域组成。

(1)结点的结构如图 2-17 所示。

(2)空的双向循环链表如图 2-18 所示。

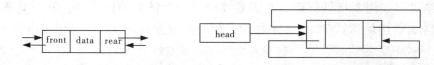

图 2-17　双向链表的结点结构　　　图 2-18　空的双向循环链表的结构

(3)非空的双向循环链表如图 2-19 所示。

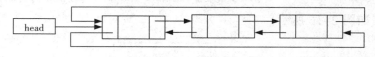

图 2-19　非空双向循环链表的结构

3.双向链表的描述

```
struct cdlist
{ datatype data;                    // 结点数据域
  struct cdlist *front;             // 指向先前结点的指针
```

```
    struct cdlist *rear;                    // 指向后继结点的指针
};
```

4．双向链表的操作

（1）删除结点（见图 2-20）。

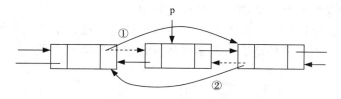

图 2-20　删除结点

操作描述：　① 　p->front->rear=p->rear;

② 　p->rear->front=p->front;

③ 　delete p;

（2）插入结点（见图 2-21）。

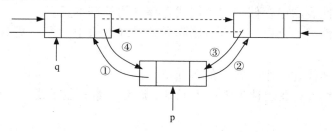

图 2-21　插入结点

操作描述：　① 　p->front=q;

② 　p->rear=q->rear;

③ 　q->rear->front=p;

④ 　q->rear=p;

小　　结

（1）线性表是一种最简单的数据结构，数据元素之间存在着一对一的关系。其存储方法通常采用顺序存储和链式存储。

（2）线性表的顺序存储可以采用结构体的形式，它含有两个域：一个整型的长度域，用以存放表中元素的个数；另一个数组域，用来存放元素，其类型可以根据需要而定。顺序存储的最大优点是可以随机存取，且存储空间比较节约，而缺点是表的扩充困难，插入、删除操作要做大量的元素移动。

（3）线性表的链式存储是通过结点之间的连接而得到的。根据连接方式又可分为：单向链表、双向链表和循环链表等。

（4）单向链表由一个数据域（data）和一个指针域（next）组成，数据域用来存放结点的信息；指针域指出表中下一个结点的地址。在单向链表中，只能从某个结点出发找它的后继结点。单向链表最大的优点是表的扩充容易、插入和删除操作方便，而缺点是存储空间比较浪费。

（5）双向链表由一个数据域（data）和两个指针域（front 和 rear）组成，它的优点是既能找到结点的前驱，又能找到结点的后继。

（6）循环链表使最后一个结点的指针指向头结点（或开始结点）的地址，形成一个首尾连接的环。利用循环链表将使某些运算比单向链表更方便。

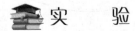 实　　验

验证性实验 2 线性表子系统

1. 实验目的
（1）掌握线性表的特点。
（2）掌握线性表顺序存储结构和链式存储结构的基本运算。
（3）掌握线性表的创建、插入、删除和显示线性表中元素等基本操作。

2. 实验内容
（1）用结构体描述一个字符形的单向链表。
（2）创建线性表；在线性表中插入元素、删除元素；显示线性表中所有元素等基本操作。
（3）用 if 语句设计一个选择式菜单。

```
                    线 性 表 子 系 统
        ****************************************
        *                1--------建    表      *
        *                2--------插    入      *
        *                3--------删    除      *
        *                4--------显    示      *
        *                5--------查    找      *
        *                6--------求  表  长    *
        *                0--------返    回      *
        ****************************************
        请选择菜单号（0--6）：
```

3. 参考程序

```c
#include<stdio.h>
typedef struct linknode
{  char data;                        // 数据是字符型
   struct linknode *next;
}linnode;
linnode *head;
int n;                               // n 为线性表长度
void CreateList()                    // 建立线性表
{  n=0;
   linnode *p,*s;
```

```
    char x;
    int z=1;
    head=new linnode;          //C 语言中用 head=malloc(sizeof(linnode))
    p=head;
    printf("\n\t\t 请逐个输入结点, 以 "x" 为结束标记! \n");
    printf("\n");
    while(z)
    { printf("\t\t 输入一个字符数据, 并按回车: ");
       scanf("%c",&x);
       getchar();
       if(x!='x')
       { s=new linnode;
         n++;
         s->data=x;
         p->next=s;
         s->next=NULL;
         p=s;
       }
       else z=0;
    }
}
void InsList(int i,char x)          // 插入结点元素
{ linnode *s,*p;
   p=head;
   int j=0;
   while(p!=NULL&&j<i)               // 找插入位置 i
   { j++;
     p=p->next;                      // 后移指针
   }
   if(p!=NULL)
   { s=new linnode;
     s->data=x;                      // 插入结点
     s->next=p->next;                // 修改指针
     p->next=s;
     n++;                            // 表的长度加 1
   }
   else printf("\n\t\t 线行表为空或插入位置超出! \n");
}
void DelList(char x)                 // 删除结点元素
{ linnode *p,*q;
   if(head==NULL)
   { printf("\n\t\t 链表下溢! ");
     return;
   }
   if(head->next==NULL)
   { printf("\n\t\t 线性表已经为空! ");
     return;
   }
   q=head;
   p=head->next;
```

```
    while(p!=NULL&&p->data!=x)
    { q=p;
      p=p->next;
    }
    if(p!=NULL)
    { q->next=p->next;
      delete p;
      n--;                                    // 表的长度减 1
      printf("\n\t\t 结点 %c 已经被删除！ ",x);
    }
    else printf("\n\t\t 抱歉！没有找到您要删除的结点．");
}
void ShowList()                          // 显示线性表
{ linnode *p=head;
  printf("\n\t\t 显示线性表的所有元素: ");
  if(head->next==NULL||p==NULL)
    printf("\n\t\t 链表为空！ ");
  else
  { printf("\n\t\t");
    while(p->next!=NULL)
    { printf("%5c",p->next->data);
      p=p->next;
    }
  }
}
void SearchList(char x)                   // 查找线性表元素
{ linnode *p;
  int i=1;
  if(head==NULL)
  { printf("\n\t\t 链表下溢！ ");
    return;
  }
  if(head->next==NULL)
  { printf("\n\t\t 线性表为空，没有任何结点！ ");
    return;
  }
  p=head->next;
  while(p!=NULL && p->data!=x)
  { p=p->next;
    i++;
  }
  if(p!=NULL)  printf("\n\t\t 在表的第 %d 位上找到值为 %c 的结点！ ",i,x);
  else   printf("\n\t\t 抱歉，未找到值为 %c 的结点！ ",x);
}
void main()
{ head=NULL;
  int choice,i,j=1;
  char x;
  while(j)
  { printf("\n");
```

```
printf("\n\t\t            线性表子系统            ");
printf("\n\t\t***********************************");
printf("\n\t\t*         1------建   表         *");
printf("\n\t\t*         2------插   入         *");
printf("\n\t\t*         3------删   除         *");
printf("\n\t\t*         4------显   示         *");
printf("\n\t\t*         5------查   找         *");
printf("\n\t\t*         6------求 表 长        *");
printf("\n\t\t*         0------返   回         *");
printf("\n\t\t***********************************");
printf("\n\t\t 请选择菜单号(0--6): ");
scanf("%d",&choice);
getchar();
if(choice==1)  CreateList();          // 用 if 语句实现菜单选择
else if(choice==2)
   {  printf("\n\t\t 请输入插入的位置 i 和插入的数据(输入格式:i,x):");
      scanf("%d,%c",&i,&x);
      InsList(i,x);
   }
   else  if(choice==3)
      {  printf("\n\t\t 请输入要删除的数值: ");
         scanf("%c",&x);
         DelList(x);
      }
      else  if(choice==4)
         if(head==NULL)    printf("\n\t\t 请先建立线性表! ");
            else  ShowList();
         else if(choice==5)
            {  printf("\n\t\t 请输入要查找的元素: ");
               scanf("%c",&x);
               SearchList(x);
            }
            else  if(choice==6)  printf("\n\t\t 线性表长度为: %d ",n);
               else  if(choice==0)     j=0;
                  else   printf("\n\t\t 输入错误! 请重新输入! ");
   }
}
```

自主设计实验 2 多项式求和

1．实验目的

（1）掌握线性表的顺序存储结构和链式存储结构。

（2）掌握线性表插入、删除等基本运算。

（3）掌握线性表的典型应用——多项式求和。

2．实验内容

（1）顺序存储结构的实现。

例如，已知：$f(x)= 8x^6+5x^5-10x^4+32x^2-x+10$，$g(x)=7x^5+10x^4-20x^3-10x^2+x$。

求和结果：$f(x)+g(x)=8x^6+12x^5-20x^3+22x^2+10$。

顺序表数据类型定义如下：

```
#define MAXLEN 100
typedef  struct
{  int  data[MAXLEN];
   int  last;
}SeqList;
```

（2）链式存储结构的实现。

例如，已知：$f(x)=100x^{100}+5x^{50}-30x^{10}+10$，$g(x)=150x^{90}-5x^{50}+40x^{20}+20x^{10}+3x$。

求和结果：$f(x)+g(x)=100x^{100}+150x^{90}+40x^{20}-10x^{10}+3x+10$。

（3）编程实现多项式求和的运算。

3．实验要求

（1）利用 C（或 C++）语言完成算法设计和程序设计。

（2）上机调试通过实验程序。

（3）输入数据，检验程序运行结果。

（4）给出具体的算法分析，包括时间复杂度和空间复杂度等。

（5）撰写实验报告。

习题 2

一、判断题（下列各题，正确的请在后面的括号内打√；错误的打×）

（1）取顺序存储线性表的第 i 个元素的时间同 i 的大小有关。（　　）

（2）线性表链式存储的特点是可以用一组任意的存储单元存储表中的数据元素。

（　　）

（3）线性链表的每个结点都恰好包含一个指针域。（　　）

（4）顺序存储方式的优点是存储密度大，插入、删除效率不如链式存储方式好。

（　　）

（5）插入和删除操作是数据结构中最基本的两种操作，所以这两种操作在数组中也经常使用。（　　）

二、填空题

（1）在线性表中，数据的长度定义为_____。

（2）顺序表中逻辑上相邻的元素在物理位置上_____相邻。

（3）顺序表相对于链表的优点是_____和随机存取。

（4）某线性表采用顺序存储结构，每个元素占据 4 个存储单元，首地址为 100，则下标为 11 的（第 12 个）元素的存储地址为_____。

（5）当线性表的元素总数基本稳定，且很少进行插入和删除操作，但要求以最快速度存取线性表中的元素时，应采用_____存储结构。

（6）顺序表中访问任意一个结点的时间复杂度均为_____。

（7）在一个长度为 n 的顺序表中删除第 i 个元素，要移动_____个元素。

（8）在一个长度为 n 的顺序表中，如果要在第 i 个元素前插入一个元素，要后移_____个元素。

（9）线性表 L=（a_1，a_2，...，a_n）用数组表示，假定删除表中任一元素的概率相同，则删除一个元素平均需要移动元素的个数是_____。

（10）在线性表的链式存储中，元素之间的逻辑关系是通过_____决定的。

（11）在双向链表中，每个结点都有两个指针域，它们一个指向其_____结点，另一个指向其后继结点。

（12）线性表的元素总数不确定，且经常需要进行插入和删除操作，应采用_____存储结构。

（13）在单向链表中需知道_____才能遍历整个链表。

（14）在单向链表中要在已知结点*p 之前插入一个新结点，需找到*p 的直接前驱结点的地址，其查找的时间复杂度为_____。

（15）单向循环链表的最大优点是_____可访问到链表中每一个元素。

（16）在双向链表中要删除已知结点*p，其时间复杂度为_____。

（17）带头结点的双循环链表 L 中，判断只有一个元素结点的条件是_____。

（18）对于双向链表，在两个结点之间插入一个新结点需修改的指针共_____个。

（19）双向链表中，设 p 是指向其中待删除的结点，则需要执行的操作命令序列为：
p->front->rear=p-> rear; _____ delete p;

（20）在如下所示的链表中，若在指针 P 所在的结点之后插入数据域值为 a 和 b 的两个结点，则可用语句_____和 P->next=S;来实现该操作。

三、选择题

（1）线性表是（ ）。

    A．一个有限序列，可以为空   B．一个有限序列，不能为空

    C．一个无限序列，可以为空   D．一个无限序列，不能为空

（2）顺序表便于（ ）。

    A．插入结点   B．按值查找结点 C．删除结点   D．按序号查找结点

（3）已知一个顺序存储的线性表，设每个结点占 m 个存储单元，若第一个结点的地址为 B，则第 i 个结点的地址为（ ）。

    A．$B+(i-1)\times m$ B．$B+i\times m$ C．$B-i\times m$ D．$B+(i+1)\times m$

（4）下面关于线性表的叙述中，错误的是（ ）。

A． $B+(i-1)\times m$ B． $B+i\times m$ C． $B-i\times m$ D． $B+(i+1)\times m$

（4）下面关于线性表的叙述中，错误的是（　　　　）。

A． 顺序表必须占一片地址连续的存储单元

B． 顺序表可以随机存取任一元素

C． 链表不必占用一片地址连续的存储单元

D． 链表可以随机存取任一元素

（5）在有 n 个结点的顺序表上做插入、删除结点运算的时间复杂度为（　　　　）。

A． $O(1)$ B． $O(n)$ C． $O(n^2)$ D． $O(\log_2 n)$

（6）设 a、b、c 为 3 个结点，p、10、20 分别代表它们的地址，则如下的存储结构称为（　　　　）。

P —→ | a | 10 | —→ | b | 20 | —→ | c | ∧ |

A． 循环链表 B． 单向链表 C． 双向循环链表 D． 双向链表

（7）在具有 n 个结点的单向链表中，实现（　　　　）的操作，其算法的时间复杂度是 $O(n)$。

A． 遍历链表或求链表的第 i 个结点 B． 在地址为 P 的结点之后插入一个结点

C． 删除开始结点 D． 删除地址为 P 的结点的后继结点

（8）单向链表的存储密度（　　　　）。

A． 大于 1 B． 等于 1 C． 小于 1 D． 不能确定

（9）L 是线性表，已知 LengthList(L)的值是 5，经 DelList(L,2)运算后，LengthList(L)的值是（　　　　）。

A． 2 B． 3 C． 4 D． 5

（10）设 front、rear 分别为循环双向链表结点的左指针和右指针，则指针 P 所指的元素是双循环链表 L 的尾元素的条件是（　　　　）。

A． P== L B． P->front== L C． P== NULL D． P->rear==L

（11）两个指针 P 和 Q，分别指向单向链表的两个元素，P 所指元素是 Q 所指元素前驱的条件是（　　　　）。

A． P->next==Q->next B． P->next== Q C． Q->next== P D． P==Q

（12）在一个单链表中，已知 Q 所指的结点是 P 所指结点的前驱结点，若在 Q 和 P 之间插入 S 结点，执行（　　　　）操作。

A． S->next =P->next; P->next =S; B． P->next= S->next; S->next=P;

C． Q->next=S; S->next =P; D． P->next =S; S->next=Q;

（13）单向链表的示意图如下：

指向链表 B 结点的前驱的指针是（　　　　）。

A． L B． P C． Q D． R

（14）设 p 为指向单循环链表上某结点的指针，则 $*p$ 的直接前驱（　　　　）。

　　　A. 找不到　　　　　　　　　　　　B. 查找时间复杂度为 $O(1)$

　　　C. 查找时间复杂度为 $O(n)$　　　　D. 查找结点的次数约为 n

（15）已知单链表 A 的长度为 m，B 的长度为 n，若将 B 链接到 A 的末尾，在没有链尾指针的情况下，算法的时间复杂度应为（　　　　）。

　　　A. $O(1)$　　　　　B. $O(m)$　　　　C. $O(n)$　　　　D. $O(m+n)$

（16）等概率情况下，在有 n 个结点的顺序表上做插入结点运算，需平均移动结点的数目为（　　　　）。

　　　A. n　　　　　　B. $(n-1)/2$　　　C. $n/2$　　　　D. $(n+1)/2$

（17）在下列链表中不能从当前结点出发访问到其余各结点的是（　　　　）。

　　　A. 双向链表　　　　B. 单循环链表　　C. 单向链表　　　D. 双向循环链表

（18）在顺序表中，只要知道（　　　），就可以求出任一结点的存储地址。

　　　A. 基地址　　　　　　　　　　　　B. 结点大小

　　　C. 向量大小　　　　　　　　　　　D. 基地址和结点大小

（19）以下关于线性表的论述，不正确的为（　　　　）。

　　　A. 线性表中的元素可以是数字、字符、记录等不同数据类型

　　　B. 线性顺序表中包含的元素个数不是任意的

　　　C. 线性表中的每个结点都有且仅有一个直接前驱和一个直接后继

　　　D. 存在这样的线性表，即表中没有任何结点

（20）设带头结点的单循环链表的头指针为 head，指针变量 P 指向尾结点的条件是（　　　　）。

　　　A. P->next->next ==head　　　　　B. P->next ==head

　　　C. P->next->next ==NULL　　　　　D. P->next ==NULL

四、分析下述算法的功能

（1）ListNode *Demo1(LinkList L,ListNode *p)

```
{ // L 是有头结点的单向链表
ListNode *q=L->next;
While(q&&q->next!=p)
   q=q->next;
if(q)  return q;
else   Error("*p not in L");
}
```

（2）void Demo2(ListNode *p,ListNode *q)

```
{ // p, q 是链表中的两个结点
DataType temp;
temp=p->data;
p->data=q->data;
q->data=temp;
}
```

五、程序填空

（1）已知线性表中的元素是无序的，并以带表头结点的单向链表作存储。试写一算法，

删除表中所有大于 min，小于 max 的元素，并完成下列程序填空。

```
Void delete(Linklist head,datatype min, datatype max){
    LinkNord q,p;
    q=head;
    p=q->next;
    while(p!=NULL){
        if((p->data<=min)||(_____)
        {  q=p;p=_____;  }
        else
        {  q->next=_____;
            _____;
            p=_____;
        }
    }
}
```

（2）在带头结点 head 的单向链表结点 a 之后插入新元素 x，试完成下列程序填空。

```
struct node
{  elemtype data;
    node *next;
};
void lkinsert (node *head,elemtype x)
{  node *s,*p;
    s=_____;
    s->data=_____;
    p=head->next;
    while(p!=NULL)&&(p->data!=a)
        _____;
    if(p==NULL)    cout<< " 不存在结点a! ";
    else
    {  _____;
        _____;
    }
}
```

六、算法设计题

（1）写一个对单循环链表进行遍历（打印每个结点的值）的算法，已知链表中任意结点的地址为 P。

（2）对给定的带头结点的单向链表 L，编写一个删除 L 中值为 x 的结点的直接前驱结点的算法。

（3）已知一个单向链表，编写一个函数从单向链表中删除自第 i 个结点起的 k 个结点。

（4）有一个单向链表（不同结点的数据域值可能相同），其头指针为 head，编写一个函数计算值域为 x 的结点个数。

（5）有两个循环单向链表，链头指针分别为 head1 和 head2，编写一个函数将链表 head1 连接到链表 head2，连接后的链表仍是循环链表。

（6）已知线性表中的元素以值递增有序排列，并以单链表作存储结构。试设计一个高效的算法，删除表中所有值大于 mink 且小于 maxk 的元素，同时释放被删结点空间（注意：mink 和 maxk 是给定的两个参变量。它们的值可以和表中的元素相同，也可以不同）。

（7）已知线性表中的元素以值递增有序排列，并以单链表作存储结构。试设计一个算法，删除表中所有值相同的多余元素（使得操作后的线性表中所有元素的值均不相同），同时释放被删结点空间。

（8）已知 A、B 和 C 为 3 个递增有序的线性表，现要求对 A 表作如下操作：删去那些既在 B 表中出现又在 C 表中出现的元素。试对顺序表编写实现上述操作的算法，（注意：题中没有特别指明同一表中的元素值各不相同）。

第 3 章

栈 ⫷⫷⫷

栈又称为堆栈，是一种特殊的、只能在表的一端进行插入、删除操作的线性表，是软件设计中常用的一种数据结构。栈的逻辑结构和线性表相同，其特点是按"后进先出"的原则进行操作，而且栈的操作被限制在栈顶进行，是一种运算受限制的线性表。本章主要介绍栈的定义和运算、栈的存储和实现、栈的简单应用。

3.1 栈的定义和运算

本节先给出栈（stack）的定义，然后介绍栈的基本运算。

3.1.1 栈的定义和特性

1. 栈的定义

设有 n 个元素的栈 $S=(a_1,a_2,\cdots,a_n)$，则称 a_1 为栈底（bottom）元素，a_n 为栈顶（top）元素。栈中的元素按 $a_1,a_2,\cdots,a_n$ 的次序进栈，按 $a_n,\cdots,a_2,a_1$ 的次序出栈，即栈的操作是按照"后进先出"（last in first out）的原则进行的，如图 3-1 所示。

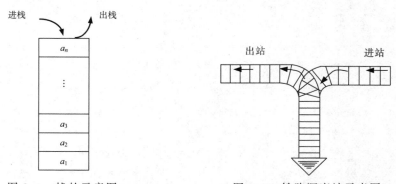

图 3-1　栈的示意图　　　　　图 3-2　铁路调度站示意图

2. 栈的特性

（1）栈的最主要特性就是"后进先出"，这种"后进先出"的线性表，简称 LIFO 表。

（2）栈是限制在表尾进行插入和删除操作的线性表。允许插入、删除的这一端称为栈顶，另一端称为栈底。

3．应用实例

在日常生活中，栈的应用随处可见。

（1）分币筒：公交车上售票员售票用的分币筒就是一个最典型的栈。多个分币依次进入分币筒后，只能按后进先出的次序退出分币筒（见课件图例）。

（2）铁路调度站：在单轨的铁路上，南方的火车要驶向北方，北方的火车又要驶向南方，如何保证南来北往的火车安全行驶而不出事故呢？它们的调度工作正是利用了栈的后进先出的原理。图3-2所示为铁路调度站的示意图。

3.1.2　栈的运算

栈的基本运算，除了创建栈（或者叫初始化栈）以外，主要有以下几种：

（1）进栈 Push(&s, x)。

初始条件：栈 s 已存在，且非满。

操作结果：在栈顶插入一个元素 x，栈中多了一个元素。

（2）出栈 Pop(&s, &x)。

初始条件：栈 s 存在，且非空。

操作结果：将栈顶元素赋值给 x，然后删除栈顶元素，栈中少了一个元素。

（3）读栈顶元素 ReadTop(s, &e)。

初始条件：栈 s 已存在，且非空。

操作结果：输出栈顶元素，但栈中元素不变。

（4）判栈空 int SEmpty(s)。

初始条件：栈 s 已存在。

操作结果：若栈空则返回为1，否则返回为0。

（5）判栈满 int SFull(s)。

初始条件：栈 s 已存在。

操作结果：若栈满则返回为1，否则返回为0。

（6）显示栈元素 ShowStack(s)。

初始条件：栈 s 已存在，且非空。

操作结果：显示栈中所有元素。

3.2　栈的存储和实现

由于栈是运算受限制（只允许在栈顶操作）的线性表，因此线性表的顺序存储结构和链式存储结构也适用于栈，只是操作不同而已。

3.2.1　顺序栈

1．顺序栈的实现

利用顺序存储方式实现的栈称为顺序栈。顺序栈是利用地址连续的存储单元依次存放从栈底到栈顶的元素，同时附设栈顶指针来指示栈顶元素在栈中的位置。

（1）用一维数组实现顺序栈。

设栈中的数据元素的类型是 datatype 型,用一个足够长的一维数组 data 来存放元素,数组的最大容量为 MAXLEN,栈顶指针为 top,则顺序栈可以用 C(或 C++)语言描述如下:

```
#define MAXLEN 10              // 分配最大的栈空间
datatype data[MAXLEN];         // datatype 可根据用户需要定义类型
int top;                       // 定义栈顶指针
```

（2）用结构体数组实现顺序栈。

顺序栈的结构体描述:

```
#define MAXLEN 10              // 分配最大的栈空间
typedef struct                 // 定义结构体
{ datatype data[MAXLEN];       // datatype 可根据用户需要定义类型
   int top;                    // 定义栈顶指针
}SeqStack;
```

（3）栈操作的示意图。

栈操作示意图如图 3-3 所示,栈顶指针动态地反映了栈中元素的变化情况,通常 0 下标端设为栈底。

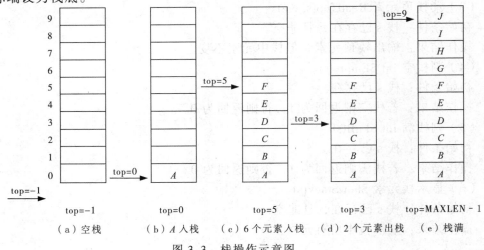

图 3-3　栈操作示意图

当 top =-1 时,表示栈空,如图 3-3(a)所示。

当 top=0 时,表示栈中有一个元素,如图 3-3(b)所示,表示栈中已输入一个元素 A。

入栈时,栈顶指针上移,指针 top 加 1,图 3-3(c)所示为 6 个元素入栈后的状况。

出栈时,栈顶指针下移,指针 top 减 1,图 3-3(d)所示为在 F、E 相继出栈后的情况。此时,栈中还有 A、B、C、D 四个元素,top=3,指针已经指向了新的栈顶。但是,出栈的元素 F、E 仍然在原先的存储单元,只是不在栈中了,因为栈是只能在栈顶进行操作的线性表。

当 top=9 时,也即 top=MAXLEN-1,表示栈满,如图 3-3(e)所示。

2. 顺序栈的基本算法

（1）顺序栈的空间分配及初始化。

顺序栈的空间分配及初始化，即给顺序栈分配内存空间，并设置好栈顶指针 top 的初值为-1，构造一个空栈的过程。

如果将顺序栈的空间动态分配在堆内存区，并将其初始化为一个空栈，则其代码如下：

```
SeqStack *CreateSeqStack()
{  SeqStack *sq;
   sq=new SeqStack;       // 给顺序栈开辟内存空间
// 在 c 语言中用 sq=(SeqStack *)malloc(sizeof(SeqStack));
   sq->top=-1;            // 初始化顺序栈为空
   return sq;             // 返回指向顺序栈的指针 sq
}
```

此时，顺序栈只有一个指针 sq 指向，该顺序栈空间并无名字。

如果顺序栈在主函数中作了如下定义，则顺序栈 s 的空间分配在栈内存区。

```
void main()
{  SeqStack s;           // 这里的 s 是顺序栈类型的结构体变量，而非指针
   InitSeqStack(s);      // 调用 InitSeqStack()函数初始化顺序栈 s
   ...
}
```

由于顺序栈 s 在栈内存区已分配空间，初始化函数只需设置好栈顶指针 top 的初值即可，代码如下：

```
void InitSeqStack(SeqStack &s)      // s 前加&为 c++中的引用参数
{  s.top=-1;                        // 初始化顺序栈为空
}
```

（2）进栈。

进栈运算是在栈顶位置插入一个新元素 x，其算法步骤为：

① 判断栈是否为满，若栈满，作溢出处理，并返回 0。

② 若栈未满，栈顶指针 top 加 1。

③ 将新元素 x 送入栈顶，并返回 1。

```
int Push(SeqStack &s,datatype x)   // s 为引用参数，相当于双向传递
{  if(MAXLEN-1==s.top)  return 0;  // 栈满不能入栈，且返回 0
   else
   {  s.top++;
      s.data[s.top]=x;             // 栈不满则压入元素 x
      return 1;
   }
}
```

（3）出栈。

出栈运算是指取出栈顶元素，赋给某一个指定变量 x，其算法步骤为：

① 判断栈是否为空，若栈空，作下溢处理，并返回 0。

② 若栈非空，将栈顶元素赋给变量 x。

③ 指针 top 减 1，并返回 1。

```
int Pop(SeqStack &s,datatype &x) // s和x均为引用参数，相当于双向传递
{ if(SEmpty(s))  return 0;       // 若栈空没有元素可出栈，则返回0
  else
  { x=s.data[s.top];             // 若栈不空，则将栈顶元素存入x带回主调函数
    s.top--;                     // 修改指针
    return 1;
  }
}
```

（4）读栈顶元素。

```
int ReadTop(SeqStack s,datatype &x)
{ if(SEmpty(s))  return 0;       // 若栈空，未能读得栈顶元素，则返回0
  else
  { x=s.data[s.top];             // 否则，读栈顶元素，但栈顶指针未移动
    return 1;                    // 成功读得栈顶元素，则返回1
  }
}
```

（5）判栈空。

```
int SEmpty(SeqStack s)
{ if(-1==s.top)     return 1; // 若栈空，则返回1
  else  return 0;             // 否则返回0
}
```

（6）判栈满。

```
int SFull(SeqStack s)
{ if(MAXLEN-1==s.top)      return 1;     // 若栈满，则返回1
  else   return 0;                        // 否则返回0
}
```

3.2.2 链栈

1．链栈的实现

用链式存储结构实现的栈称为链栈。因为链栈的结点结构与单向链表的结构相同，通常就用单向链表来实现，在此用 LinkStack 表示，即有：

```
typedef struct stacknode
{ datatype data;              // 定义栈元素
  struct stacknode *next;     // 定义指向下一个结点的指针
}StackNode;                   // 定义栈的结点类型
typedef struct
{ StackNode *top;             // 定义栈顶指针 top
}LinkStack;                   // 定义链栈类型
```

由于栈中的操作只能在栈顶进行，所以用链表的头部做栈顶是最合适的，链栈结构如图 3-4 所示。

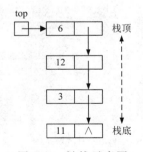

图 3-4 链栈示意图

2．链栈的基本算法

（1）初始化。

```
void InitLinkStack(LinkStack &s)
```

```
    { s.top=NULL; }                    // 栈顶指针设置为 NULL，表示栈空
```

（2）判栈空。

```
int SEmpty(LinkStack s)
{ if(NULL==s.top)    return 1;// 栈为空，则返回1
  else return 0;                       // 否则返回0
}
```

（3）入栈。

```
void Push(LinkStack &s,datatype x)
{ StackNode *p=new StackNode; // 申请一个新结点空间
  p->data=x;                           // 构造新结点
  p->next=s.top;                       // 将新结点插入到栈顶
  s.top=p;                             // 修改栈顶指针
}
```

（4）出栈。

```
int Pop(LinkStack &s,datatype &x)
{ if(SEmpty(s))     return 0;  // 栈为空，出栈不成功
  else
  { StackNode *p=s.top;        // 定义临时指针 p 指向栈顶结点
    x=p->data;                 // 栈顶元素送 x，用于带回给主调函数
    s.top=p->next;             // 修改栈顶指针
    delete p;                  // 回收结点栈顶结点的空间
    return 1;                  // 出栈成功
  }
}
```

（5）显示栈中所有元素（假设栈中元素为整型）。

```
void ShowStack(LinkStack s)
{ if(SEmpty(s))                    // 若栈空，显示"栈空"
    printf("栈为空!\n");
  else
  { StackNode *p=s.top;
    printf("栈元素为: ");
    while(p!=NULL)                 // 栈非空，则显示栈中所有元素
    { printf("%6d",p->data); // 输出一个元素
      p=p->next;                   // 移动指针变量 p
    }
    printf("\n");
  }
}
```

3.3 栈的应用举例

由于栈结构具有"后进先出"的特点，使它成为程序设计的重要工具。下面是几个关于栈应用的典型例子。

3.3.1 数制转换

数值进位制的换算是计算机实现计算和处理的基本问题。比如，将十进制数 N 转换为 j 进制的数，解决的方法很多，其中一个常用的算法是除 j 取余法。将十进制数每次除以 j，所得的余数依次入栈，然后按"后进先出"的次序出栈便得到转换的结果。

其算法原理是：

```
N=(N/j)*j+N%j                        //其中"/"为整除，"%"为求余
```

【例 3-1】将十进制数 138 转换为二进制数（即 $N=138$，$j=2$）。

转换方法如下：

N	N/2（整除）		N％2（求余）	
138	69		0	
69	34		1	
34	17	进	0	出
17	8	栈	1	栈
8	4	次	0	次
4	2	序	0	序
2	1		0	
1	0		1	

所以，$(138)_{10}=(10001010)_2$。

转换的过程是将每次相除所得的余数从低位到高位依次进栈，而输出过程则是从高位到低位依次弹出的，恰好与计算过程相反，正好是要转换的二进制数结果。

1．算法思想

（1）若 $N<>0$，则将 $N％j$ 取得的余数压入栈 s 中，执行（2）；若 $N=0$，将栈 s 的内容按"后进先出"的次序出栈，算法结束。

（2）用 N/j 代替 N。

（3）当 $N>0$，则重复步骤（1）、（2）。

此算法是将栈的操作抽象为模块调用，使问题的层次比较清楚。

2．算法实现

```
void Conversion(int n)                // 将十进制数 n 转换为二进制数
{ LinkStack s;
  int x;
  s.top=NULL;
  do
  { x=n%2;                            // 除 2 取余
    n=n/2;
    Push(s,x);                        // 调用 Push()函数将余数 x 入栈
  }while(n);                          // 当商 n=0 时，结束进栈的循环
  printf ("转换后的二进制数值为: ");
  while(Pop(s,x))                     // 出栈成功则执行循环
    printf ("%d",x);                  // 显示出栈元素的值
```

```
}
```

3.3.2　表达式求值

算术表达式是由运算符（operator）、操作数（operand）和括号等组成的有意义的式子。

1．中缀表达式（Infix Notation）

一般所用表达式是将运算符号放在两个操作数的中间，例如，a+b、c/d 等，将这样的式子称为中缀表达式。中缀表达式在运算中不但存在运算符号的优先权与结合性等问题，还存在括号优先处理的问题。

为了方便，假设所讨论的算术运算符仅包括+、－、*、/和()。

各种运算符的优先级为：()、*、/、+、－。

（1）有括号出现时先运算括号内的，后运算括号外的，存在多层括号，由内向外进行。

（2）除了括号，按照先乘、除，后加、减的优先运算顺序。

在中缀表达式中，例如，运算 c−a*b+d 时，编译器并不知道要先做 a*b，它只能从左向右逐一扫描，当检查到第一个运算符减号时还无法知道是否可执行；待检查到第二个运算符乘号时，因为知道乘号的运算次序比减号高，才知道 c−a 是不可以先执行的；当继续检查到第三个运算符加号时，才确定应先执行 a*b，然后继续向右扫描……所以运算的速度比较慢。

2．前缀表达式（Prefix Notation）

前缀表达式规定把运算符号放在两个操作数的前面。在前缀表达式中，不存在运算符的优先级问题，也不存在任何括号，计算的顺序完全按照运算符出现的先后次序进行，比中缀表达式的求值要简单得多。

通常编译器在处理运算时先将中缀表达式转换为前缀表达式，然后再进行运算。比如 a+b*(c+d)的前缀表达式为+a*b+cd，对前缀表达式进行运算时，自右向左进行扫描，碰到第一个运算符"+"，就把先扫描到的两个操作数取出来进行运算（c+d）；再碰到第二个运算符"*"，又把前两个操作数取出来进行运算 b 乘以（c+d）；再碰到第三个运算符"+"时，又把前两个运算结果取出来进行运算……直到整个表达式运算完为止。

前缀表达式也称为波兰表达式（Polish Notation），是为了纪念波兰数学家鲁卡谢维奇（Jan Lukasiewicz）而命名的。

3．后缀表达式（Postfix Notation）

后缀表达式规定把运算符号放在两个操作数的后面。在后缀表达式中，同样不存在运算符的优先级问题，也不存在任何括号。计算的顺序完全按照运算符出现的先后次序进行，与前缀表达式求值的运算不同的是，扫描自左向右进行。

比如 c−a*b+d 的后缀表达式为 cab*−d+，运算时自左向右进行扫描，碰到第一个运算符"*"，就把前两个运算对象取出来进行运算（a*b）；再碰到第二个运算符"−"，又把前两个运算对象取出来进行运算 c 减去（a*b）；再碰到第三个运算符"+"时，又把前两个运算结果取出来进行运算……直到整个表达式算完为止。

由于前缀表达式称为波兰表达式，所以后缀表达式也称为逆波兰式（Reverse Polish Notation）。又因为后缀表达式运算时采取自左向右的扫描形式，比较符合人们平时的运算习惯，下面的表达式转换和求值的算法都以后缀表达式为例。

4. 中缀表达式转换为后缀表达式

把中缀表达式转换为后缀表达式，是栈应用的一个典型例子。其转换方法采用运算符优先算法。转换过程需要一个运算符号栈。

具体转换方法如下：

（1）读入操作数，直接输出到后缀表达式。

（2）读入运算符，压入运算符号栈。

① 若后进的运算符优先级高于先进的，则继续进栈。

② 若后进的运算符优先级不高于先进的，则将运算符号栈内高于或等于后进运算符级别的运算符依次弹出并输出到后缀表达式。

（3）括号处理。

① 遇到开括号"（"，进运算符号栈。

② 遇到闭括号"）"，则把最靠近的开括号"（"以及其后进栈的运算符依次弹出并输出到后缀表达式（开括号和闭括号均不输出）。

（4）遇到结束符"#"，则把运算符号栈内的所有运算符依次弹出，并输出到后缀表达式。

（5）若输入为+、−单目运算符，改为0和运算对象在前，运算符在后。

例如，−A 转换为 0A−。

以上转换方法最终得到的输出序列即为所求的后缀表达式。

下面看几个例子：

【例 3-2】中缀表达式 A / B ^ C + D * E−A * C 转换为后缀表达式（^表示乘方运算），转换方法如表 3−1 所示。

表 3−1　例 3−2 的转换方法

读入符号	运算符栈	输出结果	操作说明
A		A	输出 A
/	/	A	/进栈
B	/	A、B	输出 B
^	/、^	A、B	^优先级高于/，继续进栈
C	/、^	A、B、C	输出 C
+	+	A、B、C、^、/	^、/依次弹出，+进栈
D	+	A、B、C、^、/、D	输出 D
*	+、*	A、B、C、^、/、D	*优先级高于+，继续进栈
E	+、*	A、B、C、^、/、D、E	输出 E
−	−	A、B、C、^、/、D、E、*、+	*、+依次弹出、−进栈
A	−	A、B、C、^、/、D、E、*、+、A	输出 A

读入符号	运算符栈	输出结果	操作说明
*	–、*	A、B、C、^、/、D、E、*、+、A	*优先级高于–，继续进栈
C	–、*	A、B、C、^、/、D、E、*、+、A、C	输出 C
#		A、B、C、^、/、D、E、*、+、A、C、*、–	遇到结束符#，依次弹出*、–

得到后缀表达式为：A B C ^ / D E ＊ + A C ＊ –。

【例3-3】中缀表达式 3 + 4 /(25–(6+15)) ＊8 转换为后缀表达式，转换方法如表 3-2 所示。

表 3-2　例 3-3 的转换方法

读　　入	运 算 符 栈	输 出 结 果	操 作 说 明
3		3	输出 3
+	+	3	+进栈
4	+	3、4	输出 4
/	+、/	3、4	/ 继续进栈
(	+、/、(	3、4	(进栈
25	+、/、(	3、4、25	输出 25
–	+、/、(、–	3、4、25	–进栈
(	+、/、(、–、(	3、4、25	(再进栈
6	+、/、(、–、(	3、4、25、6	输出 6
+	+、/、(、–、(、+	3、4、25、6	+进栈
15	+、/、(、–、(、+	3、4、25、6、15	输出 15
)	+、/、(、–	3、4、25、6、15、+	遇)，依次弹出第 2 个(后的符号
)	+、/	3、4、25、6、15、+、–	再遇)，依次弹出第 1 个(后的符号
*	+、*	3、4、25、6、15、+、–、/	弹出/，但*高于+，继续进栈
8	+、*	3、4、25、6、15、+、–、/、8	输出 8
#		3、4、25、6、15、+、–、/、8、*、+	遇到结束符#，依次弹出*、+

得到后缀表达式为：3 4 25 6 15 + – / 8 ＊ +。

为了处理方便，编译程序常把中缀表达式首先转换成等价的后缀表达式。在后缀表达式中，所有的计算只按运算符出现的顺序，从左向右进行运算，既不用考虑运算规则和优先级别，也没有了各种括号，大大简化了运算。

关于求后缀表达式的程序参见本章"验证性实验 3：栈子系统"实验程序中的 Suffix() 函数，这里不再重复。

5．后缀表达式求值

后缀表达式求值的运算要用到一个数栈 stack 和一个存放后缀表达式的字符型数

组 exp。其实现过程就是从头至尾扫描数组中的后缀表达式：

（1）当遇到运算对象时，就把它插入到数栈 stack 中。

（2）当遇到运算符时，就执行两次出栈的操作，对出栈的数进行该运算符指定的运算，并把计算的结果压入到数栈 stack。

（3）重复（1）、（2），直至扫描到表达式的终止符"#"，在数栈的栈顶得到表达式的值。

下面仍以例 3-3 的结果为例，看一下后缀表达式的计算过程。

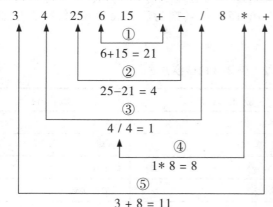

① 第 1 次计算结果为 21

② 第 2 次计算结果为 4

③ 第 3 次计算结果为 1

④ 第 4 次计算结果为 8

⑤ 第 5 次计算结果为 11

将中缀表达式转换为等价的后缀表达式以后，求值时不需要考虑运算符的优先级，只需要从左到右扫描一遍后缀表达式即可。关于后缀表达式求值的程序（自主设计实验 3），学生可以根据上述算法自行设计，并上机进行调试。

3.3.3 子程序调用

在计算机程序设计中，子程序的调用及返回地址就是利用堆栈来完成的。

在 C（或 C++）语言的主函数对无参子函数的嵌套调用过程中，在调用子程序前，先将返回地址保存到栈中，然后才转去执行子程序。当子函数执行到 return 语句（或函数结束）时，便从栈中弹出返回地址，从该地址处继续执行程序。

例如，主函数调用子函数 a()时，则在调用之前先将 a()函数返回地址压入栈中；在子函数 a()中调用子函数 b()时，又将 b()函数返回地址压入栈中；同样，在子函数 b()中调用子函数 c()时，又将 c()函数返回地址压入栈中。无参函数嵌套调用返回地址的进栈示意图如图 3-5 所示。

当执行完子函数 c()以后，就从栈顶弹出 c()函数返回地址，回到子函数 b()；子函数 b()执行完毕返回时，又从栈顶弹出函数 b()返回地址，回到子函数 a()；子函数 a()返回时，再在栈顶弹出函数 a()返回地址，回到主函数，继续执行主函数程序。

无参函数嵌套调用返回示意图如图 3-6 所示。在函数嵌套调用中，一个函数的执行没有结束，又开始另一个函数的执行，因此必须用栈来保存函数中的中

返回地址栈：

c()函数返回地址
b()函数返回地址
a()函数返回地址
…

图 3-5　无参函数嵌套调用返回地址的进栈示意图

断地址，以便调用返回时能从断点继续执行后续程序。

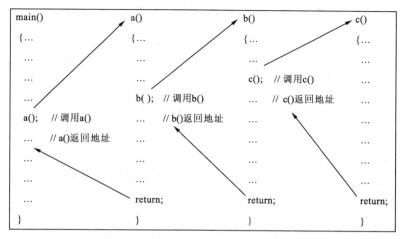

图 3-6　无参函数嵌套调用返回示意图

3.3.4　递归调用

1．递归

一个直接调用自己或者通过一系列调用语句间接地调用自己的函数称为递归函数。在程序设计中，有许多实际问题是递归定义的，使用递归的方法编写程序将使许多复杂的问题大大简化。所以，递归是程序设计中的一个强有力的工具。

2．典型例子

（1）2 阶斐波那契（Fibonacci）数列。

$$\text{Fib}(n)=\begin{cases} 0 & n=0 \\ 1 & n=1 \\ \text{Fib}(n-1)+\text{Fib}(n-2) & \text{其他情况} \end{cases}$$

（2）阶乘函数。$n!$ 的定义为：

$$\text{fac}(n)=\begin{cases} 1 & n=0（递归终止条件） \\ n\times\text{fac}(n-1) & n>0（递归步骤） \end{cases}$$

根据定义不难写出相应的递归函数：

```
int fac(int n)
{  if(n==0)
      return 1;
   else
      return(n*fac(n-1));
}
```

每个递归函数都有一个终止递归的条件，如阶乘中 $n=0$ 就是递归终止的条件，一旦满足条件，递归将不再继续。

现以 3! 为例说明执行递归调用时的过程，如图 3-7 所示。

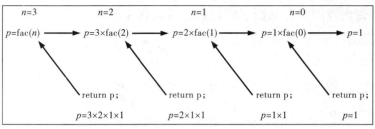

图 3-7　fac(3)的执行过程

求 3! 的 C 语言程序如下：

```
int fac(int n)
{   int  p;                              // 阶乘总数变量
    if(n==0)  p=1;                       // 递归终止条件
    else    p=n*fac(n-1);                // 递归调用 fac(n-1)
    return p;
}
void main()                             // 主函数
{   int i;
    for(i=1;i<=3;i++)
        printf("%d!=%d\n",i,fac(i));     // 输出每次调用的结果
}
```

递归算法符合人们的思维习惯。在递归过程的算法中，只要描述递归关系和终止条件，不用具体描述执行过程。因此，给程序设计带来了很大的方便。但是，计算机执行递归过程却比较复杂，在运行时需要进行频繁的进栈和出栈操作，这样不仅运算速度慢，而且还要占用较多的存储空间。所以，在需要提高时间和空间效率的情况下，也会将一些递归问题用非递归的方法进行解决。

3.3.5　中断处理和现场保护

1. 中断处理（interrupt processing）

在 C 语言中，系统调用通过中断来进行，中断调用示意图如图 3-8 所示。

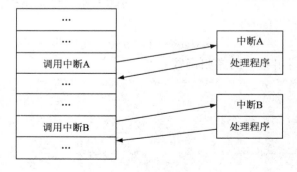

图 3-8　中断调用示意图

如果把中断处理想象成函数调用，则中断处理程序可以看成被调用的函数。

2. 现场保护和恢复

执行中断时，微处理器有时必须对状态寄存器、累加器以及相关的寄存器进行现场保护（压栈）；中断处理完毕，则必须按"后进先出"的原则恢复现场（出栈）。下面以汇编语言来说明现场保护和恢复的原理：

```
    ...                    //接受中断处理
PUSH  AX                   //保护现场
PUSH  BX
PUSH  CX
PUSH  BP
PUSHF                      //保护状态寄存器F的信息
    ...                    //中断处理
POPF                       //按后进先出的次序恢复现场
POP   BP
POP   CX
POP   BX
POP   AX
    ...
```

在汇编语言的中断处理中，正是利用栈在中断处理前把相关寄存器的内容和状态寄存器信息压栈保护。中断处理完毕，则按进栈次序"后进先出"恢复现场。

小　　结

（1）栈是一种运算受限制的线性表，它只允许在栈顶进行插入和删除等操作。

（2）栈的逻辑结构和线性表相同，数据元素之间存在一对一的关系，其主要特点是"后进先出"。

（3）栈的存储结构有顺序栈和链栈之分，要求掌握栈的C语言描述方法。

（4）重点掌握在顺序栈和链栈上实现进栈、出栈、读栈顶元素、判栈空和判栈满等基本操作。

（5）熟悉栈在计算机的软件设计中的各种应用，能灵活应用栈的基本原理解决一些综合性的应用问题。

实　　验

验证性实验3 栈子系统

1. 实验目的

（1）掌握栈的特点及其描述方法。

（2）用链式存储结构实现一个栈。

（3）掌握建栈的各种基本操作。

（4）掌握栈的几个典型应用算法。

2. 实验内容

（1）设计一个字符型的链栈。

（2）编写进栈、出栈、显示栈中全部元素的程序。

（3）编写一个把十进制整数转换成二进制数的应用程序。

（4）编写一个把中缀表达式转换成后缀表达式（逆波兰式）的应用程序。

（5）设计一个选择式菜单，以菜单方式选择上述操作。

```
                 栈 子 系 统
*************************************************
*               1---------进    栈              *
*               2---------出    栈              *
*               3---------显    示              *
*               4---------数 制 转 换            *
*               5---------逆 波 兰 式            *
*               0---------返    回              *
*************************************************
```

请选择菜单号（0--5）：

3. 参考程序

```c
#include<stdio.h>
#include<stdlib.h>
#define STACKMAX 100
typedef struct stacknode                    // 栈的存储结构
{ int data;
  struct stacknode *next;
}StackNode;
typedef struct
{ StackNode *top;                           // 指向栈的指针
}LinkStack;
void Push(LinkStack &s,int x)               // 进栈操作
{ StackNode *p=new StackNode;               // 开辟空间
  p->data=x;                                // 构造结点
  p->next=s.top;                            // 入栈
  s.top=p;                                  // 修改栈顶指针
}
int Pop(LinkStack &s,int &x)                // 出栈操作
{ StackNode *p;
  if(s.top!=NULL)                           // 栈不为空
  { p=s.top;
    x=p->data;
    s.top=p->next;
    delete p;
    return 1;
  }
  else  return 0;                           // 栈为空，则返回0
}
void ShowStack(LinkStack s)                 // 显示栈内容
{ StackNode *p=s.top;
  if(p==NULL)  printf("\n\t\t 栈为空。");
  else
  { printf("\n\t\t 栈元素为: ");
    while(p!=NULL)
    { printf("%6d",p->data);
      p=p->next;
```

```
        }
        printf("\n");
    }
}
void Conversion(int n)                    // 二-十进制转换
{  LinkStack s;
   int x;
   s.top=NULL;                            // 置栈空
   do
   {  x=n%2;                              // 取余数
      n=n/2;                              // 取新的商
      Push(s,x);
   }while(n);
   printf("\n\t\t转换后的二进制数值为: ");
   while(Pop(s,x)) printf("%d",x);        // 出栈成功
   printf("\n");
}
void Suffix()                             // 求逆波兰式
{  char str[STACKMAX];                    // 存储算术表达式
   char stack[STACKMAX];                  // 运算符号栈
   char exp[STACKMAX];
   char ch;
   int sum,i,j,t,top=0;
   printf("\n\t\t输入算术表达式(运算符只能包含+,-,*,/), 以#结束:\n\t\t");
   fflush(stdin);
   i=0;
   do
   {  i++;
      scanf("%c",&str[i]);
   }while(str[i]!='#'&&i!=STACKMAX);      // 接受用户输入表达式
   sum=i;                                 // 记录输入表达式总的字符个数
   t=1;
   i=1;
   ch=str[i];
   i++;
   while(ch!='#')
   {  switch(ch)
      {  case '(':
            top++;
            stack[top]=ch;
            break;
         case ')':
            while(stack[top]!='(')
            {  exp[t++]=stack[top--];
               exp[t++]=',';
            }
            top--;
            break;
         case '+':
         case '-':
```

```
                 while(top!=0 && stack[top]!='(')
                 {  exp[t++]=stack[top--];
                    exp[t++]=',';
                 }
                 stack[++top]=ch;
                 break;
            case '*':
            case '/':
                 while(stack[top]=='*'||stack[top]=='/')
                 {  exp[t++]=stack[top--];
                    exp[t++]=',';
                 }
                 stack[++top]=ch;
                 break;
            case ' ':
                 break;
            default:
                 while(ch>='0'&&ch<='z')         // 输入必须是 10 以内整数或字母变量
                 {  exp[t++]=ch;
                    ch=str[i++];
                 }
                 i--;
                 exp[t++]=',';
          }
        ch=str[i++];
     }
   while(top!=0)
   {  exp[t++]=stack[top--];
      if(top!=0)     exp[t++]=',';
   }
   printf("\n\t\t 输入的中缀表达式: ");
   for(j=1;j<sum;j++)     printf("%c",str[j]);
   printf("\n\n\t\t 后缀表达式: ");
   for(j=1;j<t;j++)     printf("%c",exp[j]);
   printf("\n");
}
void main()
{  LinkStack s;
   int i=1,j=1,val,n;
   char choice;
   s.top=NULL;                            // 初始化栈为空
   while(1)
   {  printf("\n");
      printf("\n\t\t           栈子系统                    ");
      printf("\n\t\t*******************************************");
      printf("\n\t\t*          1------进    栈          *");
      printf("\n\t\t*          2------出    栈          *");
      printf("\n\t\t*          3------显    示          *");
      printf("\n\t\t*          4------数制转换          *");
      printf("\n\t\t*          5------逆波兰式          *");
```

```
        printf("\n\t\t*          0------退出程序           *");
        printf("\n\t\t*******************************");
        printf("\n\t\t  请选择菜单号(0--5): ");
        fflush(stdin);                        // 清空输入缓冲区
        choice=getchar();
        switch (choice)                       // 用switch语句选择菜单
        {  case '1':
            while(1)
            {  printf("\n\t\t键入一个整数('0'表示结束)并按回车: ");
               scanf("%d",&val);
               if(val!=0)
                  Push(s,val);
               else
                  break;
            }
            break;
         case '2':
            if(Pop(s,val))
               printf("\n\t\t出栈元素为: %6d\n",val);
            else
               printf("\n\t\t栈为空, 没有元素可以出栈! \n");
            break;
         case '3':
            ShowStack(s);
            break;
         case '4':
            printf("\n\t\t请输入一个十进制正整数: ");
            scanf("%d",&n);
            Conversion(n);
            break;
         case '5':
            Suffix();
            break;
         case '0':
            exit(0);                          // 退出程序
         default:
            printf("\n\t\t输入菜单错误, 请重新输入! \n");
        }
    }
}
```

自主设计实验 3 后缀表达式求值

1. 实验目的

（1）掌握栈"后进先出"的特点。

（2）掌握栈的典型应用——后缀表达式求值。

2. 实验内容

（1）用键盘输入一个整数后缀表达式（操作数的范围是 0～9，运算符只含+、－、

*、/，而且中间不可以有空格），使用循环程序从左向右读入表达式。

（2）如果读入的是操作数，直接进入操作数栈。

（3）如果读入的是运算符，立即从操作数栈取出所需的操作数，计算操作数运算的值，并将计算结果存回操作数栈。

（4）检验程序运行结果。

3．实验要求

（1）分析后缀表达式求值的算法思想，用 C（或 C++）语言设计程序。

（2）上机调试通过实验程序。

（3）给出具体的算法分析，包括时间复杂度和空间复杂度等。

（4）撰写实验报告。

（5）本程序调试通过以后，添加到教材验证性实验 3 的菜单中。

习题 3

一、判断题（下列各题，正确的请在后面的括号内打√；错误的打×）

（1）栈是一种对进栈和出栈的次序做了限制的线性表。 （ ）

（2）在 C（或 C++）语言中设顺序栈的长度为 MAXLEN，则 top=MAXLEN 时表示栈满。

（ ）

（3）链栈与顺序栈相比，其特点之一是通常不会出现栈满的情况。 （ ）

（4）空栈就是所有元素都为 0 的栈。 （ ）

（5）将十进制数转换为二进制数是栈的典型应用之一。 （ ）

二、填空题

（1）栈的特点是_____。

（2）在栈结构中，允许插入、删除的一端称为_____。

（3）在顺序栈中，当栈顶指针 top=−1 时，表示_____。

（4）顺序栈 S 存储在数组 S->data[0..MAXLEN−1]中，进栈操作时首先要执行的语句有：
S->top=_____。

（5）链栈 LS 为空的条件是_____。

（6）已知顺序栈 S，在对 S 进行进栈操作之前首先要判断_____。

（7）若内存空间充足，_____栈可以不定义栈满运算。

（8）同一栈的各元素的类型_____。

（9）在有 n 个元素的链栈中，进栈操作的时间复杂度为_____。

（10）由于链栈的操作只在链表的头部进行，所以没有必要设置_____结点。

（11）从一个栈删除元素时，首先取出_____，然后再移动栈顶指针。

（12）向一个栈顶指针为 top 的链栈插入一个新结点*p 时，应执行_____和 top=p;
操作。

（13）若进栈的次序是 A、B、C、D、E，执行 3 次出栈操作以后，栈顶元素为_____。

（14）4 个元素按 A、B、C、D 顺序进 S 栈，执行两次 Pop(S,x)运算后，x 的值是_____。

（15）设有一个顺序空栈，现有输入序列为 ABCDE，经过 Push、Push、Pop、Push、

Pop、Push、Push、Pop 操作之后，输出序列是_____。

（16）对一个初始值为空的栈 S，执行操作：Push(S,5)、Push(S,2)、Push(S,4)、Pop(S,X)、ReadTop(S,X)后，X 的值应是_____。

（17）设 I 表示入栈操作，O 表示出栈操作，若元素入栈顺序为 1、2、3、4，为了得到 1、3、4、2 出栈顺序，则相应的 I 和 O 的操作串为：_____。

（18）已知表达式，求它的后缀表达式是_____的典型应用。

（19）A+B/C−D*E 的后缀表达式是_____。

（20）已知一个栈的进栈序列为 1，2，3，4，……n，其输出序列是 p_1，p_2，p_3，…，p_n。若 $p_1 = n$，则 p_i 的值是_____。

三、选择题

（1）栈的插入、删除操作在（　　　　）进行。

　　A. 任意位置　　　　　B. 指定位置　　　　　C. 栈顶　　　　D. 栈底

（2）顺序栈存储空间的实现使用（　　　　）存储栈元素。

　　A. 链表　　　　　　　B. 数组　　　　　　　C. 循环链表　　D. 变量

（3）在 C（或 C++）语言中，一个顺序栈一旦被声明，其占用空间的大小（　　　　）。

　　A. 已固定　　　　　　B. 不固定　　　　　　C. 可以改变　　D. 动态变化

（4）初始化一个空间大小为 100 的顺序栈 S 后，S–>top 的值是（　　　　）。

　　A. 0　　　　　　　　B. −1　　　　　　　　C. 不再改变　　D. 动态变化

（5）对于一个栈，则出栈操作时（　　　　）。

　　A. 必须判别栈是否满　　　　　　　　　B. 必须判别栈是否为空

　　C. 必须判别栈元素类型　　　　　　　　D. 栈可不做任何判别

（6）元素 A、B、C、D 依次进栈以后，栈顶元素是（　　　　）。

　　A. A　　　　　　　　B. B　　　　　　　　C. C　　　　　D. D

（7）带头结点的链栈 LS 的示意图如下，栈顶元素是（　　　　）。

　　A. A　　　　　　　　B. B　　　　　　　　C. C　　　　　D. D

（8）链栈与顺序栈相比，有一个比较明显的优点是（　　　　）。

　　A. 插入操作更加方便　　　　　　　　　B. 通常不会出现栈满的情况

　　C. 不会出现栈空的情况　　　　　　　　D. 删除操作更加方便

（9）4 个元素按 A、B、C、D 顺序进 S 栈，执行两次 Pop(S,x)运算后栈顶元素的值是（　　　　）。

　　A. A　　　　　　　　B. B　　　　　　　　C. C　　　　　D. D

（10）元素 A、B、C、D 依次进栈以后，栈底元素是（　　　　）。

　　A. A　　　　　　　　B. B　　　　　　　　C. C　　　　　D. D

（11）设有编号为 1、2、3、4 的 4 辆列车，顺序进入一个栈结构的站台，下列不可能的出站顺序为（　　　　）。

　　A. 1234　　　　　　B. 1243　　　　　　C. 1324　　　D. 1423

（12）经过下列栈的运算后，再执行 ReadTop(s)的值是（　　　）。

InitStack(s); Push(s,a); Push(s,b); Pop(s);

　　A．a　　　　　　　B．b　　　　　　　C．1　　　　　　　D．0

（13）经过下列栈的运算后，x 的值是（　　　）。

InitStack(s);Push(s,a);Push(s,b); ReadTop(s);Pop(s,x);

　　A．a　　　　　　　B．b　　　　　　　C．1　　　　　　　D．0

（14）经过下列栈的运算后，SEmpty(s)的值是（　　　）。

InitStack(s); Push(s,a); Push(s,b);Pop(s,x); Pop(s,x);

　　A．a　　　　　　　B．b　　　　　　　C．1　　　　　　　D．0

（15）经过下列栈的运算后，x 的值是（　　　）。

InitStack(s);Push(s,a);Pop(s,x);Push(s,b);Pop(s,x);

　　A．a　　　　　　　B．b　　　　　　　C．1　　　　　　　D．0

（16）一个栈的入栈次序 A、B、C、D、E，则栈不可能的输出序列是（　　　）。

　　A．$E\,D\,C\,B\,A$　　B．$D\,E\,C\,B\,A$　　C．$D\,C\,E\,A\,B$　　D．$A\,B\,C\,D\,E$

（17）设有一个顺序栈 S，元素 A、B、C、D、E、F 依次进栈，如果 6 个元素出栈的顺序是 B、D、C、F、E、A，则栈的容量至少应是（　　　）。

　　A．3　　　　　　　B．4　　　　　　　C．5　　　　　　　D．6

（18）从一个栈顶指针为 top 的链栈中删除一个结点时，用 x 保存被删除的结点，应执行下列（　　　）命令。

　　A．x=top;top=top->next;　　　　　　B．top=top->next;x=top->data;

　　C．x=top->data;　　　　　　　　　　D．x=top->data;top=top->next;

（19）已知一个栈的进栈序列为 p_1, p_2, p_3,…, p_n，其输出序列是 1，2，3,…,n。若 $p_3=1$，则 p_1 的值（　　　）。

　　A．一点是 2　　　B．可能是 2　　　C．不可能是 2　　D．一定是 3

（20）已知一个栈的进栈序列为 p_1, p_2, p_3,…, p_n，其输出序列是 1，2，3,…,n。若 $p_n=1$，则 p_i 的值是（　　　）。

　　A．i　　　　　　B．n-i　　　　　C．n-i+1　　　　D．不确定

四、应用题

（1）设有一个栈，元素进栈的次序为 A、B、C、D、E，用 I 表示进栈操作，O 表示出栈操作，写出下列出栈的操作序列。

　　① C、B、A、D、E

　　② A、C、B、E、D

（2）求后缀表达式。

　　① $A{\wedge}B{\wedge}C/D$

　　② $-A+B*C+D/E$

　　③ $A*(B+C)*D-E$

　　④ $(A+B)*C-E/(F+G/H)-D$

　　⑤ $8/(5+2)-6$

（3）写出运行下列程序段的输出结果。

```
void main()
{  Stack S;
   char x,y;
   InitStack(S);                              // 初始化栈
   x="c ";
   y="k ";
   Push(S,x);Push(S,"a ");
   Push(S,y);Pop(S,x);
   Push(S,"t ");Push(S,x);
   Pop(S,x);Push(S,"s ");
   While(!SEmpty(S))
   {  Pop(S,y);cout<<y; }
   cout<<x;
}
```

五、算法设计题

（1）设用一维数组 stack[n]表示一个堆栈，若堆栈中每个元素需占用 M 个数组单元
（$M>1$）。

　　① 试写出其入栈操作的算法。

　　② 试写出其出栈操作的算法。

（2）设计一个算法，要求判断一个算术表达式中的圆括号配对是否正确。

（3）设计一个将十进制正整数转换为十六进制数的算法，并要求上机调试通过。

（4）设单链表中存放 n 个字符，利用栈的原理，试设计算法判断字符串是否如
ABCDDCBA 那样中心对称。

队　　列 ‹‹‹

队列也是一种运算受限制的线性表。与栈不同的是：队列是限制在表的两端进行操作的线性表，也是软件设计中常用的一种数据结构。队列的逻辑结构也和线性表相同，其特点是按"先进先出"的原则进行操作。本章主要介绍队列的定义、队列的存储实现和基本运算、队列的简单应用。

4.1　队列的定义和运算

本节先给出队列（queue）的定义，然后介绍队列的基本运算。

4.1.1　队列的定义和特性

1．队列的定义

设有 n 个元素的队列 $Q=(a_1, a_2, a_3,\cdots, a_n)$，则称 a_1 为队首（front）元素，a_n 为队尾（rear）元素。队列中的元素按 $a_1,a_2,a_3,\cdots,a_{n-1},a_n$ 的次序进队，按 $a_1, a_2, a_3,\cdots, a_{n-1},a_n$ 的次序出队，即队列的操作是按照"先进先出"（First In First Out，FIFO）的原则进行的，如图 4-1 所示。显然，队列也是一种运算受限制的线性表。

图 4-1　队列示意图

2．队列的特性

（1）队列的主要特性就是"先进先出"，常用它的英文缩写表示，称为 FIFO 表。

（2）队列是限制在两个端点进行插入和删除操作的线性表。能够插入元素的一端称为队尾，允许删除元素的一端称为队首或队头。

3．应用实例

（1）如车站排队买票、食堂排队买饭或自动取款机排队取款，排在队头的人处理完后从队头走掉，而后来的人则必须排在队尾等待。为什么造成排队的情况呢？这是因为买票处理或取款处理的速度无法满足客户的需求，为了不造成次序的混乱，而采取的一种让先到的客户比晚到的客户先得到服务的办法。

（2）在计算机处理文件打印时，为了解决高速的 CPU 与低速的打印机之间的矛盾，对于多个请求的打印文件，操作系统把它们当作可以被延迟的任务，按应用程序提出打印任务的先后顺序，作为它们实际打印的先后顺序。即按照"先进先出"的原则形成打印队列。

4.1.2 队列的基本运算

在队列上进行的基本操作如下：

（1）入队操作 InQueue(&q, x)。

初始条件：队列 q 存在，且未满。

操作结果：插入一个元素 x 到队尾，队列长度增加 1。

（2）出队操作 OutQueue(&q, &x)。

初始条件：队列 q 存在，且非空。

操作结果：将队首元素赋值给 x 带回主调函数，然后将队首元素从队列中删除，队列长度减 1。

（3）读队头元素 ReadFront(q, &x)。

初始条件：队列 q 存在，且非空。

操作结果：将队首元素赋值给 x 带回主调函数，队列不变。

（4）显示队列元素 ShowQueue(q)。

初始条件：队列 q 存在，且非空。

操作结果：显示队列中的所有元素。

（5）判队空操作 QEmpty(q)。

初始条件：队列 q 存在。

操作结果：若队空则返回 1，否则返回 0。

（6）判队满操作 QFull(q)。

初始条件：队列 q 存在。

操作结果：若队满则返回 1，否则返回 0。

（7）求队列长度 QLen(q)。

初始条件：队列 q 存在。

操作结果：返回队列中的当前元素个数。

4.2 队列的存储和实现

队列有顺序存储队列和链式存储队列两种存储结构。

4.2.1 顺序队列

1. 顺序队列的基本运算

顺序队列是用内存中一组连续的存储单元顺序存放队列中各元素，所以可以用一维数组 Q[MAXLEN] 作为队列的顺序存储空间，其中 MAXLEN 为队列的容量，队列元素从 Q[0] 单元开始存放，直到 Q[MAXLEN−1] 单元。顺序存储的队列简称为顺序队列，又由于队首和队尾都是活动的，因此，除了存储队列数据的数组外，一般还设有队首（front）和队尾（rear）两个指针。在顺序存储结构中，队首指针和队尾指针的值就是数组元素的下标。

顺序队列的类型可以用 C 语言定义如下：

```
#define  MAXLEN  10      // 队列的最大容量
typedef  struct
{  datatype Q[MAXLEN]; // datatype 为队列中的元素类型，可根据用户需要设置
   int front;           // 定义队头指针
   int rear;            // 定义队尾指针
}SeqQueue;              // 顺序队列类型 SeqQueue
SeqQueue *q;
q=new SeqQueue;
```

基于以上类型定义，顺序队列的基本操作如下：

（1）顺序队列的空间分配及初始化：顺序队列的空间分配和顺序栈基本相同，不同的是其初始化操作。假设通过 SeqStack s 和 SeqQueue q 分别定义了一个顺序栈 s 和一个顺序队列 q，则顺序栈的初始化操作是设置其栈顶指针 s.top=-1，而顺序队列的初始化操作需要同时设置其队头指针 q.front=-1 和队尾指针 q.rear=-1。

（2）入队：在队列不满的情况下，队尾指针加 1，新元素即可进队。

```
q.rear++;               // 先将队尾指针加 1
q.Q[q.rear]=x;          // 元素 x 进队
```

（3）出队：在队列非空的情况下允许出队，出队时队头指针加 1，队头元素即可出队。

```
q.front++;              // 先将队头指针加 1
x=q.Q[q.front];         // 队头元素送 x，x 对出队元素做进一步处理
```

（4）顺序队列中的元素个数：$n=(q.rear)-(q.front)$，如图 4-2 所示的 4 种情况，队列中的元素个数均可用队尾指针 q.rear 和队头指针 q.front 相减得到。

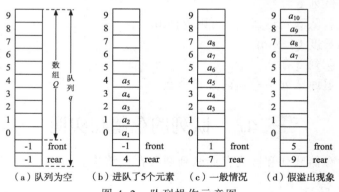

图 4-2　队列操作示意图

（5）判队空：由图 4-2 可见，队头指针 q.front 始终指向队头元素的前面一个位置，队尾指针 q.rear 始终指向队尾元素。由于队头指针 q.front 和队尾指针 q.rear 的初值均为 -1，每进队一个元素时 q.rear++，每出队一个元素时 q.front++，因此当 q.front 和 q.rear 相等（即队头指针和队尾指针指向同一个单元）时，队列为空。

（6）判队满：当顺序队列中的元素个数 n==MAXLEN 时，队列的数组 Q 中没有空余单元可供进队元素存放，因此可以认为队列已满。

设队列长度 MAXLEN=10，则顺序队列的操作示意图如图4-2所示。

从图4-2中可以看到，随着入队、出队操作的进行，整个队列会整体向上移动，这样就出现了图4-2（d）所示的现象——队尾指针虽然已经移到了最上面，而队列却未真满，这种"假溢出"现象使得队列的空间没有得到有效利用。解决的方法是：可以将当前队列中的所有数据整体往下移动，让剩余的空单元留在队尾，这样新的数据元素就可以继续进队。

2．循环顺序队列

当数据进队出队频繁时，顺序队列将要做大量的数据移动操作，这无疑会影响队列的操作速度。为了解决上述队列的"假溢出"现象，一个更有效的方法是将队列的数据区 Q[0..MAXLEN-1]看成是首尾相连的环，即将表示队首的 Q[0]单元与表示队尾的 Q[MAXLEN-1]单元从逻辑上连接起来，形成一个环形表，这就形成了循环顺序队列，如图4-3所示。这种做法就跟常见的时钟一样，随着时钟指针的移动，超过12点之后指针又将回到1点。

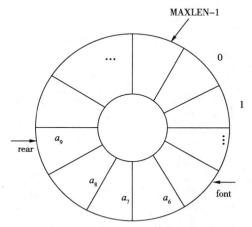

图4-3 循环顺序队列示意图

因为将顺序队列的数组 Q 看作是头尾相连的循环结构，所以需要将入队时的队尾指针加1，操作修改为：

```
q.rear=(q.rear+1)%MAXLEN;
```

需要将出队时的队首指针加1，操作修改为：

```
q.front=(q.front+1)%MAXLEN;
```

图4-4是假设长度为10的循环顺序队列操作示意图。

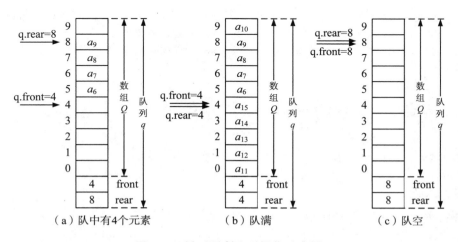

图4-4 循环顺序队列操作示意图

在图4-4（a）中，此时 q.front=4，q.rear=8，队列中有 a_6、a_7、a_8、a_9，共4个元素。

随着 $a_{10} \sim a_{15}$ 相继入队，此时 q.front=4，q.rear=4，队列已满，如图 4-4（b）所示，可见在队满情况下 q.front==q.rear。

若在图 4-4（a）的情况下，$a_6 \sim a_9$ 相继出队，此时队空，q.front=8，q.rear=8，如图 4-4（c）所示，也有 q.front==q.rear。也就是说，仅根据关系表达式 q.front==q.rear 无法有效判断是"队满"还是"队空"。

解决正确区分队空和队满的方法有多种，下面介绍两种常用的方法。

（1）规定当 q.front==q.rear 时，表示循环顺序队列为空；当(q.rear+1)%MAXLEN==q.front 时，表示循环顺序队列为满。也就是说，当长度为 MAXLEN 的循环顺序队列中存储了 MAXLEN-1 个元素时就认为队列已经满了，即队列中最多只允许存储 MAXLEN-1 个元素，这种方法通过"牺牲"一个单元的存储空间来区分队空和队满。

（2）在定义结构体时，附设一个存储循环顺序队列中元素个数的变量 n，当 n==0 时表示队空；当 n==MAXLEN 时表示队满。

当采用第（2）种方法判定队空和队满时，循环顺序队列的结构体类型应定义如下：

```
typedef struct
{  datatype Q[MAXLEN];                // 定义存储数据元素的数组
   int front,rear;                    // 定义队头、队尾指针
   int n;                             // 用于记录循环顺序队列中元素的个数
}CycleSeqQueue;                       // 循环顺序队列的类型名
```

3. 循环顺序队列的基本运算

下面以上述第（1）种判断"队满"或"队空"的方法来讨论以下算法。

（1）初始化：

```
void InitSeqQueue(CycleSeqQueue &q)
{  q.front=MAXLEN-1;                  // 初始化队头
   q.rear=MAXLEN-1;                   // 初始化队尾
}
```

（2）判队空：

```
int IsEmpty(CycleSeqQueue q)         // 无须改变队列，q前不需要加引用
{  if(q.rear==q.front)   return 1;   // 队空，返回1
   else   return 0;                  // 否则，返回0
}
```

（3）判队满：

```
int IsFull(CycleSeqQueue q)
{  if ((q.rear+1)%MAXLEN==q.front)
     return 1;                       // 队满，返回1
   else   return 0;                  // 否则，返回0
}
```

（4）入队：

```
int InQueue(CycleSeqQueue &q, datatype x)
{  if (IsFull(q))
   {  printf("队满!");
      return 0;                      // 队已满，不能入队，返回0
   }
```

```
    else
    { q.rear=(q.rear+1)%MAXLEN;     // 先移动队尾指针
      q.Q[q.rear]=x;                // 元素 x 入队
      return 1;                     // 入队成功，返回 1
    }
}
```

（5）出队：

```
int OutQueue(CycleSeqQueue &q, datatype &x)
{ if (IsEmpty(q))
  { printf("队空!");
    return 0;                       // 队已空，不能出队，返回 0
  }
  else
  { q.front=(q.front+1)%MAXLEN;     // 先移动队头指针
    x=q.Q[q.front];                 // 队头元素送 x,引用参数 x 将其带回主调函数
    return 1;                       // 入队成功，返回 1
  }
}
```

由于顺序队列的实现形式一般都是从逻辑上构造为环状的，如无特别说明，一般情况下都直接将循环顺序队列简称为顺序队列。

4.2.2　链队列

1．链队列的结构

具有链式存储结构的队列称为链队列，实际上它是一个带有头指针（front）和尾指针（rear）的单向链表，该单链表一般没有头结点。链队列的头指针 front 和尾指针 rear 是两个独立的指针变量，由于它们分别指向同一个单链表中的首尾结点，所以从链队列的整体结构考虑，一般将这两个指针封装在一个结构体中。链队列的一般结构如图 4-5 所示。

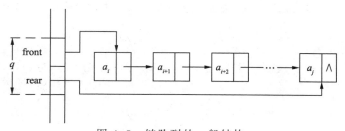

图 4-5　链队列的一般结构

2．链队列的描述

```
typedef struct linkqueuenode
{ datatype  data;                   // datatype 为链队列中元素的类型
  struct  linkqueuenode  *next;
}LinkQueueNode;                     // 链队列结点的类型为 LinkQueueNode
typedef  struct
{ LinkQueueNode  *front,*rear;      // 队头队尾指针的定义
}LinkQueue;                         // 链队列的类型为 LinkQueue
```

链队列元素的进队和出队示意图如图 4-6 所示。

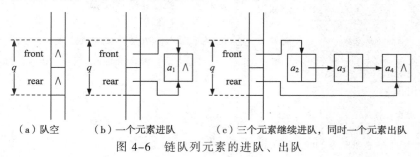

（a）队空　　　（b）一个元素进队　　　（c）三个元素继续进队，同时一个元素出队

图 4-6　链队列元素的进队、出队

3．链队列的基本运算

（1）初始化：

```
void InitLinkQueue(LinkQueue &q)
{ q.front=NULL;                        // 设置队头指针为空
  q.rear=NULL;                         // 设置队尾指针为空
}
```

（2）入队：

```
void InQueue(LinkQueue &q, datatype x) // 将元素 x 进入队列 q
{ LinkQueueNode *p=new LinkQueueNode;  // 开辟一个新结点空间
  p->data=x;                           // 构造新结点
  p->next=NULL;
  if(NULL==q.front)  q.front=p;        // 若队列为空，则队头直接指向新结点
  else  q.rear->next=p;                // 否则将新结点插入队尾
  q.rear=p;                            // 更改队尾指针
}
```

（3）出队：

```
int OutQueue(LinkQueue &q, datatype &x)
{ LinkQueueNode *p=q.front;
  if(NULL==q.front)  return 0;         // 若队列为空，不能出队，则返回 0
  else
  { q.front=p->next;                   // 否则，将队头结点从队列中断开
    if (NULL==q.front)                 // 若出队的是队列中最后一个结点
      q.rear=NULL;                     // 则同时将队尾置空
    x=p->data;                         // 队头元素值送 x，带回主调函数
    delete p;                          // 回收队头结点空间
    return 1;                          // 出队成功，返回 1
  }
}
```

（4）读队头元素：

```
int ReadFront (LinkQueue q, datatype &x)
{ if(NULL==q.front)  return 0;         // 若队列为空，则返回 0
  else                                 // 否则，断开队头结点
  { x=q.front->data;                   // 队头元素值送 x，带回主调函数
    return 1;                          // 成功读得队头元素，返回 1
  }
}
```

（5）显示队列中所有元素：

```
void ShowQueue(LinkQueue q)
{  LinkQueueNode *p=q.front;
   if(NULL==q.front) printf("队空!");           // 若队列为空，则输出提示
   else while(p)                                // 否则，从队头开始逐个输出
       {  printf("%6d",p->data);                // 输出当前结点值
          p=p->next;                            // 指针后移
       }
}
```

4.3 队列应用举例

队列是一种应用广泛的数据结构，凡具有"先进先出"需要排队处理的问题，都可以使用队列来解决。

1. 队列在输入、输出管理中的应用

在计算机进行数据输入、输出处理时，由于外围设备的速度远远低于 CPU 数据处理的速度，此时可以设定一个"队列缓冲区"进行缓冲。当计算机要输出数据时，将计算机的数据按块（例如每块 512B）逐个添加到"队列缓冲区"的尾端，而外部设备则按照其输出速度从队首逐个取出数据块输出。这样，虽然输出数据速度较慢，但却能保证与计算机输出的数据有完全相同的次序，而不致发生输出次序的混乱或数据的丢失。

2. 对 CPU 的分配管理

一般的计算机系统只有一个 CPU，如果在系统中有多个进程都满足运行条件，就可以用一个就绪队列来进行管理。当某个进程需要运行时，它的进程名就被插入到就绪队列的尾端。如果此队列是空的，CPU 就立即执行该进程；如果此队列非空，则该进程就需要排在队列的尾端进行等待。CPU 总是首先执行排在队首的进程，一个进程分配的一段时间执行完了，又将它插入到队尾等待，CPU 转而为下一个出现在队首的进程服务。这样，按"先进先出"的原则一直进行下去，直到执行完的进程从队列中逐个删除。

3. 优先队列（priority queue）

上述队列都是"先进先出"的数据结构，也就是说删除的总是队列中最先进队的元素，但在实际应用中，有时往往需要根据任务的优先级别来决定先做哪些最重要的事情，此时必须对这种"先进先出"的规则进行适当的修改。

假设每个元素都有一个相当于权的数据项，那么就可以根据权值的大小来决定元素出队的顺序。也就是说，在队列中哪一个优先级最高就优先出队。这种按优先级高低来决定出队顺序的队列，称为优先队列。

优先队列的一个典型应用就是分时操作系统中的作业处理。每个作业都有一个优先级，系统在处理文件的时候，并不是根据一般队列的"先进先出"原则，而是根据文件优先级的高低来选择处理对象。

在优先队列中的每一个元素都有一个被称为权的数据项，权的大小决定了元素的优先级。实现优先队列有两种方法：

（1）按权的大小进行插入，使整个队列始终保持按优先级次序排列的状态，而删除操作则和普通队列一样，只删除队首元素。

（2）插入操作和普通队列一样，只在队尾进行插入，而删除操作则是根据元素的优先级来进行的，即只能删除优先级最高的元素。

限于篇幅，有关优先队列具体算法的实现，在此不作介绍。

4．双队列（double-ends queue）

操作系统的工作调度所采用的则是双队列，这种队列的两端都可以存取数据，其结构如图 4-7 所示。

图 4-7　双队列结构

如果将图 4-7 分成左、右两部分，则成了两个独立的栈，所以双队列就是将两个栈的栈底结合起来而构成的。与队列相同的是双队列，也需要两个指针分别指向结构的两端。由于 CPU 的调度在多人使用的计算机系统中是一种重要的概念，所以调度的方法很多，双队列也有输入限制性双队列和输出限制性双队列等形式。下面仅以输入限制性双队列为例作介绍。

输入限制性双队列是限制输入只能在队列一端进行，而输出却可以在队列两端的任意一端进行。由于队列的两端都可以输出，所以其输出又可以有多种组合。

输入限制性双队列由双向队列数据输入（InQueue()）、从队首输出数据（OutQueue_front()）、从队尾输出数据（OutQueue_rear()）3 部分组成，可以由用户按照提示自由选择"从队首输出"或"从队尾输出"，以模拟各种可能的输出结果。

（1）双向队列数据输入 InQueue()：

```
void InQueue(DoubleQueue &q,int val)          // 输入队列数据
{ q.rear=(q.rear++)%MAXLEN;
  if(q.front==q.rear)    printf("队列已满!");
  else   q.Q[q.rear]=val;
}
```

（2）从队首输出数据 OutQueue_front()：

```
int OutQueue_front(DoubleQueue &q)            // 从队首输出队列数据
{ int t;
  if(q.front==q.rear)      return -1;
  else
  { t=q.Q[++q.front];
    if(q.front==MAXLEN-1)    q.front=0;
    return  t;
  }
}
```

（3）从队尾输出数据 OutQueue_rear()：

```
int OutQueue_rear(DoubleQueue &q)             // 从队尾输出队列数据
{ int t;
  if(q.front==q.rear)        return  -1;
  t=q.Q[q.rear--];
  if(q.rear<0)    q.rear=MAXLEN-1;
  return  t;
}
```

小 结

（1）队列是一种操作受限制的线性表，一般队列只允许在队尾进行插入操作，在队头进行删除操作。

（2）队列的逻辑结构和线性表也相同，数据元素之间存在一对一的关系，其主要特点是"先进先出"。

（3）队列的存储结构也有顺序存储结构和链式存储结构，要求能用 C（或 C++）语言描述它们的存储结构。

（4）重点掌握在顺序队列和链队列上的进队、出队、判队空、判队满、求队列长度和读队头元素等基本操作。

（5）熟悉队列在计算机的软件设计中的应用，能灵活应用队列的基本原理解决一些综合性的应用问题。

实 验

验证性实验4 队列子系统

1．实验目的

（1）掌握队列的特点及其描述方法。

（2）用链式结构实现一个队列。

（3）掌握队列的各种基本操作。

（4）掌握队列的简单应用程序。

2．实验内容

（1）设计一个字符型的链队列。

（2）编写队列的进队、出队、读队头元素、显示队列中全部元素程序。

（3）设计一个输入限制性的双队列，要求：

① 输入只能在一端进行，而输出可以选择从队头输出或队尾输出，全部选择完毕后能显示所选择的输出结果。

② 设计一个选择式菜单，以菜单方式选择队列的各种基本操作。

菜单形式如下：

```
                    队 列 子 系 统
*****************************************************
*              1------------进        队          *
*              2------------出        队          *
*              3------------读 队 头 元 素        *
*              4------------显        示          *
*              5------------双   队   列          *
*              0------------退        出          *
*****************************************************
请选择菜单号（0--5）：
```

3. 参考程序

```c
#include<stdio.h>
typedef struct queuenode
{  int data;
   struct queuenode *next;
}QueueNode;
typedef struct
{  QueueNode *front,*rear;
}LinkQueue;
void InQueue(LinkQueue *q)                    // 进队函数
{  int x;
   QueueNode *p=new QueueNode;
   printf("\n\t\t请键入一个整数: ");
   scanf("%d",&x);
   getchar();
   p->data=x;
   p->next=NULL;
   if(q->front==NULL)    q->front=p;
   else  q->rear->next=p;
   q->rear=p;
   if(p)   printf("\n\t\t %d 进队成功! ",x);
   }
int OutQueue(LinkQueue *q,int *v)             // 出队函数
{  QueueNode *p;
   if(q->front==NULL)       return 0;
   else
   {  p=q->front;
      *v=p->data;
      q->front=p->next;
      if(q->front==NULL)       q->rear=NULL;
      delete p;
      return 1;
   }
}
void ShowQueue(LinkQueue *q)                  // 显示队列函数
{  QueueNode *p=q->front;
   if(p==NULL)    printf("\n\t\t 队列为空!\n");
   else
   {  printf("\n\t\t 队列中的元素为: ");
      while(p!=NULL)
      {  printf("%6d",p->data);
         p=p->next;
      }
      printf("\n");
   }
}
void ReadFront(LinkQueue *q)                  // 读队首元素函数
```

```
{  if(q==NULL||q->front==NULL)
       printf("\n\t\t 队列为空！没有队顶元素!\n");
    else   printf("\n\t\t 队首元素是: %4d \n",q->front->data);
}
#define QUEUEMAX 20                          // 输入受限制的双向队列
int queue[QUEUEMAX];
int front=-1;
int rear=-1;
void InQueue(int val)                        // 输入队列数据
{  rear=(rear++)%QUEUEMAX;
    if(front==rear)   printf("\n\t\t 队列已满!");
    else  queue[rear]=val;
}
int OutQueue_rear()                          // 从队尾输出队列数据
{  int t;
   if(front==rear)    return -1;
   t=queue[rear--];
   if(rear<0&&front!=-1)    rear=QUEUEMAX-1;
   return t;
}
int OutQueue_front()                         // 从队头输出队列数据
{  int t;
   if(front==rear)       return -1;
   t=queue[++front];
   if(front==QUEUEMAX)    front=0;
   return t;
}
void DQ()                                    // 输入限制性双向队列
{  int choice;
   int out[5];
   int in[5]={5,4,3,2,1};                    // 队列中预先输入 5 个数据
   int t,pos=0,i;
   for(i=0;i<5;i++)    InQueue(in[i]);
   printf("\n\t\t 初始数据顺序是: ");
   for(i=0;i<5;i++)  printf("[%d] ",in[i]);
   printf("\n\n\t\t 1------从头出队    2------从尾出队\n\n");
   while(front!=rear)
   {  printf("\t\t 请输入选择(1 或 2): ");
      scanf("%d",&choice);
      switch(choice)
      {  case 1:
            t=OutQueue_front();
            out[pos++]=t;
            break;
         case 2:
            t=OutQueue_rear();
            out[pos++]=t;
            break;

      }
   }
```

```
        printf("\n\t\t 数据输出的顺序是: ");
        for(i=0;i<5;i++)    printf("[%d] ",out[i]);
        printf("\n");
        getchar();
}
void main()
{   LinkQueue *q=new LinkQueue;
    int val,i=1;
    char w,choice;
    q->front=q->rear=NULL;
    while(i)
    {   printf("\n");
        printf("\n\t\t                队 列 子 系 统                ");
        printf("\n\t\t*****************************************");
        printf("\n\t\t*             1--------进        队        *");
        printf("\n\t\t*             2--------出        队        *");
        printf("\n\t\t*             3--------读队头元素         *");
        printf("\n\t\t*             4--------显     示          *");
        printf("\n\t\t*             5--------双   队   列        *");
        printf("\n\t\t*             0--------返     回           *");
        printf("\n\t\t*****************************************");
        printf("\n\t\t  请选择菜单号(0--5): ");
        scanf("%c",&choice);
        getchar();
        switch(choice)
        {   case '1':
                    InQueue(q);break;
            case '2':
                if(OutQueue(q,&val)==0)
                    printf("\n\t\t 队列为空!\n");
                else
                    printf("\n\t\t 出队元素为: %d",val);
                break;
            case '3':
                ReadFront(q);
                break;
            case '4':
                ShowQueue(q);
                break;
            case '5':
                DQ();
                break;
            case '0':
                i=0;
                break;
            default:;
        }
        if(choice=='1'||choice=='2'||choice=='3'||choice=='4'||choice=='5')
        {   printf("\n\n\t\t 按【Enter】键继续，按任意键返回主菜单，\n");
            w=getchar();
```

```
        if(w!='\xA')    i=0;
    }
  }
}
```

自主设计实验 4　循环队列的实现和运算

1．实验目的

（1）掌握队列"先进先出"的特点。

（2）复习队列的入队、出队、插入、删除等基本运算。

（3）掌握循环队列的特点，以及循环队列的应用。

2．实验内容

（1）在顺序存储结构上实现输出受限制的双端循环队列的入队和出队（只允许队头输出）算法。

（2）设每个元素表示一个待处理的作业，元素值表示作业的预计时间。入队列采取简化的短作业优先原则，若一个新提交的作业的预计执行时间小于队头和队尾作业的平均时间，则插入在队头，否则插入在队尾。

（3）循环队列数据类型：

```
#define MAXLEN 10
typedef  struct
{ int  data[MAXLEN];              // 定义数据的类型及数据的存储区
  int  front,rear;               // 定义队头、队尾指针
}csequeue;
```

（4）入队作业处理的预计执行时间可以用随机数函数 rand()产生，也可以从键盘输入。

3．实验要求

（1）利用 C 或 C++语言完成算法设计和程序设计。

（2）上机调试通过实验程序。

（3）输入数据，检验程序运行结果。

（4）给出具体的算法分析，包括时间复杂度和空间复杂度等。

（5）撰写实验报告。

习题 4

一、**判断题**（下列各题，正确的请在后面的括号内打√；错误的打 ×）

（1）队列是限制在两端进行操作的线性表。　　　　　　　　　　　　　　（　　　）

（2）判断顺序队列为空的标准是头指针和尾指针都指向同一个结点。　　（　　　）

（3）在循环链队列中无溢出现象。　　　　　　　　　　　　　　　　　　（　　　）

（4）在循环队列中，若尾指针 rear 大于头指针 front，其元素个数为 rear- front。

　　　　　　　　　　　　　　　　　　　　　　　　　　　　　　　　（　　　）

（5）顺序队列和循环队列关于队满和队空的判断条件是一样的。　　　　（　　　）

二、填空题

（1）在队列中存取数据应遵循的原则是＿＿＿＿＿。

（2）在队列中，允许插入的一端称为＿＿＿＿＿。

（3）在队列中，允许删除的一端称为＿＿＿＿＿。

（4）队列在进行出队操作时，首先要判断队列是否为＿＿＿＿＿。

（5）顺序队列在进行入队操作时，首先要判断队列是否为＿＿＿＿＿。

（6）顺序队列初始化后，front=rear=＿＿＿＿＿。

（7）链队列 LQ 为空时，LQ->front->next=＿＿＿＿＿。

（8）读队首元素的操作＿＿＿＿＿队列元素的个数。

（9）在一个链队列中，若队首指针为 front，队尾指针为 rear，则判断该队列只有一个结点的条件为＿＿＿＿＿。

（10）设长度为 n 的链队列用单循环链表表示，若只设头指针，则入队操作的时间复杂度为＿＿＿＿＿。

（11）设长度为 n 的链队列用单循环链表表示，若只设尾指针，则出队操作的时间复杂度为＿＿＿＿＿。

（12）队列 Q，经过 InitQueue(Q);InQueue(Q,a);InQueue(Q,b); OutQueue(Q,x);ReadFront(Q,x); QEmpty(Q); 运算后的值是＿＿＿＿＿。

（13）队列 Q 经过 InitQueue(Q);InQueue(Q,a);InQueue(Q,b); ReadFront(Q,x) 运算后，x 的值是＿＿＿＿＿。

（14）解决顺序队列"假溢出"的方法是采用＿＿＿＿＿。

（15）循环队列 Q 的队首指针为 Q.front，队尾指针为 Q.rear，则队空的条件为＿＿＿＿＿。

（16）设循环队列的容量为 40（序号为 0 ~ 39），现经过一系列的入队和出队运算后，front=11，rear=19，则循环队列中还有＿＿＿＿＿个元素。

（17）设循环队列的头指针 front 指向队首元素，尾指针 rear 指向队尾元素后的一个空闲元素，队列的最大空间为 MAXLEN，则队满标志为＿＿＿＿＿。

（18）从循环队列中删除一个元素时，其操作是＿＿＿＿＿。

（19）在一个循环队列中，队首指针指向队首元素的＿＿＿＿＿。

（20）删除双向循环队列表中*P 的前驱结点（存在），应执行的语句序列是：
P->prior=P->prior ->prior ;＿＿＿＿＿。

三、选择题

（1）队列是限定在（　　　）进行操作的线性表。

    A. 中间　　　　　　B. 队首　　　　　　C. 队尾　　　　　　D. 两端

（2）以下（　　　）不是队列的基本运算。

    A. 从队尾插入一个新元素　　　　　　B. 从队列中删除第 i 个元素

    C. 判断一个队列是否为空　　　　　　D. 读取队头元素

（3）同一队列内各元素的类型（　　　）。

    A. 必须一致　　　B. 不能一致　　　C. 可以不一致　　　D. 不限制

（4）队列和栈都是（　　　）。

    A. 顺序存储的线性结构　　　　　　B. 限制存取点的线性表

    C. 链接存储的线性结构　　　　　　D. 限制存取点的非线性表

（5）当利用大小为 n 的数组顺序存储一个队列时，该队列的最后一个元素的下标为（　　　）。

    A. $n-2$　　　　　B. $n-1$　　　　　C. n　　　　　D. $n+1$

（6）一个循环队列一旦说明，其占用空间的大小（　　　）。

    A. 已固定　　　　B. 可以变动　　　　C. 不固定　　　　D. 动态变化

（7）存放队列元素的数组 data 有 10 个元素，则 data 数组的下标范围是（　　　）。

    A. 0～10　　　　B. 0～9　　　　C. 1～9　　　　D. 1～10

（8）若进队的序列为 A、B、C、D，则出队的序列是（　　　）。

    A. B、C、D、A　　B. A、C、B、D　　C. A、B、C、D　　D. C、B、D、A

（9）4 个元素按 A、B、C、D 顺序连续进队 Q，则队尾元素是（　　　）。

    A. A　　　　　B. B　　　　　C. C　　　　　D. D

（10）4 个元素按 A、B、C、D 顺序连续进队 Q，执行一次 OutQueue(Q) 操作后，队头元素是（　　　）。

    A. A　　　　　B. B　　　　　C. C　　　　　D. D

（11）4 个元素按 A、B、C、D 顺序连续进队 Q，执行 4 次 OutQueue(Q) 操作后，再执行 QEmpty(Q); 后的值是（　　　）。

    A. 0　　　　　B. 1　　　　　C. 2　　　　　D. 3

（12）队列 Q，经过下列运算后，x 的值是（　　　）。

    InitQueue(Q);InQueue(Q,a); InQueue(Q,b);OutQueue(Q,x); ReadFront (Q,x);

    A. a　　　　　B. b　　　　　C. 0　　　　　D. 1

（13）引起循环队列队头发生变化的操作是（　　　）。

    A. 出队　　　　B. 入队　　　　C. 取队头元素　　　D. 取队尾元素

（14）带头结点的链队列 LQ 示意图如下，链队列的队头元素是（　　　）。

    A. A　　　　　B. B　　　　　C. C　　　　　D. D

（15）带头结点的链队列 LQ 示意图如下，指向链队列的队头指针是（　　　）。

    A. LQ->front　　B. LQ->rear　　C. LQ->front->next　　D. LQ->rear->next

（16）带头结点的链队列 LQ 示意图如下，在进行进队运算时指针 LQ->front（　　　）。

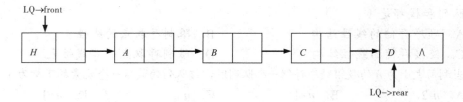

A. 始终不改变　　　B. 有时改变　　　　C. 进队时改变　　　　D. 出队时改变

（17）队列 Q，经过下列运算后，再执行 QEmpty(Q) 的值是（　　　）。

InitQueue(Q) (初始化队列);InQueue(Q,a); InQueue(Q,b);OutQueue(Q,x);

ReadQueue(Q,x);

A. a　　　　　　　B. b　　　　　　　C. 0　　　　　　　D. 1

（18）若用一个大小为 6 的数组来实现循环队列，且当前 front 和 rear 的值分别为 3
和 0，当从队列中删除一个元素，再加入两个元素后，front 和 rear 的值分别为
（　　　）。

A. 5 和 1　　　　　B. 4 和 2　　　　　C. 2 和 4　　　　　D. 1 和 5

（19）在只使用具有 n 个单元顺序存储的循环队列中，队满时共有元素（　　　）个。

A. n+1　　　　　B. n-1　　　　　C. n　　　　　　D. n-2

（20）设数组 data[m]作为循环队列 SQ 的存储空间，front 为队头指针，rear 为队尾指
针，则执行出队操作后其头指针 front 的值为（　　　）。

A. front=front+1　　　　　　　　B. front=(front+1)%（m-1）

C. front=(front-1)%m　　　　　　D. front=(front+1)%m

四、写出程序运行的结果

写出下列程序段的输出结果（队列中的元素类型为 char）。

```
void main()
{ Queue Q;InitQueue(Q);            // 初始化队列
  char x='E';y='C';
  InQueue(Q,'H');
  InQueue(Q,'R');
  InQueue(Q,y);
  OutQueue(Q,x);InQueue(Q,x);
  OutQueue(Q,x);InQueue(Q,'A');
  while(!QEmpty(Q))
  { OutQueue(Q,y);
    printf(y);
  };
  printf(x);
}
```

五、程序填空

假设用一个循环单向链表表示一个循环队列，该队列只设一个队尾指针 rear，试
填空完成向循环队列中插入一个元素为 x 的结点的函数。

```
typedef struct queuenode        // 定义队列的存储结构
{ int data;
```

```
      struct queuenode *next;
}QueueNode;
InQueue(QueueNode *rear,int x)          // 向队列插入元素为 x 的函数
{ QueueNode *rear;
  QueueNode *head,*s;
  s=_____;
  s->data=_____;
  if(rear==NULL)                         // 循环队列为空,则建立一个结点的循环队列
  { rear=s;rear->next=rear; }
  else
  { head=_____;                       // 循环队列非空,则将 s 插到后面
    rear->next=_____;
    rear=s;
    _____=head;
  }
}
```

六、算法设计题

（1）设一个循环队列 Queue，只有头指针 front，不设尾指针，另设一个含有元素个数的计数器 count，试写出相应的入队算法和出队算法。

（2）用一个循环数组 Q[0..MAXLEN−1]表示队列时，该队列只有一个头指针 front，不设尾指针，而设置一个计数器 count 用以记录队列中结点的个数。试编写一个能实现初始化队列、判队空、读队头元素、入队操作和出队操作的算法。

（3）一个用单向链表组成的循环队列，只设一个尾指针 rear，不设头指针，请编写如下算法：

①　向循环队列中插入一个元素为 x 的结点。

②　从循环队列中删除一个结点。

（4）利用两个栈 s1 和 s2 模拟一个队列时，要求实现该队的进队、出队、判队空 3 种运算。

第 5 章

串 ‹‹‹

字符串简称串，是一种特殊的线性表，它的数据元素仅由一个字符组成。在计算机数据处理中，非数值处理的对象经常是字符串数据。本章把串作为一种独立的数据结构加以研究，介绍串的定义和基本运算、串的存储结构以及相应的运算算法。

5.1 串的定义和运算

本节先给出串（string）的定义，然后介绍串的基本运算。

5.1.1 串的定义

1. 串的概念

串是由零个或多个任意字符组成的有限序列。一般记作：

$$s="a_1 \ a_2 \cdots a_i \cdots a_n"$$

其中，s 是串名，用双引号括起来的字符序列为串值，但引号本身并不属于串的内容。a_i（$1 \leqslant i \leqslant n$）是一个任意字符，它称为串的元素，是构成串的基本单位；i 是它在整个串中的序号；n 为串的长度，表示串中所包含的字符个数。

2. 几个术语

（1）长度：串中字符的个数，称为串的长度。

（2）空串：长度为零的字符串称为空串。

（3）空格串：由一个或多个连续空格组成的串称为空格串。

（4）串相等：两个串是相等的，是指两个串的长度相等且对应字符都相等。

（5）子串：串中任意连续的字符组成的子序列称为该串的子串。

（6）主串：包含子串的串称为该子串的主串。

（7）模式匹配：子串的定位运算又称为串的模式匹配，是一种求子串的第一个字符在主串中序号的运算。被匹配的主串称为目标串，子串称为模式。

【例 5-1】字符串的长度及子串的位置。

字符串	字符串长度	
S1="SHANG"	5	
S2="HAI"	3	
S3="SHANGHAI"	8	
S4="SHANG□HAI"	9	// □表示空格，下同

S1 是 S3、S4 的子串，S1 在 S3、S4 中的位置都为 1。

S2 也是 S3、S4 的子串，S2 在 S3 中的位置为 6，S2 在 S4 中的位置为 7。

3．串的应用

在汇编语言和高级语言的编译程序中，源程序和目标程序都是以字符串表示的。在事务处理程序中，如客户的姓名、地址、邮政编码、货物名称等，一般也是作为字符串数据处理的。另外，信息检索系统、文字编辑系统、语言翻译系统等，也都是以字符串数据作为处理对象的。

5.1.2　串的输入与输出

1．字符串的输入

在 C 语言中，字符串的输入有两种方法。

（1）使用函数 scanf()。使用函数 scanf()时，输入格式中要设置"%s"，再加上字符数组名称。

【例 5-2】函数示例。

```
char str[10];
printf("Input your str: ");
scanf("%s",str);
```

使用 scanf ()方式输入时，字符串中不能含有空格。

在 C++语言中还可以使用输入流对象 cin。

例 5-2 中的输入语句可以写成 cin>>str。

（2）使用 gets()函数。格式为：

```
gets(字符数组名);
```

【例 5-3】函数示例。

```
char str[10];
printf("Input your str: ");
gets(str);
```

使用 gets()方式输入时，字符串中允许含有空格。

2．字符串的输出

字符串的输出也有两种方法。

（1）使用函数 printf()。

使用函数 printf()时，输出格式中也要设置"%s"，再加上字符数组名。

【例 5-4】函数示例。

```
printf("Your str is %s",str);
```

在 C++语言中还可以用输出流对象 cout。

例 5-4 中的输出语句可以写成 cout<< " Your str is"<<str;。

（2）使用函数 puts()。格式为：

```
puts(字符数组名);
```

【例 5-5】函数示例。

```
printf("Your str is ");
puts(str);
```

5.1.3 串的运算

串的运算有很多，下面介绍部分基本运算。

（1）求串长 LenStr(s)。

操作条件：串 s 存在。

操作结果：求出串 s 的长度。

（2）串连接 ConcatStr(s1,s2)。

操作条件：串 s1，s2 存在。

操作结果：新串 s1 是串 s1 和串 s2 连接以后的新串，原串 s2 值不变，串 s1 的值则改变。

【例 5-6】设 s1=" Micsosoft□ "，s2=" Office "，求两个串连接的结果。

操作结果是 s1=" Micsosoft□Office "；s2=" Office "。

（3）求子串 SubStr(s,i,len)。

操作条件：串 s 存在。

操作结果：返回从串 s 的第 i 个字符开始的长度为 len 的子串。len=0 得到的是空串。

【例 5-7】SubStr (" abcdefghi " ,3,4) = " cdef "。

（4）串比较 EqualStr (s1,s2)。

操作条件：串 s1，s2 存在。

操作结果：若 s1==s2，返回值=0；若 s1<s2，返回值 <0；若 s_1>s_2，返回值 >0。

（5）子串查找 IndexStr (s,t)。

找子串 t 在主串 s 中首次出现的位置（又称模式匹配）。

操作条件：串 s、t 存在。

操作结果：若 t 是 s 的子串，则返回 t 在 s 中首次出现的位置，否则返回值为 0。

【例 5-8】子串定位。

IndexStr ("abcdebda","bc")=2

IndexStr ("abcdebda","ba")= 0

（6）串插入 InsStr(s,t,i)。

操作条件：串 s、t 存在。

操作结果：将串 t 插入到串 s 的第 i 个字符前，s 的串值发生改变。

（7）串删除 DelStr(s,i,len)。

操作条件：串 s 存在。

操作结果：删除串 s 中第 i 个字符起长度为 len 的子串，s 的串值改变。

5.2 串的表示和实现

因为串是数据元素类型为字符型的线性表，所以用于线性表的存储方式仍适用于串。但由于串中的数据元素是单个字节，其存储方法又有其特殊之处。

5.2.1 定长顺序存储

类似于线性表，可以用一组地址连续的存储单元依次存放串中的各字符序列，利用存储单元地址的顺序表示串中字符的相邻关系。

1. 定长存储的 C 语言描述

在 C 语言中，字符串顺序存储可以用一个字符型数组和一个整型变量表示，其中字符数组存储串值，整型变量表示串的长度。

```
#define  MAXLEN  100
typedef  struct
{ char  vec[MAXLEN];
  int  len;
}Str;                              // 可用 Str 来定义该类型的结构体变量
```

2. 存储方式

当计算机按字节（B）为单位编址时，一个存储单元刚好存放一个字符，串中相邻的字符顺序地存储在地址相邻的存储单元中。

当计算机按字（例如 1 个字为 32 位）为单位编址时，一个存储单元可以由 4 B 组成。此时，顺序存储结构又有非紧凑格式和紧凑格式两种存储方式。

（1）非紧凑存储。设串 S=" String Structure "，计算机字长为 32 位（4 B），使用非紧凑格式一个地址只能存储一个字符，如图 5-1 所示。其优点是运算处理简单，但缺点是存储空间十分浪费。

（2）紧凑格式存储。

同样存储 S=" String Structure "，使用紧凑格式一个地址能存放 4 个字符，如图 5-2 所示。紧凑存储的优点是空间利用率高，缺点是对串中字符处理的效率低。

S			
t			
r			
i			
n			
g			
S			
t			
r			
u			
c			
t			
u			
r			
e			

图 5-1　非紧凑格式

S	t	r	i
n	g		S
t	r	u	c
t	u	r	e

图 5-2　紧凑格式

5.2.2　链接存储

对于长度不确定的字符串的输入，若采用定长字符串存储就会产生这样的问题：存储空间定得大，而实际输入字符串长度小，则造成内存空间的浪费；反之，存储空间定得小，而实际输入字符串长度大，则存储空间不够用。此时，可采用链接存储的方法。

1．链接存储的描述

用链表存储字符串，每个结点有两个域：一个数据域（data）和一个指针域（next）。

其中，数据域存放串中的字符。指针域存放后继结点的地址。

仍然以存储 S = " String Structure " 为例，链接存储结构如图 5-3 所示。

图 5-3　链接存储结构

（1）链接存储的优点：插入、删除运算方便。

（2）链接存储的缺点：存储、检索效率较低。

2．串的存储密度

在各种串的处理系统中，所处理的串往往很长或很多。例如，一本书的几百万个字符，情报资料的几千万个条目，这要求我们必须考虑字符串的存储密度。

$$存储密度 = 串值所占的存储位 / 实际分配的存储位$$

串链接存储的存储密度小，存储量比较浪费，但运算处理，特别是对串的连接等操作的实现比较方便。

3．大结点结构

为了提高存储空间的利用率，有人提出了大结点的结构（即串的链块表示）。

所谓大结点，就是一个结点的值域存放多个字符，以减少链表中的结点数量，从而提高空间的利用率。例如，每个结点存放 4 个字符，如图 5-4 所示。

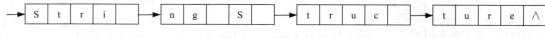

图 5-4　大结点结构

这样一来，存储空间利用率明显提高，但插入、删除极不方便，所以链接存储的优点也消失了。由于字符串的特殊性，用链表作为字符串的存储方式也不太实用，因此使用较少。

5.2.3　串的堆分配存储结构

在实际应用中，往往要定义很多字符串，并且各字符串长度在定义之前又无法确定。在这种情况下，可以采用堆分配存储（又称为索引存储），这是一种动态存储结构。

1．堆分配存储的方法

（1）开辟一块地址连续的存储空间，用于存储各串的值，该存储空间称为"堆"（也称为自由存储区）。

（2）另外，建立一个索引表，用来存储串的名称（name）、长度（length）和该串在"堆"中存储的起始地址（start）。

（3）程序执行过程中，每产生一个串，系统就从"堆"中分配一块大小与串的长度相同的连续空间，用于存储该串的值，并且在索引表中增加一个索引项，用于登记该串的名称、长度和该串的起始地址。

2．索引存储的例子

设字符串：A="Red"，B="Yellow"，C="Blue"，D="White"。

用指针 free 指向堆中未使用空间的首地址。

索引表如图 5-5 所示。

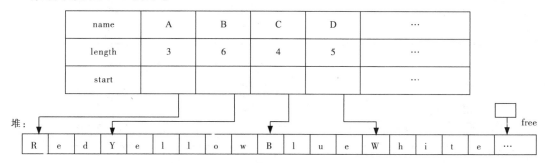

图 5-5　带长度的索引表

考虑到对字符串的插入和删除操作，可能引起串的长度变化，在"堆"中为串值分配空间时，可预留适当的空间。这时，索引表的索引项应增加一个域，用于存储该串在"堆"中拥有的实际存储单元的数量。当字符串长度等于该串的实际存储单元时，就不能对串进行插入操作。

3．带长度的索引表的 C 语言描述

如图 5-5 所示，索引项的结点类型为：

```
typedef  struct
{  char  name[MAXLEN];      // 串名
   int   length;           // 串长
   char  *start;           // 起始地址
}LNode;
```

4．C 语言中用动态分配函数 malloc()和 free()来管理"堆"

利用函数 malloc()为每个新串分配一块实际串长所需要的存储空间，分配成功则返回一个指向起始地址的指针作为串的基址，同时，约定的串长也作为存储结构的一部分。函数 free()则用来回收用 malloc()分配的存储空间。

在 C++语言中 malloc()可以用 new 替换，free()也可以用 delete 代替。

在这里，只简单介绍了堆分配存储的基本思想，具体的算法及细节尚未涉及。在常用的高级语言及开发环境中，许多系统本身提供了串的类型及串的库函数，用户可以直接调用，这样会使算法的设计和调试更方便容易，可靠性也更高。

5.3　串运算的实现

本小节主要讨论定长串连接、求子串、串比较算法、顺序串的插入和删除等运算。

为了方便讨论，这里再次描述定长顺序串的结构如下：

```
#define MAXLEN 100                              // 定义串的最大长度
typedef  struct
{  char vec[MAXLEN];
   int  len;                                    // 串的实际长度
}Str;                                           // 定义一个结构体类型 Str
```

在串尾存储一个不会在串中出现的特殊字符作为串的终结符，以此表示串的结尾。比如，C 语言中处理定长串的方法就是这样的，它是用 "\0" 来表示串的结束，如图 5-6 所示。

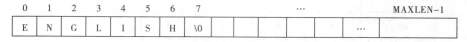

0	1	2	3	4	5	6	7		...		MAXLEN-1
E	N	G	L	I	S	H	\0			...	

图 5-6　串的定长顺序存储

1. 求串的长度

用判断当前字符是否是 "\0" 来确定串是否结束，若非 "\0"，则表示字符串长度的 i 加 1；若是 "\0"，则表示字符串结束，跳出循环，i 即字符串的长度。

```
int LenStr(Str *r)
{  int i=0;
   while(r->vec[i]!='\0')    i++;
   return i;
}
```

2. 串连接

把两个串 r1 和 r2 首尾连接成一个新串 r1，即 r1=r1+r2。

```
void ConcatStr(Str *r1,Str *r2)
{  if(r1->len+r2->len>MAXLEN)                    // 连接后的串长超过串的最大长度
      printf("两个串太长，溢出！");
   else
   {  for(i=0;i<r2->len;i++)
         r1->vec[r1->len+i]=r2->vec[i];          // 进行连接
      r1->vec[r1->len+i]='\0';
      r1->len=r1->len+r2->len;                   // 修改连接后新串的长度
   }
}
```

3. 求子串

在给定字符串 r 中从指定位置 i 开始连续取出 j 个字符构成子串 r1。

```
void SubStr(Str *r,Str *r1,int i,int j)
{  if(i+j-1>r->len)
   {  printf("子串超界！");
      return;
   }
   else
   {  for(k=0;k<j;k++)
         r1->vec[k]=r->vec[i+k-1];              // 从 r 中取出子串
      r1->len=j;
      r1->vec[r1->len]='\0';
```

```
    }
    printf("取出字符为: ");
    puts(r1->vec);
}
```

4．串比较

两个串的长度相等且各对应位置上的字符都相同时，两个串才相等。

```
int EqualStr(Str *r1,Str *r2)                    // 串比较
{ for(int i=0;r1->vec[i]==r2->vec[i] && r1->vec[i]&& r2->vec[i];i++)
       return r1->vec[i]-r2->vec[i];
}
void main()
{ printf("\n\t\t 请输入第一个串: ");
  gets(c.vec);
  printf("\n\t\t 请输入第二个串: ");
  gets(d.vec);
  int k=EqualStr(&c,&d);                         // 调用串比较函数
  if(k>0) printf("\n\t\t 第一个串大! \n");        // k>0, 第一个串大
  else  if(k<0)                                  // k<0, 第二个串大
      printf("\n\t\t 第二个串大! \n");
        else
      printf("\n\t\t 两个串一样大! \n");          // k=0, 两个串相等
}
```

5．插入子串

在字符串 r 中的指定位置 i 插入子串 r1。

```
str *InsStr(Str *r,Str *r1,int i)
{ if(i>=r->len||r->len+r1->len>MAXLEN)           printf("不能插入!");
  else
  { for(k=r->len-1;k>=i;k--)
      r->vec[r1->len+k]=r->vec[k];               // 后移空出位置
    for(k=0;k<r1->len;k++)
      r->vec[i+k]=r1->vec[k];                     // 插入子串 r1
    r->len=r->len+r1->len;
    r->vec[r->len]='\0';
  }
  return r;
}
```

6．删除子串

在给定字符串 r 中删除从指定位置 i 开始连续的 j 个字符。

```
void DelStr(Str *r,int i,int j) //i 为指定删除的位置, j 为连续删除的字符个数
{ if(i+j-1>r->len)   printf("所要删除的子串超界! ");
  else
  { for(k=i+j;k<r->len;k++,i++)
      r->vec[i]=r->vec[k];        // 将后面的字符串前移覆盖
    r->len=r->len-j;
    r->vec[r->len]='\0';
  }
}
```

7．模式匹配

模式匹配即子串定位，是一种重要的串运算。设 *s* 和 *t* 是给定的两个串，在主串

s 中找到等于子串 t 的过程称为模式匹配。如果在 s 中找到等于 t 的子串，则称匹配成功，函数返回 t 在 s 中首次出现的存储位置（或序号），否则匹配失败，返回–1。其中被匹配的主串 s 称为目标串，匹配的子串 t 称为模式。

在此，只介绍一种最简单的模式匹配算法。

（1）基本思想：首先将 s_1 与 t_1 进行比较，若不同，就将 s_2 与 t_1 进行比较，直到 s 的某一个字符 s_i 和 t_1 相同，再将它们之后的字符进行比较，若也相同，则如此继续往下比较。当 s 的某一个字符 s_i 与 t 的字符 t_j 不同时，则 s 返回到本趟开始字符的下一个字符，即 s_{i-j+2}，t 返回到 t_1，继续开始下一趟的比较，重复上述过程。若 t 中的字符全部比较完，则说明本趟匹配成功，本趟的起始位置是 $i-j+1$。模式匹配成功的起始位置称为有效位移；所有匹配失败的起始位置都称为无效位移。

（2）模式匹配的例子：主串 $s=$" ABABCABCACBAB "，模式 $t=$" ABCAC "，匹配过程如图 5-7 所示。

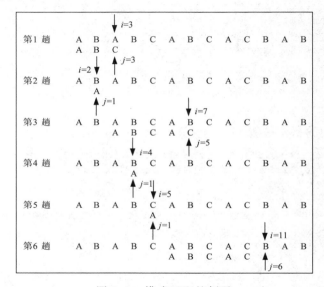

图 5-7　模式匹配的例子

匹配位置：$i-j+1=11-6+1=6$。

（3）算法描述。返回在字符串 r 中子串 r1 出现的位置。

```
int IndexStr(Str *r,Str *r1)
{  int i,j,k;
   for(i=0;r->vec[i];i++)
     for(j=i,k=0;r->vec[j]==r1->vec[k];j++,k++)
       if(!r1->vec[k+1])    return i;
       return -1;
}
```

（4）时间复杂度分析。

设串 s 长度为 n，串 t 长度为 m。匹配成功的情况下，考虑两种极端情况。

在最好的情况下，每趟不成功的匹配都发生在第一对字符比较时。例如：

$s=$"AAAAAAAAAABC"

t="BC"

设匹配成功发生在 s_i 处，则字符比较次数在前面 $i-1$ 趟匹配中共比较了 $i-1$ 次，第 i 趟成功的匹配共比较了 m 次，所以总共比较了 $i-1+m$ 次，所有匹配成功的可能共有 $n-m+1$ 种。设从 s_i 开始与 t 串匹配成功的概率为 p_i，在等概率情况下 $p_i=1/(n-m+1)$，因此最好情况下平均比较的次数是：

$$\sum_{i=1}^{n-m+1} p_i \times (i-1+m) = \sum_{i=1}^{n-m+1} \frac{1}{n-m+1} \times (i-1+m) = \frac{(n+m)}{2}$$

即最好情况下的时间复杂度是 $O(n+m)$。

在最坏情况下，每趟不成功的匹配都发生在 t 的最后一个字符。例如：

s="AAAAAAAAAAAB"

t="AAAB"

设匹配成功发生在 s_i 处，则在前面 $i-1$ 趟匹配中共比较了 $(i-1) \times m$ 次，第 i 趟成功的匹配共比较了 m 次，所以总共比较了 $i \times m$ 次，因此最坏情况下平均比较的次数是：

$$\sum_{i=1}^{n-m+1} p_i \times (i \times m) = \sum_{i=1}^{n-m+1} \frac{1}{n-m+1} \times (i \times m) = \frac{m(n-m+2)}{2}$$

因为 $n >> m$，所以最坏情况下的时间复杂度是 $O(n \times m)$。

小　　结

（1）串是有限个字符组成的序列，一个串的字符个数叫作串的长度，长度为零的字符串称为空串。

（2）串是一种特殊的线性表，规定每个数据元素仅由一个字符组成。

（3）串的顺序存储有非紧凑格式和紧凑格式两种，非紧凑格式存储操作简单，但浪费内存；紧凑格式可以节省内存，但操作却不方便。

（4）串的链式存储结构具有插入、删除方便的优点，但其存储密度很低；若采用紧凑的链式存储（一个结点放多个字符），虽然提高了空间利用率，但其插入、删除方便的优点也随之消失。

（5）串的堆分配存储是一种动态存储结构，用一个索引表来存放串名、长度及在堆中的起始地址，并用一块地址连续的存储空间存放各串的值，灵活性强。

（6）串的基本运算包括串的连接、插入、删除、比较、替换和模式匹配等，要求重点掌握串的定长顺序存储的基本算法。

实　　验

验证性实验 5 串子系统

1．实验目的

（1）掌握串的特点及顺序定长存储的方式。

（2）掌握串的创建、连接、插入、删除、显示等操作。

（3）掌握串的查找、取子字符串、比较串大小的操作。

（4）掌握模式匹配的基本思想及其算法。

2．实验内容

（1）由用户通过键盘输入建立一个字符串。

（2）编写插入、删除、查找、比较、取子字符串、连接字符串、显示、模式匹配等程序。

（3）设计如下所示的选择式菜单，以菜单方式选择上述操作。

```
                      串  子  系  统
      *****************************************************
      *                 1------输  入  字  串             *
      *                 2------连  接  字  串             *
      *                 3------取  出  子  串             *
      *                 4------删  除  子  串             *
      *                 5------插  入  子  串             *
      *                 6------查  找  子  串             *
      *                 7------比 较 串 大 小             *
      *                 8------显  示  字  串             *
      *                 0------返        回             *
      *****************************************************
```

请输入菜单选项（0--8）:

3．参考程序

```c
#include<stdio.h>
#define STRINGMAX 100
typedef struct
{ char vec[STRINGMAX];
  int len;
}str;
void ConcatStr(str *r1,str *r2)
{ int i;
  printf("\n\t\tr1=%s    r2=%s\n",r1->vec,r2->vec);
  if(r1->len+r2->len>STRINGMAX)    printf("\n\t\t 两个串太长,溢出!\n");
  else
  { for(i=0;i<r2->len;i++)    r1->vec[r1->len+i]=r2->vec[i];
    r1->vec[r1->len+i]='\0';
    r1->len=r1->len+r2->len;
  }
}
void SubStr(str *r,int i,int j)
{ int k;
  str a;
  str *r1=&a;
  if(i+j-1>r->len)
  { printf("\n\t\t 子串超界!\n");
    return;
  }
  else
  { for(k=0;k<j;k++)    r1->vec[k]=r->vec[i+k-1];
    r1->len=j;
```

```
            r1->vec[r1->len]='\0';
        }
    printf("\n\t\t 取出字符为: ");
    puts(r1->vec);
}
void DelStr(str *r,int i,int j)
{  int k;
   if(i+j-1>r->len)    printf("\n\t\t 所要删除的子串超界! \n");
   else
   {  for(k=i+j;k<r->len;k++,i++)    r->vec[i]=r->vec[k];
      r->len=r->len-j;
      r->vec[r->len]='\0';
   }
}
str *InsStr(str *r,str *r1,int i)
{  int k;
   if(i>=r->len||r->len+r1->len>STRINGMAX)
      printf("\n\t\t 不能插入!\n");
   else
   {  for(k=r->len-1;k>=i;k--)        r->vec[r1->len+k]=r->vec[k];
      for(k=0;k<r1->len;k++)      r->vec[i+k]=r1->vec[k];
      r->len=r->len+r1->len;
      r->vec[r->len]='\0';
   }
   return r;
}
int IndexStr(str *r,str *r1)
{  int i,j,k;
   for(i=0;r->vec[i];i++)
      for(j=i,k=0;r->vec[j]==r1->vec[k];j++,k++)
         if(!r1->vec[k+1])    return i;
         return -1;
}
int LenStr(str *r)
{  int i=0;
   while(r->vec[i]!='\0')    i++;
   return i;
}
str *CreateStr(str *r)
{  gets(r->vec);
   r->len=LenStr(r);
   return r;
}
int EqualStr(str *r1,str *r2)
{  for(int i=0;r1->vec[i] && r2->vec[i] && r1->vec[i]==r2->vec[i];i++)
   return r1->vec[i]-r2->vec[i];
}
void main()
{  str a,b,c,d;
   str *r=&a,*r1;
   r->vec[0]='\0';
   char choice,p;
   int i,j,ch=1;
```

```
while(ch!=0)
{  printf("\n");
   printf("\n\t\t                   串子系统                    ");
   printf("\n\t\t************************************");
   printf("\n\t\t*          1-------输  入  字  串          *");
   printf("\n\t\t*          2-------连  接  字  串          *");
   printf("\n\t\t*          3-------取  出  子  串          *");
   printf("\n\t\t*          4-------删  除  子  串          *");
   printf("\n\t\t*          5-------插  入  子  串          *");
   printf("\n\t\t*          6-------查  找  子  串          *");
   printf("\n\t\t*          7-------比 较 串 大 小          *");
   printf("\n\t\t*          8-------显  示  字  串          *");
   printf("\n\t\t*          0-------返           回          *");
   printf("\n\t\t************************************");
   printf("\n\t\t  请选择菜单号(0--8): ");
   scanf("%c",&choice);
   getchar();
   if(choice=='1')
   {  printf("\n\t\t请输入一个字符串: ");
      gets(r->vec);
      r->len=LenStr(r);
   }
   else if(choice=='2')
   {  printf("\n\t\t请输入所要连接的串: ");
      r1=CreateStr(&b);
      ConcatStr(r,r1);
      printf("\n\t\t连接以后的新串值为: ");
      puts(r->vec);
   }
   else if(choice=='3')
   {  printf("\n\t\t请输入从第几个字符开始: ");
      scanf("%d",&i);getchar();
      printf("\n\t\t请输入取出的连续字符数: ");
      scanf("%d",&j);
      getchar();
      SubStr(r,i,j);
   }
   else if(choice=='4')
   {  printf("\n\t\t请输入从第几个字符开始: ");
      scanf("%d",&i);getchar();
      printf("\n\t\t请输入删除的连续字符数: ");
      scanf("%d",&j);
      getchar();
      DelStr(r,i-1,j);
   }
   else if(choice=='5')
   {  printf("\n\t\t请输入在第几个字符前插入: ");
      scanf("%d",&i);
      getchar();
      printf("\n\t\t请输入所要插入的字符串: ");
```

```
        r1=CreateStr(&b);
          InsStr(r,r1,i-1);
    }
    else if(choice=='6')
    {   printf("\n\t\t 请输入所要查找的字符串: ");
        r1=CreateStr(&b);
        i=IndexStr(r,r1);
        if(i!=-1)
            printf("\n\t\t 第一次出现的位置是第%d 个.\n",i+1);
        else
            printf("\n\t\t 该子串不在其中! \n");
    }
    else if(choice=='7')
    {   printf("\n\t\t 请输入第一个串: ");
        gets(c.vec);
        printf("\n\t\t 请输入第二个串: ");
        gets(d.vec);
        int k=EqualStr(&c,&d);
        if(k>0)    printf("\n\t\t 第一个串大! \n");
        else if(k<0)     printf("\n\t\t 第二个串大! \n");
        else    printf("\n\t\t 两个串一样大! \n");
    }
    else if(choice=='8')
    {   printf ("\n\t\t 该串值为: ");
        if(r->vec[0]=='\0')
        printf("空! \n");
    else    puts(r->vec);
    }
    else if(choice=='0')   break;
    }
}
```

自主设计实验5 字符串分割处理

1. 实验目的

（1）掌握字符串的存储方法。

（2）掌握英文句子按单词和标点符号分割的方法。

（3）掌握算术表达式按运算对象和运算符（只涉及+、-、*、/）分割的方法。

2. 实验内容

（1）输入英文句子，如 This is a string 并存入数组，如图 5-8 所示。

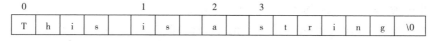

图 5-8 存入数组

运行程序后分割效果如图 5-9 所示。

（2）输入算术表达式，如"2*3+6/3."并存入数组。

运行程序后分割效果如图 5-10 所示。

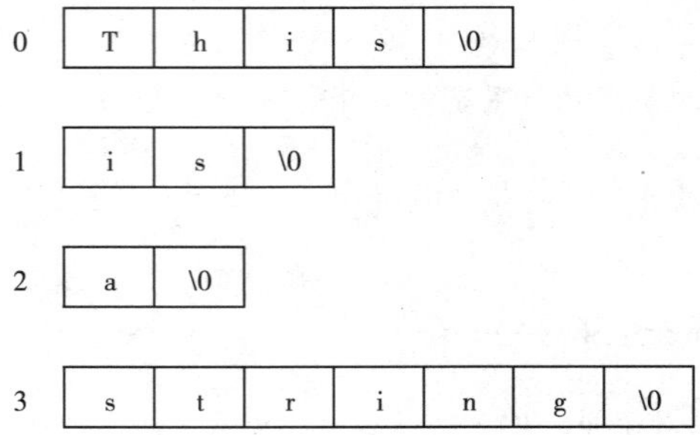

| 0 | T | h | i | s | \0 |

| 1 | i | s | \0 |

| 2 | a | \0 |

| 3 | s | t | r | i | n | g | \0 |

图 5-9 分割效果

0	2	\0
1	*	\0
2	3	\0
3	+	\0
4	6	\0
5	/	\0
6	3	\0
7	.	\0

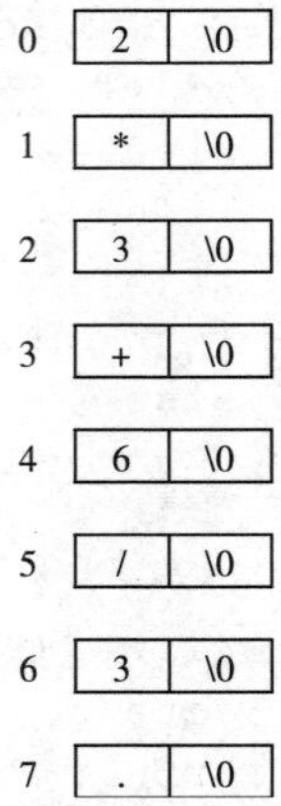

图 5-10 运行程序结果

3．实验要求

（1）利用 C 或 C++完成程序设计。

（2）上机调试通过实验程序，并检验程序运行的正确性。

（3）分别输入英语句子和算术表达式记录程序运行结果。

（4）进行算法的时间复杂度和空间复杂度分析。

（5）撰写实验报告。

习题 5

一、判断题（下列各题，正确的请在后面的括号内打√；错误的打×）

（1）串是 n 个字母的有限序列。 （ ）

（2）串的堆分配存储是一种动态存储结构。 （ ）

（3）串的长度是指串中不同字符的个数。 （ ）

（4）如果一个串中所有的字母均在另一个串中出现，则说明前者是后者的子串。

（ ）

（5）在链串中为了提高存储密度，应该增大结点的大小。 （ ）

二、填空题

（1）由零个或多个字符组成的有限序列称为_____。

（2）空格串是由_____组成的串。

（3）字符串存储方式除了顺序存储、链接存储，还有_____。

（4）串顺序存储非紧凑格式的缺点是_____。

（5）串顺序存储紧凑格式的缺点是对串的字符处理_____。

（6）串的链式存储结构简称为_____。

（7）串链接存储的优点是插入、删除方便，缺点是_____。

（8）在 C 或 C++语言中，以字符_____表示串值的终结。

（9）两个串相等的充分必要条件是两个串长度相等，且对应位置的_____。

（10）设 S="My Music"，则 LenStr(S)=_____。

（11）两个字符串分别为：S1="Today is" S2="30 July,2005"，ConcatStr(S1,S2)的结果是_____。

（12）求子串函数 SubStr("Today is 30 July,2005",13,4)的结果是_____。

（13）在串的运算中，EqualStr("aaa","aab")的返回值为_____。

（14）在串的运算中，EqualStr("aaa","aaa")的返回值为_____。

（15）设有两个串 P 和 Q，求 Q 在 P 中首次出现的位置的运算称作_____。

（16）在子串的定位运算中，被匹配的主串称为目标串，子串称为_____。

（17）模式匹配成功的起始位置称为_____。

（18）设 S="c:/mydocument/text1.doc"，T= "mydont"，则 T 在 S 的定位位置为：_____。

（19）设 S="abccdcdccbaa"，T="cdcc"，则第_____次匹配成功。

（20）若 n 为主串长度，m 为子串长度，且 $n>>m$，则简单模式匹配算法最好情况下的时间复杂度为_____。

三、选择题

（1）串是一种特殊的线性表，其特殊性体现在（　　　）。

　　A. 可以顺序存储　　　　　　　　　B. 数据元素是一个字符

　　C. 可以链接存储　　　　　　　　　D. 数据元素可以是多个字符

（2）某串的长度小于一个常数，则采用（　　　）存储方式最节省空间。

　　A. 链式　　　　　　B. 顺序　　　　　C. 堆结构　　　　　D. 无法确定

（3）以下论述正确的是（　　　）。

　　A. 空串与空格串是相同的　　　　　B. "tel"是"Teleptone"的子串

　　C. 空串是零个字符的串　　　　　　D. 空串的长度等于 1

（4）以下论述正确的是（　　　）。

　　A. 空串与空格串是相同的　　　　　B. "ton"是"Teleptone"的子串

　　C. 空格串是有空格的串　　　　　　D. 空串的长度等于 1

（5）以下论断正确的是（　　　）。

　　A. 全部由空格组成的串是空格串　　B. "BEIJING"是"BEI JING"的子串

　　C. "something"<"Somethig"　　　　D. "BIT"="BITE"

（6）若字符串"ABCDEFG"采用链式存储，假设每个字符占用 1 B，每个指针占用 2 B，则该字符串的存储密度为（　　　）。

　　A. 20%　　　　　　B. 40%　　　　　C. 50%　　　　　D. 33.3%

（7）若字符串"ABCDEFG"采用链式存储，假设每个指针占用 2 B，若希望存储密度为 50%，则每个结点应存储（　　　）个字符。

　　A. 2　　　　　　　B. 3　　　　　　C. 4　　　　　　D. 5

（8）设串 S1="I AM "，S2="A SDUDENT"，则 ConcatStr(S1,S2)=（　　　）。

　　A. "I AM"　　　　　　　　　　　　B. "I AM A SDUDENT"

　　C. "IAMASDUDENT"　　　　　　　　D. "A SDUDENT"

（9）设 S=""，则 LenStr(S)=（　　　）。

    A. 0　　　　　　　B. 1　　　　　　　C. 2　　　　　　　D. 3

（10）C 语言中用于得到字符串长度的函数是（　　　）。

    A. strcpy　　　　　B. strlen　　　　　C. strcmp　　　　　D. strcat

（11）设有两个串 S1 和 S2，则 EqualStr(S1,S2)运算称作（　　　）。

    A. 串连接　　　　　B. 模式匹配　　　　C. 求子串　　　　　D. 串比较

（12）设主串长度为 n，模式串长为 m（$m \leq n$），则在匹配失败情况下，模式匹配算法进行的无效位移次数为（　　　）。

    A. m　　　　　　B. $n-m$　　　　　C. $n-m+1$　　　　D. n

（13）设目标串 T="AABBCCDDEEFF"，模式 P="CCD"，则该模式匹配的有效位移为（　　　）。

    A. 2　　　　　　　B. 3　　　　　　　C. 4　　　　　　　D. 5

（14）设目标串 T="aabaababaabaa"，模式 P="abab"，模式匹配算法的外层循环进行了（　　　）次。

    A. 1　　　　　　　B. 4　　　　　　　C. 5　　　　　　　D. 9

（15）简单模式匹配算法在最坏情况下的时间复杂度是（　　　）。

    A. $O(m)$　　　　　B. $O(n)$　　　　　C. $O(m+n)$　　　　D. $O(m \times n)$

（16）S="morning"，执行求子串函数 SubStr(S,2,2)后的结果为（　　　）。

    A. "mo"　　　　　　B. "or"　　　　　　C. "in"　　　　　　D. "ng"

（17）S1="good"，S2="morning"，执行串连接函数 ConcatStr(S₁,S₂)后的结果为（　　　）。

    A. "goodmorning"　　　　　　　　　B. "good morning"

    C. "GOODMORNING"　　　　　　　D. "GOOD MORNING"

（18）S1="good"，S2="morning"，执行函数 SubStr(S₂,4,LenStr(S₁))后的结果为（　　　）。

    A. "good"　　　　　B. "ning"　　　　　C. "go"　　　　　　D. "morn"

（19）设串 S1="ABCDEFG",S2="PQRST"，则 ConcatStr(SubStr(S1,2,LenStr(S2)), SubStr(S1,LenStr(S2),2))的结果串为（　　　）。

    A. BCDEF　　　　　B. BCDEFG　　　　C. BCPQRST　　　　D. BCDEFEF

（20）若串 S="SOFTWARE"，其子串的数目最多是（　　　）。

    A. 35　　　　　　　B. 36　　　　　　　C. 37　　　　　　　D. 38

四、程序题填空

（1）下面程序是把两个串 r1 和 r2 首尾相连，即 r1=r1+r2，试完成程序填空。

```
typedef Struct
{ char vec[MAXLEN];              // 定义合并后串的最大长度
  int len;                       // len 为串的长度
}St;
void ConcatStr(Str *r1,Str *r2)   // 字符串连接函数
{ int i;
  cout << r1->vec<<r2->vec;
  if(r1->len+r2->len>_____ )
     cout<< "两个串太长，溢出！";
  else
```

```
    {   for(i=0;i<_____;i++)                    // 把 r2 连接到 r1
        r1->vec[_____]=r2->vec[i];
      r1->vec[r1->len+i]=_____;                 // 添上字符串结束标记
      r1->len=_____;                            // 修改新串长度
    }
}
```

（2）设 x 和 y 两个串均采用顺序存储方式，下面的程序是比较 x 和 y 两个串是否相等
　　的函数，试完成程序填空。

```
#define MAXLEN 100
typedef struct
{  char vec[MAXLEN];
   len;
}str;
int same(x,y)
str *x,*y;
{  int i=0,tag=1;
   if(x->len_____y->len)     return (0);
   else
   {  while(i<x->len_____tag)
      {  if(x->vec[i]_____ y->vec[i])_____;
         _____;
      }
      return(tag);
   }
}
```

（3）下列程序是在字符串 s 的第 i 个字符起，连续删除长度为 j 的子串，试完成程序
　　填空。

```
#include"stdio.h"
typedef struct
{  char vec[MAXLEN];
   int len;
}str;
void DelStr(Str *s,int i,int j)
{  int k;
   if(i+j-1>_____)     cout<<"\n\t\t 所要删除的子串超界! \n";
   else
   {  for(k=i+j;k<_____;k++,i++)  s->vec[i]=s->vec[_____];
      s->len=s->len-j;
      s->vec[s->len]='_____';
   }
}
main()
{  cout<< "\n\t\t 请输入从第几个字符开始: ";
   cin>>i;
   cout<<"\n\t\t 请输入删除的连续字符数: ";
   cin>>j;
   DelStr(s,_____,j);
}
```

五、编程题

（1）设下面所用的串均采用顺序存储方式，其存储结构定义如下，请按要求编写算法。

```
#define MAXLEN 100
typedef struct
{  char vec[MAXLEN];
   int len;
}str;
```

① 将串 r 中所有其值为 ch1 的字符换成 ch2 的字符。

② 将串 r 中所有字符按照相反的次序仍存放在 r 中。

③ 从串 r 中删除其值等于 ch 的所有字符。

④ 从串 r1 中第 index 个字符起求出首次与字符 r2 相同的子串的起始位置。

⑤ 从串 r 中删除所有与串 r3 相同的子串（允许调用第④题的函数）。

⑥ 编写一个比较 x 和 y 两个串是否相等的函数。

（2）设计一个算法，判断字符串是否为回文（即正读和倒读相同）。

（3）设计一个算法，从字符串中删除所有与字符串"del"相同的子串。

（4）设计一个算法，统计字符串中否定词"not"的个数。

（5）输入一个由若干单词组成的文本行，每个单词之间用空格隔开，试设计一个统计此文本中单词个数的算法。

多维数组和广义表 <<<

多维数组和广义表可以看作是线性表的推广。本章主要介绍多维数组的逻辑结构和存储结构；特殊矩阵的压缩存储；稀疏矩阵的三元组存储、十字链表存储及算法；广义表的逻辑结构、存储结构及其基本算法。

6.1 多 维 数 组

6.1.1 逻辑结构

数组作为一种数据结构，其特点是结构中的元素可以是具有某种结构的数据，但属于同一数据类型。比如，一维数组可以看做一个线性表，二维数组可以看做"数据元素是一维数组"的一维数组，三维数组可以看做"数据元素是二维数组"的一维数组。一般把三维以上的数组称为多维数组，n 维的多维数组可以视为 $n-1$ 维数组元素组成的线性结构。其中每一个一维数组又由 m 个单元组成。

图 6-1 是一个 n 行 m 列的数组。

$$A_{n,m} = \begin{pmatrix} a_0 \\ a_1 \\ \vdots \\ a_{n-1} \end{pmatrix} = \begin{pmatrix} a_{0,0} & a_{0,1} & \cdots & a_{0,n-1} \\ a_{1,0} & a_{1,1} & \cdots & a_{1,n-1} \\ \vdots & \vdots & & \vdots \\ a_{m-1,0} & a_{m-1,1} & \cdots & a_{m-1,n-1} \end{pmatrix}$$

图 6-1 n 行 m 列的二维数组

在二维数组中的每一个元素最多可以有两个直接前驱和两个直接后继（边界除外），在 n 维数组中的每一个元素最多可以有 n 个直接前驱和 n 个直接后继。所以，多维数组是一种非线性结构。

数组是一个具有固定格式和数量的数据有序集，每一个数据元素由唯一的一组下标来标识，通常在很多高级语言中数组一旦被定义，每一维的大小及上下界都不能改变。因此，在数组上一般不做插入或删除数据元素的操作。在数组中经常做的两种操作如下：

（1）取值操作：给定一组下标，读取其对应的数据元素。

（2）赋值操作：给定一组下标，存储或修改与其相对应的数据元素。

6.1.2 存储结构

通常，数组在内存被映像为向量，即用向量作为数组的一种存储结构，这是因为在计算机内存储结构是一维的。数组的行列固定后，通过一个映像函数，就可以根据数组元素的下标得到它的存储地址。对于一维数组只要按下标顺序分配即可；对多维数组分配时，要把它的元素映像存储在一维存储器中。

1．存储方式

多维数组一般有两种存储方式。

（1）以行为主（row major order）：以行为主的存储方式又称按行优先顺序方式，实现时按行号从小到大的顺序，先存储第 0 行的全部元素，再存放第 1 行的元素、第 2 行的元素……

一个 2×3 二维数组的逻辑结构如图 6-2 所示，以行为主的内存映像如图 6-3（a）所示，其分配顺序为 a_{00}、a_{01}、a_{02}、a_{10}、a_{11}、a_{12}。

在 C 语言、VB 等程序设计语言中，都是以行为主的存储方式进行数据存储的。

（2）以列为主序（column major order）：以列为主的存储方式又称按列优先顺序方式，实现时按列号从小到大的顺序，先存储第 0 列的全部元素，再存储第 1 列的元素、第 2 列的元素……

图 6-2 所示的逻辑结构，以列为主的内存映像如图 6-3（b）所示，其分配顺序为 a_{00}、a_{10}、a_{01}、a_{11}、a_{02}、a_{12}。

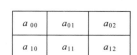

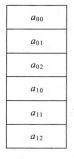

（a）以行为主序　　　　（b）以列为主序

图 6-2　2×3 数组的逻辑结构　　　图 6-3　2×3 数组的存储映像

2．存储地址

下面以"以行为主"次序分配存储单元为例看其地址的计算。

（1）二维数组中 a_{ij} 的地址：

在 C 语言中数组中每一维的下界定义为 0，数组的基址为 $LOC(a_{00})$，每个数组元素占据 d 个字节，那么 a_{ij} 的物理地址可用一个线性寻址函数计算：

$$LOC(a_{ij}) = LOC(a_{00}) + (i \times n + j) \times d \qquad （0 下标起始的语言）$$

（2）三维数组中 a_{ijk} 的地址

同理，对于三维数组元素 a_{ijk} 的物理地址为：

$$LOC(a_{ijk}) = LOC(a_{000}) + ((i \times n \times p + j \times p + k) \times d \qquad （0 下标起始的语言）$$

【例 6-1】设二维数组 $A_{5 \times 6}$，每个元素占 4 B 存储器按字节编址。已知 A 的起始地址为 2 000。计算：

（1）数组的大小：

```
n×m×d=5×6×4=120
```

（2）数组结点 a_{45} 的存储地址：

```
LOC(aij)=LOC(a00)+(i*n+j)*d          // n 为总列数
LOC(a45)=2000+(4×6+5)×4=2116
```

（3）按行为主存储，计算 a_{32} 的存储地址：

```
LOC(aij)=LOC(a00)+(i*n+j)*d          // n 为总列数
LOC(a32)=2000+(3×6+2)×4=2080
```

（4）按列为主存储，计算 a_{32} 的存储地址：

```
LOC(aij)=LOC(a00)+(j*m+i)*d          // m 为总行数
LOC(a32)=2000+(2×5+3)×4=2052
```

【例 6-2】若矩阵 $A_{n \times m}$ 中存在某个元素 a_{ij}，满足 a_{ij} 是第 i 行中最小值且是第 j 列中的最大值，则称该元素为矩阵 A 的一个鞍点。试编写一个算法，找出 A 中的所有鞍点。

基本思想：在矩阵 A 中求出每一行的最小值元素，然后判断该元素是否是它所在列中的最大值。如果是则打印输出，接着处理下一行。

设矩阵 A 用一个二维数组表示，其算法如下：

```
void saddle(int A[][],int n,int m)        // n、m 是矩阵 A 的行和列
{  int i,j,min;
   for(i=0;i<n;i++)                        // 按行处理
   {  min=A[i][0];
      for(j=1;j<m;j++)
         if(A[i][j]<min)   min=A[i][j];    // 找第 i 行最小值
      for(j=0;j<m;j++)                      // 检测该行中的每一个最小值是否是鞍点
         if(A[i][j]==min)                   // 先在行中找到等于最小值的列
         {  k=j;
            p=0;
            while(p<n && A[p][j]<min)       // A[p][j]>min 跳出循环
               p++;
            if(p>=n)
               printf("%d,%d,%d\n",i,k,min); // 是列的最大值则输出
         }
   }
}
```

算法的时间复杂度为 $O(n(m+nm))$。

6.2 特殊矩阵的压缩存储

矩阵是一个二维数组，是众多科学与工程计算问题中研究的数学对象。在矩阵中非零元素或零元素的分布有一定规律的矩阵称为特殊矩阵，如三角矩阵、对称矩阵、带状矩阵、稀疏矩阵等。当矩阵的阶数很大时，用普通的二维数组存储这些特殊矩阵将会占用很多的存储单元。下面从节约存储空间的角度考虑这些特殊矩阵的存储方法。

6.2.1　对称矩阵

对称矩阵是一种特殊矩阵，n 阶方阵的元素满足性质：$a_{ij}=a_{ji}$（$0 \leqslant i,j \leqslant n-1$）。图 6-4 所示为一个 5 阶对称矩阵。对称矩阵是关于主对角线的对称，因此只需存储上三角或下三角部分的数据即可。比如，只存储下三角中的元素 a_{ij}，其特点是 $j \leqslant i$ 且 $0 \leqslant i \leqslant n-1$，对于上三角中的元素 a_{ij}，它和对应的 a_{ji} 相等，因此当访问的元素在上三角时，直接去访问和它对应的下三角元素即可，这样，原来需要 $n×n$ 个存储单元，现在只需要 $n(n+1)/2$ 个存储单元了，节约了 $n(n-1)/2$ 个存储单元。

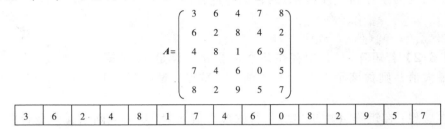

图 6-4　5 阶对称方阵及它的压缩存储

如何只存储下三角部分呢？将下三角部分以行序为主序顺序存储到一个向量 SA 中。在下三角中共有 $n(n+1)/2$ 个元素，存储到一个向量空间 sa[0]～sa[$n(n+1)/2-1$]中，存储顺序如图 6-5 所示。

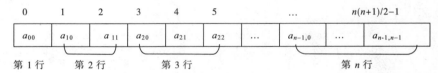

图 6-5　对称矩阵下三角压缩存储

这样，原矩阵下三角中的某一个元素 a_{ij} 具体对应一个 sa$_k$，用"以行优先"存放下三角部分的元素时，a_{00} 存入 sa$_0$，a_{10} 存入 sa$_1$，a_{11} 存入 sa$_2$……sa$_k$ 与 a_{ij} 的一一对应关系为：

$$k= \begin{cases} i(i-1)/2+j & (i \geqslant j) \\ j(j+1)/2+i & (i<j) \end{cases}$$

当 $i \geqslant j$ 时，在下三角部分 a_{ij} 前有 i 行，共有 $1+2+3+\cdots+i$ 个元素，而 a_{ij} 是第 i 行的第 j 个元素，即有 $k=1+2+3+\cdots+i+j =i(i+1)/2+j$。

当 $i<j$ 时，a_{ij} 是上三角中的元素，因为 $a_{ij}=a_{ji}$，这样，访问上三角中的元素 a_{ij} 时则去访问和它对应的下三角中的 a_{ji} 即可，因此将上式中的行列下标交换就是上三角中的元素在 sa 中的对应关系：

$$k=j(j+1)/2+i \qquad (0 \leqslant k<n(n+1)/2-1)$$

6.2.2　三角矩阵

三角矩阵的特殊性是以主对角线划分矩阵。主对角线任意一侧（不包括主对角线中）的元素均为常数，如图 6-6 所示（矩阵中的 c 为某个常数）。三角矩阵又可分为下三角矩阵（主对角线以上均为同一个常数，见图 6-6（a））和上三角矩阵（主对角线以下均为同一个常数，见图 6-6（b））。下面讨论三角矩阵的压缩存储方法。

$$\begin{pmatrix} 3 & c & c & c & c \\ 6 & 2 & c & c & c \\ 4 & 8 & 1 & c & c \\ 7 & 4 & 6 & 0 & c \\ 8 & 2 & 9 & 5 & 7 \end{pmatrix} \qquad \begin{pmatrix} 3 & 4 & 8 & 1 & 0 \\ c & 2 & 9 & 4 & 6 \\ c & c & 1 & 5 & 7 \\ c & c & c & 0 & 8 \\ c & c & c & c & 7 \end{pmatrix}$$

（a）下三角矩阵　　　　　　　　（b）上三角矩阵

图 6-6　三角矩阵

1. 下三角矩阵的存储

下三角矩阵的存储与对称矩阵的下三角形存储类似，不同之处在于存完下三角中的元素之后，紧接着存储对角线上方的常量。因为是同一个常数，所以只要增加一个存储单元即可，这样一共需要 $n(n+1)/2+1$ 个存储单元。将 $n\times n$ 的下三角矩阵压缩存储设到向量 $sa[n(n+1)/2 +1]$ 中，这种的存储方式可节约 $n\times(n-1)/2-1$ 个存储单元。sa_k 与 a_{ji} 的对应关系为：

$$k=\begin{cases} i(i-1)/2+j & （i\geq j） \\ n(n+1)/2-1 & （i<j）（常数 C 的位置） \end{cases}$$

下三角矩阵压缩存储如图 6-7 所示。

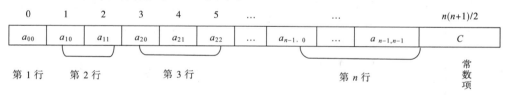

图 6-7　下三角矩阵的压缩存储

2. 上三角矩阵的存储

对于上三角矩阵，其存储思想与下三角类似，共需要 $n(n+1)/2+1$ 个存储单元。a_k 与 a_{ji} 的对应关系为：

$$k=\begin{cases} i(2n-i+1)/2+j-i & （i\geq j） \\ n(n+1)/2 & （i<j）（常数 C 的位置） \end{cases}$$

上三角矩阵压缩存储如图 6-8 所示。

图 6-8　上三角矩阵的压缩存储

6.3 稀 疏 矩 阵

上述特殊矩阵，由于元素的分布具有某种规律，所以能找到一种合适的方法进行压缩存储。但实际应用中有一种矩阵，在 $m×n$ 的矩阵中有 t 个非零元素，且 t 远小于 $m×n$，这样的矩阵称为稀疏矩阵。在很多科学管理及工程计算中，常会遇到阶数很高的大型稀疏矩阵。若按常规方法顺序分配在计算机内，那是相当浪费内存的。为此提出另外一些存储方法，仅仅存放非零元素。但对于这类矩阵，通常零元素分布没有规律，为了能找到相应的元素，仅存储非零元素的值是不够的，还要记下它所在的行和列等信息。

下面介绍几种常用的稀疏矩阵存储方法以及算法的实现。

6.3.1 稀疏矩阵的存储

1. 三元组表存储

将非零元素所在的行、列以及它的值构成一个三元组，然后再按某种规律存储这些三元组，采用这种方法存储稀疏矩阵称为三元组表，可以大大节约稀疏矩阵的存储空间。

如图 6-9 所示的稀疏矩阵 A，采用按行优先顺序方式存储该表，其三元组表如图 6-10 所示。显然，要唯一的表示一个稀疏矩阵，每个非零元素必须存储行、列、值（i, j, v）3 个信息。

$$A = \begin{pmatrix} 8 & 0 & 0 & 15 & 0 & -6 \\ 0 & 11 & 3 & 0 & 0 & 0 \\ 0 & 0 & 0 & 6 & 0 & 0 \\ 0 & 0 & 0 & 0 & 0 & 0 \\ 16 & 0 & 0 & 0 & 0 & 0 \\ 0 & 0 & 0 & 0 & 0 & 0 \end{pmatrix}$$

i	j	v
0	0	8
0	3	15
0	5	-6
1	1	11
1	2	3
2	3	6
4	0	16

图 6-9　稀疏矩阵 A　　　　图 6-10　三元组表存储

三元组表的定义：

```
#define SMAX  100              // 定义一个足够大的三元组表
struct SPNode                  // 定义三元组
{  int i,j,v;                  // 三元组非零元素的行、列和值
};
struct sparmatrix             // 定义稀疏矩阵
{  int rows,cols,terms;       // 稀疏矩阵行、列和非零元素的个数
   SPNode data[SMAX];          // 三元组表
};
```

这样的存储方法确实节约了存储空间，但矩阵的运算可能会变得复杂一些。

2. 带行指针的链表存储

若把具有同一行号的非零元素用一个链表连接起来，则稀疏矩阵中的若干行组成

若干个单向链表，合起来就成为带行指针的单向链表。图 6-9 所示的稀疏矩阵 A，可以用如图 6-11 所示的带行指针的单向链表表示。

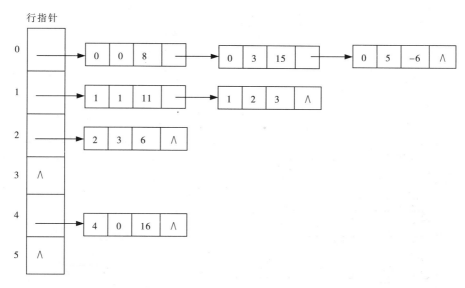

图 6-11　带行指针的链表

3．十字链表存储

三元组表可以看作稀疏矩阵顺序存储，但是在做一些操作（如加法、乘法）时，非零元素的位置和个数会发生变化，三元组表就不太合适了。此时，采用十字链表来表示稀疏矩阵很方便。

用十字链表存储稀疏矩阵的基本思想是：把每个非零元素作为一个结点存储，结点中除了表示非零元素所在的行、列、值的三元组(i, j, v)以外还增加两个指针域，其结构如图 6-12 所示。其中：列指针域 down 用来指向本列中下一个非零元素；行指针域 right 用来指向本行中下一个非零元素。

图 6-13 所示为一个稀疏矩阵 A 的十字链表。

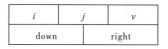

图 6-12　十字链表的结点结构

稀疏矩阵中每一行的非零元素结点按其列号从小到大的顺序由 right 域连成一个带表头结点的循环行链表，同样每一列中的非零元素按其行号从小到大的顺序由 down 域也连成一个带表头结点的循环列链表。即每个非零元素 a_{ij} 既是第 i 行循环链表中的一个结点，又是第 j 列循环链表中的一个结点。行链表、列链表的头结点的 i 域和 j 域置 0。每一列链表的表头结点的 down 域指向该列链表的第一个元素结点，每一行链表的表头结点的 right 域指向该行表的第一个元素结点。由于各行、列链表头结点的 i 域、j 域和 v 域均为零，行链表头结点只用 right 指针域，列链表头结点只用 down 指针域，故这两组表头结点可以合用，也就是说对于第 i 行的链表和第 i 列的链表可以共用同一个头结点。为了方便地找到每一行或每一列，将每行（列）的这些头结点们连接起来，因为头结点的值域空闲，所以用头结点的值域作为连接各头结点的链域，即第 i 行（列）的头结点的值域指向第 $i+1$ 行（列）的头结点……形成一个循环表。

这个循环表又有一个头结点，这就是最后的总头结点，指针 HA 指向它。总头结点的 i 和 j 域存储原矩阵的行数和列数。

$$A = \begin{pmatrix} 3 & 0 & 0 & 7 \\ 0 & 0 & -1 & 0 \\ 2 & 0 & 0 & 0 \\ 0 & 0 & 0 & 0 \\ 0 & 0 & 0 & -8 \end{pmatrix}$$

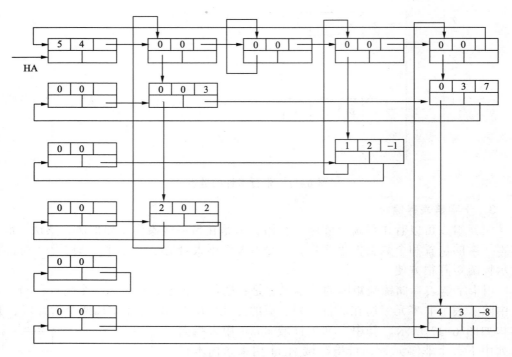

图 6-13　十字链表

因为非零元素结点的值域是 datatype 类型，在表头结点中需要一个指针类型，为了使整个结构的结点一致，我们规定表头结点和其他结点有同样的结构，因此该域用一个共用体来表示；改进后的结点结构如图 6-14 所示。

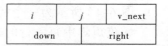

图 6-14　十字链表中非零元素和表头共用的结点结构

结点的结构定义如下：

```c
typedef struct node
{ int i,j;
  struct node *down,*right;
  union node                       // 定义一个共用体
  { datatype v;                    // 值域
    struct node *next;             // 表头结点使用的 next 域
  }v_next;
}MNode,*MLink;
```

6.3.2　稀疏矩阵的算法

下面介绍基于这种存储结构的稀疏矩阵的两个算法：创建一个稀疏矩阵的十字链表和两个稀疏矩阵的相加。

1. 建立稀疏矩阵 A 的十字链表

首先输入的信息是：m（A 的行数），n（A 的列数），r（非零项的数目），紧跟着输入的是 r 个形如 (i, j, a_{ij}) 的三元组。

算法的设计思想：首先建立每行（每列）只有头结点的空链表，并建立起这些头结点拉成的循环链表；然后每输入一个三元组 (i, j, a_{ij})，则将其结点按其列号的大小插入到第 i 个行链表中，同时也按其行号的大小将该结点插入到第 j 个列链表中。在算法中将利用一个辅助数组 MNode*hd[s+1];，其中 s=max(m,n)，hd [i]指向第 i 行（第 i 列）链表的头结点。这样做可以在建立链表时随机地访问任何一行（列），为建表带来方便。

算法如下：

```
MLink CreatMLink()                        // 返回十字链表的头指针
{ MLink H;
  Mnode *p,*q,*hd[s+1];
  int i,j,m,n,t;
  datatype v;
  scanf("d%,d%,%d",&m,&n,&t);
  H=new MNode;                            // 申请总头结点
  H->row=m;
  H->col=n;
  hd[0]=H;
  for(i=1;i<S;i++)
  { p=new MNode;                          // 申请第 i 个头结点
    p->row=0; p->col=0;
    p->right=p; p->down=p;
    hd[i]=p;
    hd[i-1]->v_next.next=p;
  }
  hd[S]->v_next.next=H;                   // 将头结点形成循环链表
  for(k=1;k<=t;k++)
  { scanf("%d,%d,%d",&i,&j,&v);           // 输入一个三元组，设值为 i、j、v
    p= new MNode;
    p->row=i;
    p->col=j;
    p->v_next.v=v
    q=hd[i];
    // 以下是将*p 插入到第 i 行链表中，且按列有序
    while(q->right!=hd[i]&&(q->right->col)<j) // 按列号找位置
      q=q->right;
    p->right=q->right;                    // 插入
    q->right=p;
    // 以下是将*p 插入到第 j 行链表中，且按行有序
    q=hd[i];
```

```
    while(q->down!=hd[j]&&(q->down->row)<i)  // 按行号找位置
        q=q->down;
    p->down=q->down;                            // 插入
    q->down=p;
    }
    return H;
}
```

上述算法中，建立头结点循环链表时间复杂度为 $O(S)$，插入每个结点到相应的行表和列表的时间复杂度为 $O(t×S)$，这是因为每个结点插入时都要在链表中寻找插入位置，所以总的时间复杂度为 $O(t×S)$。该算法对三元组的输入顺序没有要求。如果输入三元组时是按以行为主序（或列）输入的，则每次将新结点插入到链表的尾部，改进算法后，时间复杂度为 $O(S+t)$。

2. 稀疏矩阵的加法

已知两个十字链表存储的稀疏矩阵 A 和 B，计算 $C=A+B$，C 也采用十字链表方式存储，并且在 A 的基础上形成 C。

由矩阵的加法规则知，只有 A 和 B 行列对应相等，二者才能相加。C 中的非零元素 c_{ij} 只可能有 3 种情况：或者是 $a_{ij}+b_{ij}$，或者是 a_{ij}（$b_{ij}=0$），或者是 b_{ij}（$a_{ij}=0$），因此当 B 加到 A 上时，对 A 十字链表的当前结点来说，对应下列 4 种情况：或者改变结点的值（$a_{ij}+b_{ij}\neq 0$），或者不变（$b_{ij}=0$），或者插入一个新结点（$a_{ij}=0$），还可能是删除一个结点（$a_{ij}+b_{ij}=0$）。整个运算从矩阵的第一行起逐行进行。对每一行都从行表的头结点出发，分别找到 A 和 B 在该行中的第一个非零元素结点后开始比较，然后按 4 种不同情况分别进行处理。设 pa 和 pb 分别指向 A 和 B 的十字链表中行号相同的两个结点，4 种情况如下：

（1）若 pa->col=pb->col 且 pa->v+pb->v$\neq 0$，则只要用 $a_{ij}+b_{ij}$ 的值改写 pa 所指结点的值域即可。

（2）若 pa->col=pb->col 且 pa->v+pb->v=0，则需要在矩阵 A 的十字链表中删除 pa 所指结点，此时需改变该行链表中前驱结点的 right 域，以及该列链表中前驱结点的 down 域。

（3）若 pa->col < pb->col 且 pa->col$\neq 0$（即不是表头结点），则只需要将 pa 指针向右推进一步，并继续进行比较。

（4）若 pa->col > pb->col 或 pa->col=0（即是表头结点），则需要在矩阵 A 的十字链表中插入一个 pb 所指结点。

由前面建立十字链表算法可知，总表头结点的行列域存放的是矩阵的行和列，而各行（列）链表的头结点其行列域值为零，当然各非零元素结点的行列域其值不会为零。下面分析的 4 种情况利用了这些信息来判断是否为表头结点。

综上所述，算法如下：

```
MLink AddMat(Ha,Hb)
{   MLink Ha,Hb;
    MNode *p,*q,*pa,*pb,*ca,*cb,*qa;
    if(Ha->row!=Hb->row||Ha->col!=Hb->col)   return NULL;
    ca=Ha->v_next.next;                    // ca 初始指向 A 矩阵中第一行表头结点
```

```
    cb=Hb->v_next.next;              // cb 初始指向 B 矩阵中第一行表头结点
    do{ pa=ca->right;                // pa 指向 A 矩阵当前行中第一个结点
        qa=ca;                       // qa 是 pa 的前驱
        pb=cb->right;                // pb 指向 B 矩阵当前行中第一个结点
        while(pb->col!=0)            // 当前行没有处理完
        {  if(pa->col<pb->col&&pa->col!=0)      // 第三种情况
          {  qa=pa;
             pa=pa->right;
          }
          else  if(pa->col>pb->col||pa->col==0)// 第四种情况
          {  p=new MNode;
             p->row=pb->row;
             p->col=pb->col;
             p->v=pb->v;
             p->right=pa;
             qa->right=p;                        // 新结点插入 *pa 的前面
             pa=p;
             // 新结点还要插到列链表的合适位置，先找位置，再插入
             q=Find_JH(Ha,p->col);               // 从列链表的头结点找起
             while(q->down->row!=0&&q->down->row<p->row)
                q=q->down;
             p->down=q->down;                     // 插在 *q 的后面
             q->down=p;
             pb=pb->right;
          }
          else                                    // 第一、二种情况
          {  x=pa->v_next.v+pb->v_next.v;
             if(x==0)                             // 第二种情况
             {  qa->right=pa->right;              // 从行链中删除
                                    // 要从列链中删除，找 *pa 的列前驱结点
                q=Find_JH(Ha,pa->col);            // 从列链表的头结点找起
                while(q->down->row<pa->row)  q=q->down;
                q->down=pa->down;
                delete pa;
                pa=qa;
             }
             else                                 // 第一种情况
             {  pa->v_next.v=x;
                qa=pa;
             }
             pa=pa->right;
             pb=pb->right;
          }
        }
        ca=ca->v_next.next;           // ca 指向 A 中下一行的表头结点
        cb=cb->v_next.next;           // cb 指向 B 中下一行的表头结点
    }
    while(ca->row==0)  return  Ha;    // 当还有未处理完的行则继续
}
```

为了保持算法的层次，在上面的算法中用到了一个函数 Find_JH()，其功能是：返

回十字链表 H 中第 j 列链表的头结点指针。

3．矩阵的转置

设 SPMatrix A；表示一 $m×n$ 的稀疏矩阵，其转置矩阵 B 则是一个 $n×m$ 的稀疏矩阵，因此也有 SPMatrix B；由稀疏矩阵 A 求它的转置矩阵 B 只要将 A 的行、列转化成 B 的列、行。

将 A.data 中每一三元组的行列交换后转化到 B.data 后，似乎已完成了转置，其实不然。A 的转置 B 如图 6-15 所示，图 6-16 是其对应的三元组存储。也就是说，在 A 的三元组存储基础上得到 B 的三元组表存储。

$$B=\begin{pmatrix} 8 & 0 & 0 & 0 & 16 & 0 \\ 0 & 11 & 0 & 0 & 0 & 0 \\ 0 & 3 & 0 & 0 & 0 & 0 \\ 15 & 6 & 0 & 0 & 0 & 0 \\ 0 & 0 & 0 & 0 & 0 & 0 \\ -6 & 0 & 0 & 0 & 0 & 0 \end{pmatrix}$$

图 6-15　A 的转置矩阵 B

i	j	v
0	0	8
0	4	16
1	1	11
2	1	3
3	0	15
3	2	6
5	0	-6

图 6-16　B 的三元组表

转置算法的实质是将矩阵 A 的行和列转化成矩阵 B 的列和行。

```
sparmatrix Trans(sparmatrix A)          // 调用稀疏矩阵 A
{  sparmatrix B;                         // 定义稀疏矩阵 B
   B.rows=A.cols;
   B.cols=A.rows;
   B.terms=A.terms;
   for(int n=0;n<=A.terms-1;n++)
   {  B.data[n].i=A.data[n].j;
      B.data[n].j=A.data[n].i;
      B.data[n].v=A.data[n].v;
   }
   return B;                             // 返回转置矩阵 B
}
```

本算法的时间复杂度为 $O(n)$。

6.4 广 义 表

广义表是线性表的推广，也有人称其为列表（lists）。线性表中的元素仅限于单个数据元素（又称为原子项），即不可以再分割。而广义表中的元素既可以是单个元素，也可以是一个子表。

6.4.1 广义表的定义和运算

1．广义表的定义

广义表（generalized lists）是 n（$n \geqslant 0$）个数据元素 $a_1, a_2, \cdots, a_i, \cdots, a_n$ 的有序序列，

一般记作：

$$LS=(a_1,a_2,\cdots,a_i,\cdots,a_n)$$

其中：LS 是广义表的名称，n 是广义表的长度。每个 a_i（$1 \leqslant i \leqslant n$）是 LS 的成员，它可以是单个元素（原子），也可以是一个广义表（子表）。当广义表 LS 非空时，称第一个元素 a_1 为 LS 的表头（head），称除了表头以外其余元素组成的表 $(a_2,\cdots,a_i,\cdots,a_n)$ 为 LS 的表尾（tail）。显然，广义表的定义是递归的。

广义表通常用圆括号括起来，并用逗号分隔表中的元素。为了清楚，通常用大写字母表示广义表，用小写字母表示单个数据元素。

广义表的长度——广义表第一层所包含的元素（包括原子和子表）的个数。

广义表的深度——广义表展开后所包含括号的层数（嵌套数）。

【例 6-3】广义表的例子。

（1）A=()，广义表 A 是长度为 0 的空表。

（2）B=(a, b)，广义表 B 的长度为 2，深度为 1。由于表中的元素全部是原子项，B 实质上就是线性表。

（3）C=(c, (d, e))，广义表 C 的长度为 2，深度为 2。其中第一项为原子项，第二项为子表，C 实质上是一种与树对应的广义表，也称之为纯表。

（4）D=(B, f)，广义表 D 的长度为 2 的，其中第一项为子表，第二项为原子项。把 B 展开可知，广义表 D 的深度为 2。

（5）E=(B, D)，广义表 E 的长度为 2 的，其中两项都是子表，且广义表 D 的第一项又恰好是 B。这种表也称为再入表，是一种与图对应的广义表，关于图的深度将在第 8 章讨论。

（6）F=(g, h, F)，广义表 F 的长度为 3，其中第一、第二项为原子项，第三项是本身，这样的广义表又称为递归表，它的深度为 ∞。

【例 6-4】求例 6-3 广义表的头元素和尾元素。

（1）Head(A)=()　　　　　Tail(A)=()

（2）Head(B)=a　　　　　Tail(B)=b

（3）Head(C)=c　　　　　Tail(C)=((d,e))

（4）Head(D)=B　　　　　Tail(D)=f

（5）Head(E)=B　　　　　Tail(E)=(D)

（6）Head(F)=g　　　　　Tail(F)=(h,F)

广义表中的结点具有不同的结构，即原子结点和子表结点。为了将两者统一，一般用一个标志 tag，当其为 1 时表示是原子结点，其 data 域存储结点的值，link 域指向下一个结点；当 tag 为 0 时表示是子表结点，其 sublist 为指向子表的指针。所以，广义表的存储结点可定义如下：

```
typedef struct linknode          // 定义广义表
{ int tag;                       // 区分原子和子表的标志位
  linknode *link;                // 存放下一个元素的地址
  union data_sublist
  { char data;                   // 元素的值域
    struct linknode *sublist;    // 存放子表的指针
```

```
        }node;                              // 广义表类型
    }linknode;
```

2. 广义表的性质

从上述广义表的定义和例子可以得到广义表的下列重要性质：

（1）广义表是一种多层次的数据结构，其中的元素可以是单个元素，也可以是子表。

（2）广义表可以为其他表所共享。例 6-3(5)中表 B、表 D 是表 E 的共享子表。

（3）广义表可以是递归的表，即广义表也可以是其自身的子表，例 6-3(6)中表 F 就是一个递归的表。

广义表的结构相当灵活，它可以兼容线性表、数组、树和有向图等各种常用的数据结构。当二维数组的每行（或每列）作为子表处理时，二维数组即为一个广义表。另外，树和有向图也可以用广义表来表示。

广义表不仅集中了线性表、数组、树和有向图等常见数据结构的特点，而且可以有效地利用存储空间，因此在计算机的应用领域有许多成功应用的实例。

3. 广义表基本运算

（1）创建广义表：CreateGL (GL)。

操作结果：创建一个广义表 GL。

（2）求广义表的长度：Len(GL)。

初始条件：广义表存在。

操作结果：返回广义表的长度。

（3）求广义表的深度：Depth (GL)。

初始条件：广义表存在。

操作结果：返回广义表的深度。

（4）查找操作：Search(GL, x)。

初始条件：广义表 GL 存在，x 是给定的一个数据元素或一个子表。

操作结果：查找成功返回 1；否则返回 0。

（5）求广义表头部：Head(LS)。

初始条件：广义表存在。

操作结果：返回广义表的头元素。

（6）求广义表尾部：Tail(LS)。

初始条件：广义表存在。

操作结果：返回广义表的尾元素（在广义表中除了头元素之外都是尾元素）。

6.4.2　广义表的首尾存储法

由于广义表中的数据元素可以具有不同的结构，因此难以用顺序的存储结构来表示，而链式存储结构分配灵活，易于解决广义表的共享与递归问题，所以通常都采用链式的存储结构来存储广义表。在这种表示方式下，每个数据元素可用一个结点表示。

广义表中的元素可以是数据元素，也可以是表，因此结点的结构也需要两种：一种是表结点，用以表示表；另一种是原子结点，用以表示数据元素。

按结点形式的不同，广义表的链式存储结构也可以分为不同的两种存储方式：一种是表结点，它由 3 个域：标志域（tag=1）、表头指针域（hp）、表尾指针域（tp）组成（如图 6-17（a）所示）。另一种是原子结点，它由两个域：标志域（tag=0）和值域（data）组成，如图 6-17（b）所示。

（a）表结点　　　　　　　（b）原子结点

图 6-17　广义表结点形式

广义表的这种表示法也称为头尾表示法。若广义表不为空，则可分解成表头和表尾；反之，一对确定的表头和表尾可唯一地确定一个广义表。头尾表示法就是根据这一性质设计而成的一种存储方法。

【例 6-5】设广义表 $A=()$，$B=(a, b)$，$C=(c, (d, e))$，$D=(B, C)$，$E=(f, g ,E)$。

采用头尾表示法的存储方式，其存储结构如图 6-18 所示。

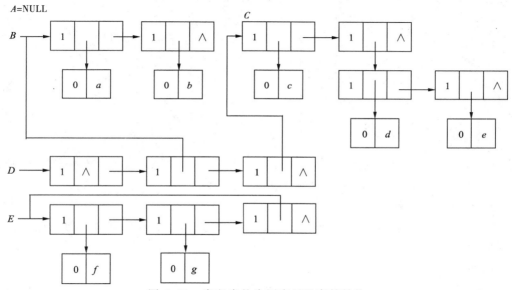

图 6-18　广义表的头尾表示法存储结构

可见，采用头尾表示法容易分清广义表中原子或子表所在的层次。

6.4.3　广义表的算法

1．创建广义表算法

设广义表以单向链表形式存储，元素的类型为字符型（char）。广义表的元素由键盘输入，假定全部为字母。元素之间用逗号分隔，元素的起止符号分别用左、右圆括号表示。

```
linknode *CreateGL(char s[])
{  linknode *p,*q,*r,*gh;
   char subs[100],hstr[100];
   int len;
   len=strlen(s);
   if(!strcmp(s,"()"))    gh=NULL;
   else  if(len==1)
```

```
       { gh=new linknode;
         gh->tag=0;
         gh->node.data=*s;
         gh->link=NULL;
       }
       else
       { gh=new linknode;
         gh->tag=1;
         p=gh;
         s++;
         strncpy(subs,s,len-2);
         subs[len-2]='\0';
         do
         { Disastr(subs,hstr);
           r=CreateGL(hstr);
           p->node.sublist=r;
           q=p;
           len=strlen(subs);
           if(len>0)
           { p=new linknode;
             p->tag=1;
             q->link=p;
           }
         }while(len>0);
         q->link=NULL;
       }
    return gh;
}
```

创建广义表算法的时间复杂度为 $O(n)$。

2．广义表取头算法

若广义表 GL=$(a_1, a_2,\cdots, a_n)$，则 head(GL)=a_1 。取表头运算的结果可以是原子，也可以是一个子表。

例如，head((a_1, a_2), (a_3, a_4, a_5), a_6)=(a_1, a_2)。

```
Head(linknode *GL)
{  if(GL->tag==1)    p=GL->hp;
   return  p;
}
```

3．广义表取尾算法

若广义表 GL=$(a_1, a_2,\cdots, a_n)$，则 tail(GL)=$(a_2,\cdots, a_n)$。取表尾运算的结果是取出除表头以外的所有元素。

例如，tail((a_1, a_2), (a_3, a_4, a_5), a_6)=$((a_3, a_4, a_5)$, $a_6)$。

```
Tail(linknode *GL)
{  if GL->tag==1    p=GL->tp;
   return  p;
}
```

4．求广义表深度算法

```
int Depth(linknode *GL)
```

```
{  int max=0;
   while(GL!=NULL)
   {  if(GL->tag==0)                    // 有子表
      {  int dep=Depth(GL->sublist);
         if(dep>max)        max=dep;
      }
      GL=GL->link;
   }
   return max+1;                        // 非空表的深度是各元素的深度的最大值加1
}
```

求广义表深度算法的时间复杂度为 $O(n)$。

小　　结

（1）数组是一个具有固定格式和数量的数据有序集，每一个数据元素有唯一的一组下标来标识，在数组上不太适宜做插入、删除数据元素的操作。

（2）二维数组中 a_{ij} 的地址为：

$$LOC(a_{ij}) = LOC(a_{00}) + (i \times n + j) \times d \qquad （0 下标起始的语言）$$

（3）三维数组中 a_{ijk} 的地址为：

$$LOC(a_{ijk})=LOC(a_{000})+((i \times n \times p + j \times p + k) \times d \qquad （0 下标起始的语言）$$

（4）对称矩阵是一种特殊矩阵，n 阶方阵的元素满足性质：$a_{ij}=a_{ji}$（$0 \leqslant i,j \leqslant n-1$）。对称矩阵是关于主对角线的对称，因此只需存储上三角或下三角部分的数据即可。

（5）三角矩阵的特殊性是以主对角线划分矩阵。主对角线任意一侧（不包括主对角线中）的元素均为常数（C）。下三角矩阵，主对角线以上均为同一个常数；上三角矩阵，主对角线以下均为同一个常数，均可以采用压缩存储。

（6）在 $m \times n$ 的矩阵中有 t 个非零元素，且 t 远小于 $m \times n$，这样的矩阵称为稀疏矩阵。稀疏矩阵常用的有：三元组表存储、带行指针的链表存储、十字链表存储等存储方法。

$$k= \begin{cases} (i-1) \times (2n-i+2)/2+j-i & (i \leqslant j) \\ n \times (n+1)/2 & (i<j) \end{cases}$$

（7）广义表是 n（$n \geqslant 0$）个数据元素的有序序列，广义表的元素可以是单个元素，也可以是一个广义表。

（8）由于广义表的元素有两种形式，所以其结点的存储形式也有两种：表结点由标志域、表头指针域、表尾指针域组成；而原子结点由标志域和值域组成。

实　　验

验证性实验 6 稀疏矩阵和广义表子系统

1. 实验目的

（1）掌握稀疏矩阵三元组表的存储方法。

（2）掌握稀疏矩阵三元组表创建、显示、转置和查找等算法。

（3）掌握广义表的存储方法。

（4）掌握广义表的新建、显示和查找等算法。

（5）掌握稀疏矩阵三元组表和广义表的算法分析方法。

2．实验内容

（1）编写稀疏矩阵三元组表的存储程序。

（2）编写稀疏矩阵三元组表创建、显示、转置和查找程序。

（3）编写建立广义表的程序。

（4）编写广义表的显示和查找程序。

（5）设计选择式菜单，其一级菜单形式如下：

```
                    稀疏矩阵和广义表子系统
        *********************************************
        *              1-----稀 疏 矩 阵           *
        *              2-----广   义   表          *
        *              0-----退       出           *
        *********************************************
                请输入菜单号（0--2）:
```

稀疏矩阵二级菜单形式如下：

```
                     稀疏矩阵的三元组存储
        *********************************************
        *              1-----新     建              *
        *              2-----转     置              *
        *              3-----查     找              *
        *              4-----显     示              *
        *              0-----返     回              *
        *********************************************
                请输入菜单号（0--4）:
```

广义表二级菜单形式如下：

```
                         广  义  表
        *********************************************
        *              1-----新     建              *
        *              2-----查     找              *
        *              3-----显     示              *
        *              0-----返     回              *
        *********************************************
                请输入菜单号（0--3）:
```

3．参考程序

```c
#include<stdio.h>
#include<iomanip.h>
#include<stdlib.h>
#include<string.h>
#define SMAX 100                    // 三元组非零元素的最大个数
typedef struct SPNode              // 定义三元组
{ int i,j,v;                        // 三元组非零元素的行、列和值
};
```

```
typedef struct sparmatrix                 // 定义稀疏矩阵
{ int rows,cols,terms;                     // 稀疏矩阵行、列和非零元素的个数
  SPNode data[SMAX];                        // 三元组表
};
typedef struct linknode                    // 定义广义表
{ int tag;                                 // 区分原子项或子表的标志位
  linknode *link;                           // 存放下一个元素的地址
  union data_sublist
  { char data;                             // 存放原子的值
    linknode *sublist;                      // 存放子表的指针
  }node;
};
sparmatrix CreateSparmatrix()              // 创建稀疏矩阵
{ sparmatrix A;
  printf("\n\t\t请输入稀疏矩阵的行数,列数和非零元个数(用逗号隔开): ");
  scanf("%d,%d,%d",&A.rows,&A.cols,&A.terms);
  for(int n=0;n<=A.terms-1;n++)
  { printf("\n\t\t输入非零元值(格式: 行号,列号,值): ");
    scanf("%d,%d,%d",&A.data[n].i,&A.data[n].j,&A.data[n].v);
  }
  return A;
}
sparmatrix Trans(sparmatrix A)             // 转置稀疏矩阵
{ sparmatrix B;
  B.rows=A.cols;B.cols=A.rows;B.terms=A.terms;
  for(int n=0;n<=A.terms-1;n++)
  { B.data[n].i=A.data[n].j;
    B.data[n].j=A.data[n].i;
    B.data[n].v=A.data[n].v;
  }
  return B;
}
void ShowSparmatrix(sparmatrix A)          // 显示稀疏矩阵
{ int k;
  printf("\n\t\t");
  for(int x=0;x<=A.rows-1;x++)
  { for(int y=0;y<=A.cols-1;y++)
    { k=0;
      for(int n=0;n<=A.terms-1;n++)
      { if((A.data[n].i==x)&&(A.data[n].j==y))
        { printf("%8d",A.data[n].v);k=1; }
      }
      if(k==0)    printf("%8d",k);
    }
    printf("\n\t\t");
  }
}
void SearchSparmatrix(sparmatrix A,int s)       // 查找稀疏矩阵中非零元素
{ int n,t;
  t=A.terms;
  for(n=0;n<t;n++)
  { if(A.data[n].v==s)
    { printf("\n\t\t          行  列   值\n");
```

```
        printf("\n\t\t 元素位置:%2d  %2d  %2d\n", A.data[n].i,A.data[n].j,\
        A.data[n].v);
        n=-1;
        break;
      }
    }
  if(n!=-1)    printf("\n\t\t 矩阵中无此元素!\n");
}
void sparmatrix()                                    // 稀疏矩阵的三元组存储
{ int ch=1,choice,s;
  struct sparmatrix A,B;
  A.terms=0;
  B.terms=0;
  while(ch)
  { printf("\n");
    printf("\n\t\t            稀疏矩阵的三元组存储\n            ");
    printf("\n\t\t*****************************************");
    printf("\n\t\t*          1-----新      建          *");
    printf("\n\t\t*          2-----转      置          *");
    printf("\n\t\t*          3-----查      找          *");
    printf("\n\t\t*          4-----显      示          *");
    printf("\n\t\t*          0-----返      回          *");
    printf("\n\t\t*****************************************");
    printf("\n\n\t\t    请输入菜单号(0--4): ");
    scanf("%d",&choice);
    switch(choice)
    { case 1:
        A=CreateSparmatrix();    break;
      case 2:
        if(A.terms==0)    printf("\n\t\t 三元组为空!\n");
        else
        { B=Trans(A);
          printf("\n\t\t 转置后的稀疏矩阵: \n");
          ShowSparmatrix(B);
        }
        break;
      case 3:
        if(A.terms==0)    printf("\n\t\t 三元组为空!\n");
        else
        { printf("\n\t\t 输入要查找的非零元素: ");
          scanf("%d",&s);
          SearchSparmatrix(A,s);
        }
        break;
      case 4:
        ShowSparmatrix(A);    break;
      case 0:
        ch=0;break;
      default:
        system("cls");
        printf("\n\t\t 输入错误!请重新输入! \n");
        break;
```

```
        }
        if(choice==1||choice==2||choice==3||choice==4)
        {  printf("\n\t\t");
           system("pause");
           system("cls");
        }
        else   system("cls");
    }
}
void Disastr(char s[],char hstr[])
{  int i=0,j=0,k=0,r=0;
   char rstr[100];
   while(s[i]&&(s[i]!=','|| k))
   {  if(s[i]=='(')     k++;
      else if(s[i]==')')    k--;
      if(s[i]!=','|| s[i]==','&&k)
      {  hstr[j]=s[i];i++;j++;  }
   }
   hstr[i]='\0';
   if(s[i]==',')    i++;
   while(s[i])
   {  rstr[r]=s[i]; r++; i++; }
   rstr[r]='\0';
   strcpy(s,rstr);
}
linknode *CreateGL(char s[])                // 创建广义表
{  linknode *p,*q,*r,*gh;
   char subs[100],hstr[100];
   int len;
   len=strlen(s);
   if(!strcmp(s,"()"))    gh=NULL;
   else  if(len==1)
      {  gh=new linknode;
         gh->tag=0;
         gh->node.data=*s;
         gh->link=NULL;
      }
      else
      {  gh=new linknode;
         gh->tag=1;
         p=gh;
         s++;
         strncpy(subs,s,len-2);
         subs[len-2]='\0';
         do
         {  Disastr(subs,hstr);
            r=CreateGL(hstr);
            p->node.sublist=r;
            q=p;
            len=strlen(subs);
            if(len>0)
            {  p=new linknode;
               p->tag=1;
               q->link=p;
            }
```

```
        }while (len>0);
        q->link=NULL;
    }
    return gh;
}
void Showvl(linknode *gnode)                // 显示广义表
{ linknode *p,*q;
    if(gnode)
    do
    { p=gnode->node.sublist;
      q=gnode->link;
      while(q&&p&&!p->tag)
      { printf("%c,",p->node.data);
        p=q->node.sublist;
        q=q->link;
      }
      if(p&&!p->tag)
      { printf("%c,",p->node.data); break;     }
      else
      { if(!p)   printf("()");
        else   Showvl(p);
        if(q)   printf(",");
        gnode=q;
      }
    }while(gnode);
    printf("\b)");                           // 输出格式中的\b表示退格
}
int Search(linknode *gnode,char x)          // 查找广义表中的元素
{ int find=0;
    if(gnode!=NULL)
    { if(!gnode->tag&&gnode->node.data==x)     return 1;
      else if(gnode->tag)    find=Search(gnode->node.sublist,x);
      if(find)    return 1;
      else    return Search(gnode->link,x);
    }
    else   return 0;
}
void vastlist()                              // 广义表
{ int ch=1,choice;
    char x;
    char str[SMAX ];
    linknode *vastlist=NULL;
    while(ch)
    { printf("\n");
      printf("\n\t\t            广 义 表\n               ");
      printf("\n\t\t*******************************");
      printf("\n\t\t*        1-----新   建        *");
      printf("\n\t\t*        2-----查   找        *");
      printf("\n\t\t*        3-----显   示        *");
      printf("\n\t\t*        0-----返   回        *");
      printf("\n\t\t*******************************");
      printf("\n\n\t\t   请输入菜单号(0--3): ");
      scanf("%u",&choice);
```

```
          switch(choice)
          { case 1:
              printf("\n\t\t 新建广义表: ");
              scanf("%s",&str);
              vastlist=CreateGL(str);
              break;
            case 2:
              if(vastlist==NULL)    printf("\n\t\t 广义表为空！\n");
              else
              { printf("\n\t\t 输入要查找的广义表中的元素: ");
                scanf("%s",&x);
                if(Search(vastlist,x)==1)
                    printf("\n\t\t 该元素在广义表中存在！\n");
                else   printf("\n\t\t 该元素在广义表中不存在！\n");
              }
              break;
            case 3:
              if(vastlist==NULL)    printf("\n\t\t 广义表为空！\n");
              else
              { printf("\n\t\t");
                printf("(");
                Showvl(vastlist);
              }
              break;
            case 0:
              ch=0;
              break;
          }
          if(choice==1||choice==2||choice==3)
          { printf("\n\t\t");
            system("pause");
            system("cls");
          }
          else  system("cls");
        }
}
void main()
{ int ch=1,choice;
    while(ch)
    { printf("\n");
      printf("\n\t\t          稀疏矩阵和广义表子系统\n          ");
      printf("\n\t\t*****************************************");
      printf("\n\t\t*           1------稀 疏 矩 阵           *");
      printf("\n\t\t*           2------广  义  表           *");
      printf("\n\t\t*           0------退      出           *");
      printf("\n\t\t*****************************************");
      printf("\n\n\t\t   请输入菜单号(0--2): ");
      scanf("%u",&choice);
      switch(choice)
      { case 1:system("cls");sparmatrix();break;
        case 2:system("cls");vastlist();break;
        case 0:ch=0;break;
        default:   system("cls");
```

```
        }
      }
    }
```

自主设计实验6 稀疏矩阵十字链表的存储

1．实验目的

（1）掌握稀疏矩阵十字链表存储的方法。

（2）掌握稀疏矩阵的显示、查找等基本算法。

2．实验内容

（1）创建空的稀疏矩阵的十字链表存储结构。

（2）稀疏矩阵十字链表的数据输入。

（3）稀疏矩阵十字链表的数据显示。

（4）稀疏矩阵十字链表的数据查找。

3．实验要求

（1）利用 C 或 C++语言完成算法设计和程序设计。

（2）上机调试通过实验程序。

（3）输入右侧矩阵 A，检验程序运行结果。

（4）给出具体的算法分析，包括时间复杂度和空间复杂度等。

$$A = \begin{pmatrix} 3 & 0 & 0 & 7 \\ 0 & 0 & -1 & 0 \\ 2 & 0 & 0 & 0 \\ 0 & 0 & 0 & 0 \\ 0 & 0 & 0 & -8 \end{pmatrix}$$

（5）撰写实验报告。

习题6

一、判断题（下列各题，正确的请在后面的括号内打√；错误的打×）

（1）n 维的多维数组可以视为 $n-1$ 维数组元素组成的线性结构。　　　　（　　）

（2）上三角矩阵主对角线以上（不包括主对角线中的元素），均为常数 C。　　（　　）

（3）数组的三元组表存储是对稀疏矩阵的压缩存储。　　　　　　　　　　（　　）

（4）广义表 LS=$(a_0,a_1,...,a_{n-1})$，则 a_{n-1} 是其表尾。　　　　　　　（　　）

（5）广义表$((a,b),a,b)$的表头和表尾是相等的。　　　　　　　　　　（　　）

二、填空题

（1）多维数组的顺序存储方式有按行优先顺序存储和_____两种。

（2）在 n 维数组中的每一个元素最多可以有_____个直接前驱。

（3）在多维数组中，数据元素的存放地址可以直接通过地址计算公式算出，所以多维数组是一种_____存取结构。

（4）数组元素 $a[0..2][0..3]$ 的实际地址是 2000，元素长度是 4，则 LOC[1,2]=_____。

（5）输出二维数组 $A[n][m]$ 中所有元素值的时间复杂度为_____。

（6）n 阶对称矩阵，如果只存储下三角元素，只需要_____个存储单元。

（7）n 阶下三角矩阵，因为对角线的上方是同一个常数，需要_____个存储单元。

（8）非零元素的个数远小于矩阵元素总数的矩阵称为_____。

（9）稀疏矩阵的三元组有_____列。

（10）稀疏矩阵中有 n 个非零元素，则三元组有_____行。

（11）稀疏矩阵的三元组中第 1 列存储的是数组中非零元素所在的_____。

（12）稀疏矩阵 A 如图 6-19 所示，其非零元素存于三元组表中，三元组（4, 1, 5）按列优先顺序存储在三元组表的第_____项。

（13）稀疏疏矩阵的压缩存储方法通常有三元组表和_____两种。

$$A=\begin{pmatrix} 8 & 0 & 0 & 0 & 0 & 0 \\ 0 & 11 & 0 & 0 & 0 & 0 \\ 0 & 0 & 0 & 6 & 0 & 0 \\ 0 & 3 & 0 & 0 & 7 & 0 \\ 0 & 5 & 0 & 0 & 0 & 0 \\ 0 & 0 & 0 & 0 & 9 & 0 \end{pmatrix}$$

图 6-19　稀疏矩阵 A

（14）任何一个非空广义表的表尾必定是_____。

（15）广义表 L=(a,(b),((c,(d)))) 的表尾是_____。

（16）tail(head((*a*,*b*),(*c*,*d*))=_____。

（17）设广义表 L=((a,b,c))，则将 c 分离出来的运算是_____。

（18）广义表 L=(a,(b),((c,(d)))) 的长度是_____。

（19）广义表 L=(a,(b),((c,(d)))) 的深度是_____。

（20）广义表 L=((),L)，则 L 的深度是_____。

三、选择题

（1）在一个 m 维数组中，（　　　　）恰好有 m 个直接前驱和 m 个直接后继。

    A．开始结点　　　　　B．总终端结点　　　　　C．边界结点　　　　　D．内部结点

（2）对下述矩阵进行压缩存储后，失去随机存取功能的是（　　　　）。

    A．对称矩阵　　　　　B．三角矩阵　　　　　C．三对角矩阵　　　　　D．稀疏矩阵

（3）在按行优先顺序存储的三元组表中，下述陈述错误的是（　　　　）。

    A．同一行的非零元素，是按列号递增次序存储的

    B．同一列的非零元素，是按行号递增次序存储的

    C．三元组表中三元组行号是递增的

    D．三元组表中三元组列号是递增的

（4）对稀疏矩阵进行压缩存储是为了（　　　　）。

    A．降低运算时间　　　　　　　　　　　　B．节约存储空间

    C．便于矩阵运算　　　　　　　　　　　　D．便于输入和输出

（5）若数组 $A[0..m][0..n]$ 按列优先顺序存储，则 a_{ij} 的地址为（　　　　）。

    A．$LOC(a_{00})+[j\times m+i]$　　　　　　　　　B．$LOC(a_{00})+[j\times n+i]$

    C．$LOC(a_{00})+[(j-1)\times n+i-1]$　　　　　D．$LOC(a_{00})+[(j-1)\times m+i-1]$

（6）下列矩阵是一个（　　　　）。

$$\begin{pmatrix} 1 & 0 & 0 & 0 \\ 2 & 3 & 0 & 0 \\ 4 & 5 & 6 & 0 \\ 7 & 8 & 9 & 10 \end{pmatrix}$$

    A．对称矩阵　　　　　B．三角矩阵　　　　　C．稀疏矩阵　　　　　D．带状矩阵

（7）在稀疏矩阵的三元组表示法中，每个三元组表示（　　　　）。

    A. 矩阵中非零元素的值

    B. 矩阵中数据元素的行号和列号

    C. 矩阵中数据元素的行号、列号和值

    D. 矩阵中非零数据元素的行号、列号和值

（8）已知二维数组 A[6][10]，每个数组元素占 4 个存储单元，若按行优先顺序存放数组元素 a[3][5]的存储地址是 1000，则 a[0][0]的存储地址是（　　　　）。

    A. 872   B. 860   C. 868   D. 864

（9）数组是一个（　　　　）线性表结构。

    A. 非   B. 推广了的   C. 加了限制的   D. 不加限制的

（10）数组 $A[0..1,0..1,0..1]$共有（　　　　）元素。

    A. 4   B. 5   C. 6   D. 8

（11）以下（　　　　）是稀疏矩阵的压缩存储方法。

    A. 一维数组   B. 二维数组   C. 三元组表   D. 广义表

（12）广义表是线性表的推广，它们之间的区别在于（　　　　）。

    A. 能否使用子表   B. 能否使用原子项   C. 是否能为空   D. 表的长度

（13）下列广义表属于线性表的是（　　　　）。

    A. $E=(a,E)$ B. $E=(a,b,c)$ C. $E=(a,(b,c))$ D. $E=(a,L)$; $L=()$

（14）广义表（a,(b,c),d,e）的表头为（　　　　）。

    A. a   B. a,(b,c)   C. (a,(b,c))   D. (a)

（15）广义表((a,b),c,d)的表头是（　　　　）。

    A. a   B. d   C. (a,b)   D. (c,d)

（16）广义表((a,b),c,d,e)的表尾是（　　　　）。

    A. a   B. d   C. (a,b)   D. (c,d,e)

（17）广义表 A=(a)，则表尾为（　　　　）。

    A. a   B. (())   C. 空表   D. (a)

（18）若广义表满足 head(L)=tail(L)，则 L 的形式是（　　　　）。

    A. 空表   B. 若 $L=(a_1,...,a_n)$，则 $a_1=(a_2,...,a_n)$

    C. 若 $L=(a_1,...,a_n)$，则 $a_1=a_2=...=a_n$ D. $((a_1),(a_2),(a_3))$

（19）广义表 A=((x,(a,b)),(x,(a,b),y))，则运算 head(head(tail(A)))的结果为（　　　　）。

    A. x   B. (a,b)   C. (x,(a,b))   D. A

（20）设广义表 L=((a,b,c))，则 L 的长度和深度分别为（　　　　）。

    A. 1 和 1   B. 1 和 3   C. 1 和 2   D. 2 和 3

四、算法阅读题

（1）已知 A[]是一个下三角矩阵，下述算法的功能是什么？

```
int f1(int A[],int n)
{ int i,k,s;                          // 设 B[0..(n+1)n/2-1]存放下三角元素
  k=0;
  s=A[0];
```

```
        for(i=0;i<n-1;i++)
        {   k=k+i+2;
            s=s+A[k];
        }
        return s
    }
```

（2）在按行优先顺序存储的三元组表中，求某列非零元素之和的算法如下，填空以完成算法。

```
#define SMAX 100                     // 定义一个足够大的三元组表
typedef  struct
{ int i,j,v;                         // 非零元素的行、列、值
}SPNode;                             // 三元组类型
typedef  struct                      // 定义稀疏矩阵
{ int m,n,t;                         // 矩阵的行、列及非零元素的个数
    SPNode data[SMAX];               // 三元组表
}SPMatrix;                           // 三元组表的存储类型
if f2(SPNode *a,col)
{ int k,sum=0;                       // 求第 col 列非零元素之和
    if(_____)   printf("a<=0");
    if(_____)   printf("列错! ");
    for(_____;k<a->t;_____)
        if(a->data[k].j==n)    sum=_____;
    return sum;
}
```

五、编程题

（1）试编写求一个三元组表的稀疏矩阵对角线元素之和的算法。

（2）试编写求广义表中原子元素个数的算法。

（3）试编写求广义表中最大原子元素的算法。

（4）当稀疏矩阵 **A** 和 **B** 均以三元组作为存储结构时，试写出矩阵相加的算法，其结果存放在三元组表 C 中（假设矩阵中元素的类型均为整型）。

第 7 章

树和二叉树 ‹‹‹

树形结构是一种重要的非线性结构，在计算机科学中有着广泛的应用。树是以分组关系定义的层次结构，其中以二叉树为最常用。在微型计算机的操作系统中，文件和文件夹就是以树形结构存储的，这为日益扩大的存储器和系统文件的管理提供了最大的方便。在编译程序中，可以用树来表示源程序的语法结构；在数据库系统中树结构是信息的重要组织形式之一。本章首先介绍树的定义，重点介绍二叉树的定义、性质、存储、遍历及转换，二叉树的应用及哈夫曼树的应用。

7.1 树的定义和术语

本节先给出树（tree）的定义，然后介绍树的基本术语。

7.1.1 树的定义及表示法

1. 树的定义

树是 n（$n \geq 0$）个有限数据元素的集合。在任意一棵非空树 T 中：

（1）有且仅有一个特定的称为树根（root）的结点（根结点无前驱结点）。

（2）当 $n>1$ 时，除根结点之外的其余结点被分成 m（$m>0$）个互不相交的集合 T_1，T_2，…，T_m，其中每一个集合 T_i（$1 \leq i \leq m$）本身又是一棵树，并且称为根的子树。

树的定义采用了递归定义的方法，即在树的定义中又用到树的概念，这反映了树的固有特性。

图 7-1 所示为树的结构示意图。

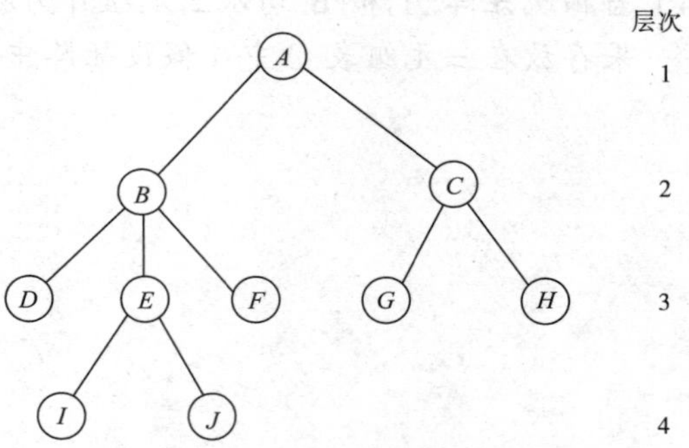

图 7-1 树结构示意图

2. 树的其他表示法

图 7-1 是树结构的一种直观画法，其特点是对树的逻辑结构的描述非常直观、清晰，是使用最多的一种描述方法。除此以外，还有以下几种描述树的方法。

（1）嵌套集合法：又称文氏图法。它是用集合的包含关系来描述树形结构，每个圆圈表示一个集合，套起来的圆圈表示包含关系。图 7-1 所示树的嵌套集合表示如图 7-2（a）所示。

（2）圆括号表示法：又称广义表表示法，它使用括号将集合层次与包含关系显示出来。图 7-1 所示树的圆括号表示法为：$(A(B(D,E(I,J),F),C(G,H)))$。

（3）凹入法：用不同宽度的行来显示各结点，行的凹入程度体现了各结点集合的包含关系。图 7-1 所示树的凹入法表示如图 7-2（b）所示。树的凹入表示法主要用于树的屏幕显示和打印输出。

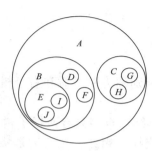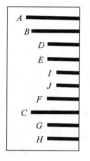

（a）嵌套集合表示　　　　　（b）凹入表示法

图 7-2　树结构的描述

7.1.2　基本术语

（1）结点：树的结点包含一个数据及若干指向其子树的分支。

（2）结点的度：结点所拥有的子树数称为该结点的度（degree）。

（3）树的度：树中各结点度的最大值称为该树的度。

（4）叶子（终端结点）：度为零的结点称为叶子结点。

（5）分支结点：度不为零的结点称为分支结点。

（6）兄弟结点：同一父亲结点下的子结点称为兄弟结点。

（7）层数：树的根结点的层数为 1，其余结点的层数等于它双亲结点的层数加 1。

（8）树的深度：树中结点的最大层数称为树的深度（或高度）。

（9）森林：零棵或有限棵互不相交的树的集合称为森林。

在数据结构中，树和森林并不像自然界里有一个明显的量的差别。任何一棵树，只要删去根结点就成了森林，如图 7-3 所示。

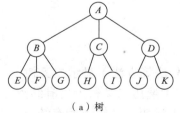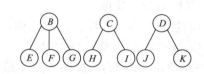

（a）树　　　　　　　　　　（b）删去根结点后成为森林

图 7-3　树和森林

（10）有序树和无序树：树中结点的各子树从左到右是有次序的（即不能互换），称这样的树为有序树；否则称为无序树。

7.2 二 叉 树

在有序树中有一类最特殊，也是最重要的树，称为二叉树（binary tree）。二叉树是树结构中最简单的一种，却有着十分广泛的应用。

7.2.1 二叉树的定义

1. 定义

二叉树是有 n（$n \geqslant 0$）个结点的有限集合。

（1）该集合或者为空（$n=0$）。

（2）或者由一个根结点及两个不相交的分别称为左子树和右子树组成的非空树。

（3）左子树和右子树同样又都是二叉树。

通俗地讲：在一棵非空的二叉树中，每个结点至多只有两棵子树，分别称为左子树和右子树，且左、右子树的次序不能任意交换。因此，二叉树是特殊的有序树。

2. 二叉树的形态

根据定义，二叉树可以有 5 种基本形态，如图 7-4 所示。

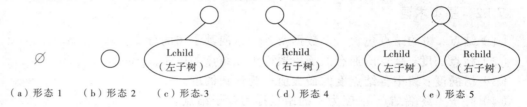

（a）形态 1　（b）形态 2　（c）形态 3　　　（d）形态 4　　　　（e）形态 5

图 7-4　二叉树的基本形态

其中：

（1）图 7-4（a）所示为空二叉树。

（2）图 7-4（b）所示为仅有根结点的二叉树。

（3）图 7-4（c）所示为右子树为空的二叉树。

（4）图 7-4（d）所示为左子树为空的二叉树。

（5）图 7-4（e）所示为左、右子树均非空的二叉树。

3. 二叉树的基本操作

二叉树的基本操作通常有以下几种：

（1）CreateBT()：创建一棵二叉树。

（2）ShowTree(BT *T)：按凹入法（或圆括号法等方法）显示二叉树。

（3）Preorder(BT *T)：按先序（根、左、右）遍历二叉树上所有结点。

（4）Inorder(BT *T)：按中序（左、根、右）遍历二叉树上所有结点。

（5）Postorder(BT *T)：按后序（左、右、根）遍历二叉树上所有结点。

（6）Levelorder(BT *T)：按层次遍历二叉树上所有结点。

（7）Leafnum(BT *T)：求二叉树叶结点总数。

（8）TreeDepth(BT *T)：求二叉树的深度。

7.2.2 二叉树的性质

性质 1 一棵非空二叉树的第 i 层上最多有 2^{i-1} 个结点（$i \geq 1$）。

一棵非空二叉树的第一层有 1 个结点，第二层最多有 2 个结点，第三层最多有 4 个结点……利用归纳法即可证明第 i 层上最多有 2^{i-1} 个结点。

性质 2 深度为 h 的二叉树中，最多具有 $2^h - 1$ 个结点（$h \geq 1$）。

证明： 根据性质 1，当深度为 h 的二叉树每一层都达到最多结点数时，它的和（n）最大，即

$$n = \sum_{i=1}^{h} x_i \leq \sum_{i=1}^{h} 2^{i-1} = 2^0 + 2^1 + 2^2 + \cdots + 2^{h-1} = 2^h - 1$$

所以，命题正确。

（1）满二叉树：一棵深度为 h，且有 $2^h - 1$ 个结点的二叉树称为满二叉树。图 7-5 所示为一棵深度为 4 的满二叉树，其特点是每一层上的结点都具有最大的结点数。如果对满二叉树的结点进行连续的编号，约定编号从根结点起，从上往下，自左向右（见图 7-5），由此可以引出完全二叉树的定义。

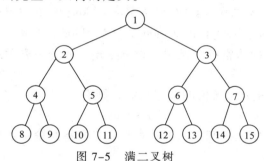

图 7-5 满二叉树

（2）完全二叉树：深度为 h、有 n 个结点的二叉树，当且仅当每一个结点都与深度为 h 的满二叉树中编号从 1 至 n 的结点一一对应时，称此二叉树为完全二叉树。图 7-6（a）所示为一棵完全二叉树，而图 7-6（b）则不是完全二叉树。

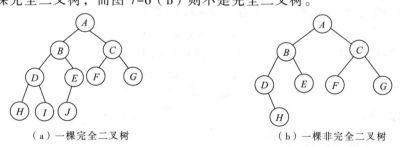

（a）一棵完全二叉树   （b）一棵非完全二叉树

图 7-6 两种二叉树

完全二叉树除最后一层外，其余各层都是满的，并且最后一层或者为满，或者仅右边缺少若干个连续结点。

性质 3 对于一棵有 n 个结点的完全二叉树，若按满二叉树的同样方法对结点进行编号（见图 7-5），则对于任意序号为 i 的结点，有：

（1）若 $i=1$，则序号为 i 的结点是根结点。

若 $i>1$，则序号为 i 的结点的父结点的序号为 $\lfloor i/2 \rfloor$；

（2）若 $2i \leq n$，则序号为 i 的结点的左孩子结点的序号为 $2i$。

若 $2i>n$，则序号为 i 的结点无左孩子。

（3）若 $2i+1 \leq n$，则序号为 i 的结点的右孩子结点的序号为 $2i+1$。

若 $2i+1>n$，则序号为 i 的结点无右孩子。

证明略。

性质 4　具有 $n(n>0)$ 个结点的完全二叉树（包括满二叉树）的深度（h）为 $\lfloor \log_2 n \rfloor + 1$。

证明：由性质 2 和完全二叉树的定义可知，当完全二叉树的深度为 h、结点个数为 n 时有

$$2^{h-1}-1<n \leq 2^h-1$$

即

$$2^{h-1} \leq n<2^h$$

对不等式取对数则有

$$h-1 \leq \log_2 n<h$$

由于 h 是整数，所以有 $h=\lfloor \log_2 n \rfloor + 1$。

注： $\lfloor \log_2 n \rfloor$ 表示不大于 $\log_2 n$ 的最大整数，$\lceil \log_2 n \rceil$ 表示不小于 $\log_2 n$ 的最小整数。例如，当 $n=10$ 时，$\log_2 n \approx 3.32$，则 $\lfloor \log_2 n \rfloor = 3$，$\lceil \log_2 n \rceil = 4$。

性质 5　对于一棵非空的二叉树，设 n_0、n_1、n_2 分别表示度为 0、1、2 的结点个数，则有 $n_0=n_2+1$。

证明：（1）设 n 为二叉树的结点总数，则有：

$$n=n_0+n_1+n_2 \tag{7-1}$$

（2）由二叉树的定义可知，除根结点外，二叉树其余结点都有唯一的父结点，那么父结点的总数 F 为：

$$F=n-1 \tag{7-2}$$

（3）根据假设，各结点的子结点总数 C 为：

$$C=n_1+2n_2 \tag{7-3}$$

（4）因为父子关系是相互对应的，即 $F=C$，即

$$n-1=n_1+2n_2 \tag{7-4}$$

综合（7-1）、（7-2）、（7-3）、（7-4）式可以得到：

$$n_0+n_1+n_2=n_1+2n_2+1$$

$$n_0=n_2+1$$

所以，命题正确。

7.2.3　二叉树的存储

二叉树的存储结构也有顺序存储和链接存储两种存储结构。

1. 顺序存储结构

二叉树的顺序存储，就是用一组连续的存储单元存放二叉树中的结点。一般可以采用一维数组或二维数组的方法进行存储。

（1）一维数组存储法。

二叉树中各结点的编号与等深度的完全二叉树中对应位置上结点的编号相同。其编号过程为：首先把根结点的编号定为 1，然后按照层次从上至下、从左到右的顺序，对每一个结点编号。当双亲结点为 i 时，其左孩子的编号为 $2i$，其右孩子的编号为 $2i+1$。在图 7-7（a）中，各结点右边的数字就是该结点的编号。

对于一般的二叉树，如果按从上至下和从左到右的顺序将树中的结点顺序存储在一维数组中，则数组元素下标之间的关系不能够反映二叉树中结点之间的逻辑关系，只有增加一些并不存在的空结点，使之成为一棵完全二叉树的形式，才能用一维数组进行存储。如图 7-6（a）所示为一棵一般二叉树，经过改造以后成为图 7-7（b）所示的完全二叉树。其顺序存储状态示意图如图 7-7（c）所示。

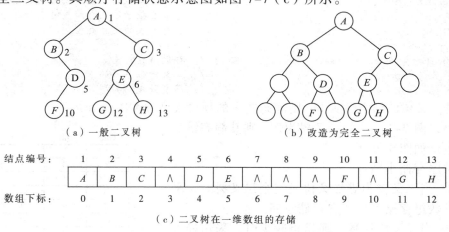

（a）一般二叉树　　　　　　　　　　（b）改造为完全二叉树

结点编号：	1	2	3	4	5	6	7	8	9	10	11	12	13
	A	B	C	∧	D	E	∧	∧	∧	F	∧	G	H
数组下标：	0	1	2	3	4	5	6	7	8	9	10	11	12

（c）二叉树在一维数组的存储

图 7-7　一般二叉树的顺序存储示意图

显然，这种存储结构会造成空间的大量浪费。如图 7-8（a）所示，一棵 4 个结点的二叉树，却要分配 14 个存储单元。可以证明，深度为 h 的（右向）单支二叉树，虽然只有 h 个结点，却需分配 2^h-1 个存储单元。

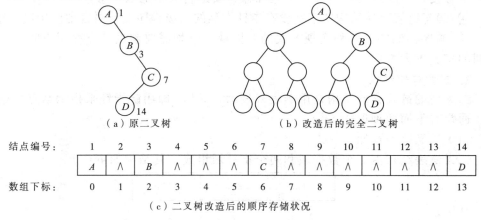

（a）原二叉树　　　　　　　　　　（b）改造后的完全二叉树

结点编号：	1	2	3	4	5	6	7	8	9	10	11	12	13	14
	A	∧	B	∧	∧	∧	C	∧	∧	∧	∧	∧	∧	D
数组下标：	0	1	2	3	4	5	6	7	8	9	10	11	12	13

（c）二叉树改造后的顺序存储状况

图 7-8　改造二叉树的顺序存储示意图

对于完全二叉树和满二叉树，这种顺序存储结构既能够最大限度地节省存储空间，又可以利用数组元素的下标值确定结点在二叉树中的位置，因为完全二叉树上编号为 i 的结点元素存储在一维数组中下标为 $i-1$ 的分量中，如图 7-8（c）所示。

（2）静态链表存储法。

用数组描述的链表，称为静态链表。静态链表这种存储结构和顺序表一样，需要预先为其分配一个较大的数组空间，但和顺序表不一样的是，静态链表在插入和删除操作时不需要移动元素，仅需要修改指针的指向关系即可，故仍具有链式存储结构的主要优点。

静态链表除了可以用来描述线性结构之外，也可以用来存储二叉树这种非线性结构。静态链表的二叉树结点结构可定义如下：

```
#define MAXLEN 10
typedef struct
{  datatype data;                       // 存储结点标志
   int lchild;                          // 存储左孩子结点在静态链表数组中的下标
   int rchild;                          // 存储右孩子结点在静态链表数组中的下标
}StaticLinkListNode;                     // 静态链表的结点类型
typedef struct
{  StaticLinkListNode list[MAXLEN];      // 存储结点标志
   int root;                            // 二叉树根结点的下标
}StaticLinkList;                         // 静态链表的类型
```

设二叉树的结点数为 n，则静态链表的预设长度 $MAXLEN \geqslant n$。

仍以图 7-7（a）的二叉树为例，则其静态链表存储表示如图 7-9 所示。

顺序存储小结：

① 当二叉树为满二叉树或完全二叉树时，采用一维数组存储可以节省存储空间。

② 当二叉树层数高而结点较少时，采用静态链表存储比较好，并且这种结构插入或删除结点均不需移动任何结点，比较方便。

③ 一维数组存储的优点是查找父子结点的位置非常方便；其缺点是进行插入或删除操作要进行大量的数据移动。

	data	lchild	rchild
0	A	1	2
1	B	-1	3
2	C	4	-1
3	D	5	-1
4	E	6	7
5	F	-1	-1
6	G	-1	-1
7	H	-1	-1
root		0	

图 7-9　二叉树的静态链表存储

④ 静态链表存储结构便于在没有指针类型的高级程序设计语言中使用链表结构。

⑤ 顺序存储的这两种实现方式的共同缺点是均需要预设结点存储空间，且存储空间的扩充不太方便。

2．链式存储结构

二叉树的链式存储结构是用链表来表示二叉树，即用链指针来指示结点的逻辑关系。通常有下面两种形式：

（1）二叉链表存储。

二叉链表结点由一个数据域和两个指针域组成，其结构如下：

lchild	data	rchild

其中：

① data 为数据域，存放结点的数据信息。

② lchild 为左指针域，存放该结点左子树根结点的地址。

③ rchild 为右指针域，存放该结点右子树根结点的地址。

当左子树或右子树不存在时，相应指针域值为空，用符号"∧"表示。

设一棵二叉树如图 7-10 所示，其二叉链表的存储表示如图 7-11 所示。

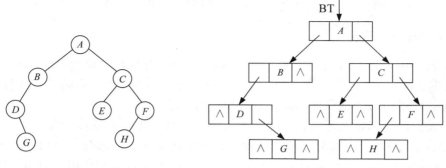

图 7-10　二叉树　　　　图 7-11　二叉树的链式存储示意图

容易证明，在含有 n 个结点的二叉链表中有 $n+1$ 个空指针域。利用这些空指针域存储其他有用信息，从而可以得到另外一种存储结构——线索化链表，关于这一概念将在 7.3.3 节介绍。

二叉链表是二叉树最常用的存储方式，本书后面涉及的二叉树的链式存储结构一般都是指二叉链表结构。

下面给出二叉树的二叉链表描述：

```
typedef struct BT          // 定义二叉树结构体
{ datatype data;           // 定义数据域
  struct bt *lchild;       // 定义结点的左指针
  struct bt *rchild;       // 定义结点的右指针
}BT;                       // 定义二叉树结点结构体的类型
```

（2）三叉链表存储。

三叉链表结点由一个数据域和 3 个指针域组成，其结构如下：

lchild	data	rchild	parent

其中：

① data 为数据域，存放结点的数据信息。

② lchild 为左指针域，存放该结点左子树根结点的地址。

③ rchild 为右指针域，存放该结点右子树根结点的地址。

④ parent 为父指针域，存放该结点的父结点的存储地址。这种存储结构既便于查找左、右子树中的结点，又便于查找父结点及其祖先结点；但付出的代价是增加了存储空间的开销。

图 7-12 给出了图 7-10 所示的二叉树的三叉链表存储示意图。

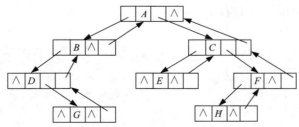

图 7-12　二叉树的三叉链表存储示意图

7.3 遍历二叉树和线索二叉树

7.3.1 遍历二叉树

二叉树的遍历是指按某种顺序访问二叉树中的所有结点，使得每个结点都被访问，且仅被访问一次。通过一次遍历，使二叉树中结点的非线性序列转变为线性序列。也就是说，使得遍历的结点序列之间有一个一对一的关系。

由二叉树的递归定义可知，一棵二叉树由根结点（D）、根结点的左子树（L）和根结点的右子树（R）三部分组成。因此，只要依次遍历这三部分，就可以遍历整个二叉树。若以 D、L、R 分别表示访问根结点、遍历根结点的左子树、遍历根结点的右子树，则二叉树的遍历方式有 6 种不同的组合：DLR、LDR、LRD、DRL、RDL 和 RLD。如果限定先左后右的次序，那么就只有 DLR、LDR 和 LRD 三种遍历。

1. 先序遍历（DLR）

先序遍历也称为先根遍历，其递归过程为：

若二叉树为空，遍历结束。否则，按以下顺序遍历：

（1）访问根结点。

（2）先序遍历根结点的左子树。

（3）先序遍历根结点的右子树。

先序遍历递归算法：

```
void PreOrder(BT *T)              // 先序遍历二叉树 BT
{ if(T!=NULL)                     // 树不为空才能访问其结点
   { printf(T->data);            // 输出结点的数据域
     PreOrder(T->lchild);        // 先序递归遍历左子树
     PreOrder(T->rchild);        // 先序递归遍历右子树
   }
}
```

对于图 7-10 所示的二叉树，按先序遍历所得到的结点序列为：

$$A\ B\ D\ G\ C\ E\ F\ H$$

2. 中序遍历（LDR）

中序遍历也称为中根遍历，其递归过程为：

若二叉树为空，遍历结束。否则，按以下顺序遍历：

（1）中序遍历根结点的左子树。

（2）访问根结点。

（3）中序遍历根结点的右子树。

中序遍历递归算法：

```
void InOrder(BT *T)              // 中序遍历二叉树 BT
{ if(T!=NULL)                    // 树不为空才能访问其结点
   { InOrder(T->lchild);        // 中序递归遍历左子树
     printf(T->data);           // 输出结点的数据域
     InOrder(T->rchild);        // 中序递归遍历右子树
   }
}
```

对于图 7-10 所示的二叉树，按中序遍历所得到的结点序列为：

$$D\ G\ B\ A\ E\ C\ H\ F$$

3．后序遍历（LRD）

后序遍历也称为后根遍历，其递归过程为：

若二叉树为空，遍历结束。否则，按以下顺序遍历：

（1）后序遍历根结点的左子树。

（2）后序遍历根结点的右子树。

（3）访问根结点。

后序遍历递归算法：

```
void PostOrder(BT *T)              // 后序遍历二叉树 BT
{ if(T!=NULL)                      // 树不为空才能访问其结点
   { PostOrder(T->lchild);         // 后序递归遍历左子树
     PostOrder(T->rchild);         // 后序递归遍历右子树
     printf(T->data);              // 输出结点的数据域
   }
}
```

对于图 7-10 所示的二叉树，按后序遍历所得到的结点序列为：

$$G\ D\ B\ E\ H\ F\ C\ A$$

4．层次遍历

按照自上而下（从根结点开始），从左到右（同一层）的顺序逐层访问二叉树上的所有结点，这样的遍历称为按层次遍历。

按层次进行遍历时，当一层结点访问完后，接着访问下一层的结点，先遇到的结点先访问，这与队列的操作原则是一致的。因此，在进行层次遍历时，可设置一个数组来模拟队列，用于保存被访问结点的子结点的地址。遍历从二叉树的根结点开始，首先将根结点指针入队列，然后从队头取出一个元素，每取一个元素，执行下面两个操作：

（1）访问该元素所指结点。

（2）若该元素所指结点的左、右孩子结点非空，则将该元素所指结点的左孩子指针和右孩子指针依次入队。

此过程不断进行，直到队空为止。

在下面的层次遍历算法中，二叉树以二叉链表方式存储，一维数组 q[MAXLEN] 用于实现队列，lchild 和 rchild 分别是被访问结点的左、右指针。

层次遍历算法：

```
void LevelOrder(BT *T)            // 按层次遍历二叉树 BT
{ int i=0,j=0;
  BT *q[MAXLEN],*p;               // 设置一个数组来模拟队列
  p=T;
  if(p!=NULL)                     // 若二叉树非空，则根结点地址入队
  { q[i]=p;j++; }                 //i指示队头元素的下标，j指示队尾后面的空单元
  while(i!=j)                     // i!=j 时表示队列不为空
  { p=q[i];i++;                   // 出队一个元素
    printf(p->data);              // 访问出队元素结点的数据域
    if(p->lchild!=NULL)           // 将出队元素结点的左孩子结点入队列
```

```
  {  q[j]=p->lchild;j++; }
     if(p->rchild!=NULL)        // 将出队元素结点的右孩子结点入队列
  {  q[j]=p->rchild;j++; }
  }
}
```

图 7-10 所示的二叉树，按层次遍历所得到的结果序列为：

$$A\ B\ C\ D\ E\ F\ G\ H$$

【例 7-1】下列二叉树，如图 7-13 所示，求它的先序遍历、中序遍历、后序遍历和层次遍历。

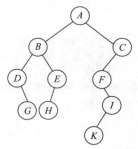

先序遍历的序列：$A\ B\ D\ G\ E\ H\ C\ F\ I\ K$

中序遍历的序列：$D\ G\ B\ H\ E\ A\ F\ K\ I\ C$

后序遍历的序列：$G\ D\ H\ E\ B\ K\ I\ F\ C\ A$

层次遍历的序列：$A\ B\ C\ D\ E\ F\ G\ H\ I\ K$

图 7-13　例 7-1 的二叉树

【例 7-2】设表达式 $A–B*(C+D)+E/(F+G)$ 的二叉树表示如图 7-14 所示。试写出它的先序遍历、中序遍历和后序遍历。

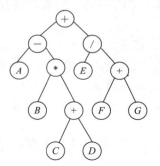

先序遍历的结果，即原表达式的前缀表达式：

$$+-A*B+C D / E+F G$$

中序遍历的结果：

$$A-B*C+D+E / F+G$$

后序遍历的结果，即原表达式的后缀表达式：

$$A B C D+*-E F G+/+$$

图 7-14　例 7-2 的二叉树

本例说明：如果能根据一般表达式画出二叉树，就能方便地用后序遍历的方法来求得一般表达式的后缀表达式。

7.3.2　恢复二叉树

从上一小节的讨论可知，任意一棵二叉树结点的先序序列和中序序列都是唯一的。那么能否根据结点的先序序列和中序序列来唯一地确定一棵二叉树呢？回答是肯定的。

在统一绘图软件或其他绘图软件中存在着这样的问题：如何存储一个用树表示的图形数据结构？在研制统一绘图软件系统时是用这样的办法来处理的：

（1）对于用链表结构表示的图形数据结构，把每一个结点去掉指针项，只按结点的中序序列存储，并给出这棵树的前序（或后序）"序表"。

（2）图形结构调入内存时，由中序的结点表及"序表"，形成的前序和中序数组

（或后序和中序数组），恢复图形数据结构。

二叉树的先序遍历是先访问根结点，然后再遍历根结点的左子树，最后遍历根结点的右子树。即在先序序列中，第一个结点必定是二叉树的根结点。

中序遍历则是先遍历左子树，然后访问根结点，最后再遍历右子树。这样根结点在中序序列中必然将中序序列分割成两个子序列，前一个子序列是根结点的左子树的中序序列，而后一个子序列是根结点的右子树的中序序列。

根据这两个子序列，先由先序序列确定第一个结点为根结点；知道根结点后，按中序序列可以划分左、右子树。在先序序列中，左子树序列的第一个结点是左子树的根结点，右子序列的第一个结点是右子树的根结点。这样，就确定了二叉树的 3 个结点。同时，左子树和右子树的根结点又可以分别把左子序列和右子序列划分成两个子序列，如此递归下去，当取尽先序序列中的结点时，便可以恢复一棵二叉树。

1. 由前序和中序恢复二叉树

（1）根据前序序列确定树的根（第一个结点），根据中序序列确定左子树和右子树。

（2）分别找出左子树和右子树的根结点，并把左、右子树的根结点连到父（father）结点上去。

（3）再对左子树和右子树按此法找根结点和左、右子树，直到子树只剩下 1 个结点或 2 个结点或空为止。

【例 7-3】 由下列前序序列和中序序列恢复二叉树。

前序序列：$A\,C\,B\,R\,S\,E\,D\,F\,M\,L\,K$

中序序列：$R\,B\,S\,C\,E\,A\,F\,D\,L\,K\,M$

首先，由先序序列可知，结点 A 是二叉树的根结点；其次，根据中序序列，在 A 之前的所有结点都是根结点左子树的结点，在 A 之后的所有结点都是根结点右子树的结点。

前序序列：　　　A　$\underbrace{C\quad B\quad R\quad S\quad E}_{左子树}$　$\underbrace{D\quad F\quad M\quad L\quad K}_{右子树}$
　　　　　　　　根

中序序列：　　　$\underbrace{R\quad B\quad S\quad C\quad E}_{左子树}$　A　$\underbrace{F\quad D\quad L\quad K\quad M}_{右子树}$
　　　　　　　　　　　　　　　　　　根

然后，对左子树进行分解，得知 C 是左子树的根结点，又从中序序列知道，C 的右子树只有一个结点 E，B 的左子树有 B、R、S 3 个结点。接着，对 A 的右子树进行分解，由前序得知 A 的右子树的根结点为 D；再根据右子树的中序序列可知，结点 D 把其余结点分成两部分，即左子树仅一个结点 E，右子树为 L、K、M 3 个结点。

　　　　　　　　$\overbrace{\qquad\qquad}^{左子树}$　　　　　　　　　　　$\overbrace{\qquad\qquad}^{右子树}$

前序前序：C　$\underbrace{B\quad R\quad S}\quad\underbrace{E}$　　　　　D　$\underbrace{F}\quad\underbrace{M\quad L\quad K}$
　　　　　根　　左子树　右子树　　　　　根　左子树　　右子树

中序前序：$\underbrace{R\quad B\quad S}\quad C\quad\underbrace{E}$　　　　　$\underbrace{F}\quad D\quad\underbrace{L\quad K\quad M}$
　　　　　左子树　　根　右子树　　　　左子树　根　　右子树

再按同样的方法继续分解，最后得到如图 7-15 所示的整棵二叉树。

上述过程是一个递归过程，其递归算法的思想是：先根据先序序列的第一个元素建立根结点；然后在中序序列中找到该元素，确定根结点的左、右子树的中序序列；

再在先序序列中确定左、右子树的先序序列；最后由左子树的先序序列与中序序列建立左子树，由右子树的先序序列与中序序列建立右子树。

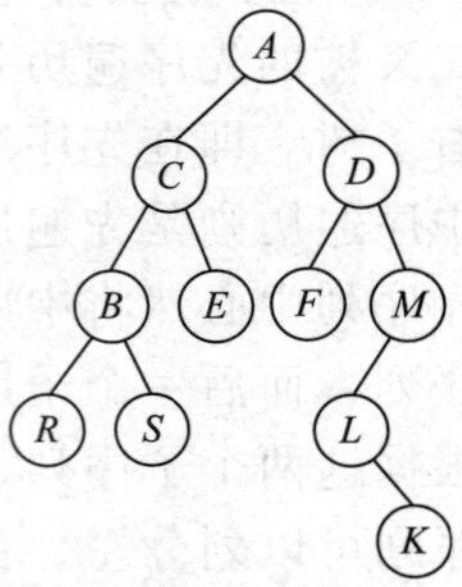

2. 由中序和后序恢复二叉树

由二叉树的后序序列和中序序列也可唯一地确定一棵二叉树。其方法为：

（1）根据后序序列找出根结点（最后一个），根据中序序列确定左、右子树。

（2）分别找出左子树和右子树的根结点，并把左、右子树的根结点连到父（father）结点上。

图 7-15　例 7-3 恢复的二叉树

（3）再对左子树和右子树按此法找根结点和左、右子树，直到子树只剩下一个结点或两个结点或空为止。

【例 7-4】 由下列中序序列和后序序列恢复二叉树。

中序序列：$CBEDAGHFJI$

后序序列：$CEDBHGJIFA$

首先，由后序序列可知，结点 A 是二叉树的根结点；其次，根据中序序列，在 A 之前的所有结点都是根结点左子树的结点，在 A 之后的所有结点都是根结点右子树的结点。

后序序列：$\underline{CEDB}\ \underline{HGJIF}\ \underline{A}$

　　　　　左子树　　　右子树　　根

中序序列：$\underline{CBED}\ \underline{A}\ \underline{GHFJI}$

　　　　　左子树　　根　　右子树

然后，再对左子树进行分解，由后序序列得知 B 是左子树的根结点，又从中序序列得知，B 的左子树只有一个结点 C，B 的右子树有 E、D 两个结点。接着对右子树进行分解，由后序得知 F 为右子树的根结点；再根据右子树的中序可知，结点 F 把其余结点分成两部分，即左子树有 G、H 两个结点，右子树仅有 J、I 两个结点。

　　　　　　左子树　　　　　　　　　　　　　　　　　右子树

后序序列：$\underline{CED}\ B$　　　　　　　　　　$\underline{HG}\ \underline{JI}\ F$

　　　　　　　　根　　　　　　　　　　　　　　　　　　　　根

中序序列：$\underline{C}\ B\ \underline{ED}$　　　　　　　　$\underline{G}\ H\ \underline{FJI}$ （注：此处按图示）

　　　　左子树　根　右子树　　　　　　　左子树　根　右子树

再按同样的方法继续分解下去，最后得到如图 7-16 所示的整棵恢复的二叉树。

思考：根据二叉树的前序序列和后序序列能否唯一恢复一棵二叉树吗？

7.3.3 线索二叉树

1. 线索二叉树的概念

遍历二叉树是按一定的规则将二叉树中所有结点排列为

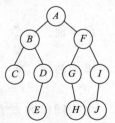

图 7-16　恢复的二叉树

一个有序序列,这实质上是对一个非线性的数据结构进行线性化的操作。经过遍历的结点序列,除第一个结点和最后一个结点以外,其余每个结点都有且仅有一个直接前驱结点和一个直接后继结点。

当以二叉链表作为存储结构时,只能找到结点的左、右孩子的信息,而不能直接得到结点任意一个序列中的直接前驱结点和直接后继结点是什么,这种信息只有在对二叉树遍历的动态过程中才能得到。若增加前驱和后继指针将使存储密度进一步降低。

在用二叉链表存储的二叉树中,单个结点的二叉树有两个空指针域,如图 7-17(a)所示,两个结点的二叉树有 3 个空指针域,如图 7-17(b)所示。

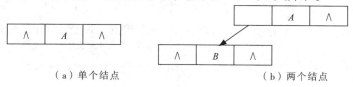

（a）单个结点　　　　　　　　　　　（b）两个结点

图 7-17　用二叉链表存储的二叉树

不难证明:n 个结点的二叉树有 $n+1$ 个空指针域。也就是说,一个具有 n 个结点的二叉树,若采用二叉链表存储结构,在其总共 $2n$ 个指针域中只有 $n-1$ 个指针域是用来存储结点子树的地址,而另外 $n+1$ 个指针域存放的都是 ∧（空指针域）。因此,可以充分利用二叉链表存储结构中的那些空指针域,来保存结点在某种遍历序列中的直接前驱和直接后继的地址信息。

指向直接前驱结点或指向直接后继结点的指针称为线索（thread）,带有线索的二叉树称为线索二叉树。对二叉树以某种次序遍历使其变为线索二叉树的过程称为线索化。

2. 线索二叉树的方法

由于二叉树结点的序列可由不同的遍历方法得到,因此,线索二叉树也有先序线索二叉树、中序线索二叉树和后序线索二叉树 3 种。在 3 种线索二叉树中一般以中序线索化用得最多,所以下面以图 7-10 所示的二叉树为例,说明中序线索二叉树的方法:

（1）先写出原二叉树的中序遍历序列:$D\,G\,B\,A\,E\,C\,H\,F$。

（2）若结点的左子树为空,则此线索指针将指向前一个遍历次序的结点。

（3）若结点的右子树为空,则此线索指针将指向下一个遍历次序的结点。

图 7-18 所示为图 7-10 的二叉树的中序线索二叉树的结果。其中实线表示指针,虚线表示线索。

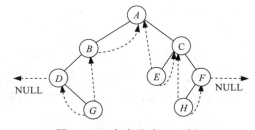

图 7-18　中序线索二叉树

线索二叉树的结点结构定义如下:

```
typedef struct threadbinode
{ datatype data;                // 二叉链表的结点
  bool ltag;                    // 左孩子标志,当 ltag 为 true 时,表示左孩子
// 存在(lchild 所指为该结点左孩子);反之,则表示左孩子不存在(lchild 所指为该结点直接后继)
  struct threadbinode lchild;   // 左孩子指针
```

```
    bool  rtag;                          // 其含义与 ltag 类似
    struct  threadbinode  rchild;        // 右孩子指针
}ThreadBiNode;                           // 二叉链表结点的类型
```

二叉树进行中序线索化的递归函数代码如下：

```
void InThreadBiTree(ThreadBiNode *T, ThreadBiNode *pre, ThreadBiNode *rear)
{  // pre 指向整个二叉树 T 中序序列的直接前驱结点,
   // rear 指向整个二叉树 T 中序序列的直接后继结点
   if (true==T->ltag)
      InThreadBiTree(T->lchild,pre,T);  //左子树的直接前驱就是整棵二叉树的直接前驱,
                                        //左子树的直接后继就是整棵二叉树的根结点
   else  T->lchild=pre;
   if(true==T->rtag)
      InThreadBiTree(T->rchild,T,rear);//右子树的直接前驱就是整棵二叉树的根结点,
                                        //右子树的直接后继就是整棵二叉树的直接后继
   else    T->rchild=rear;
}
```

由于整棵二叉树中序序列的直接前驱和直接后继均可为空,因此对二叉树 T 进行中序线索化可采用语句 InThreadBiTree(T, NULL, NULL)。

另外,为了便于操作,在存储线索二叉树时需要增设一个结点,其结构与其他线索二叉树的结点结构一样。但是,头结点的数据域不存放信息,它的左指针域指向二叉树的根结点,右指针域指向自己。而原二叉树在某种序列遍历下的第一个结点的前驱线索和最后一个结点的后继线索都指向头结点。

3. 线索二叉树的优点

(1)利用线索二叉树进行中序遍历时,不必采用堆栈处理,速度比一般二叉树的遍历速度快,且节约存储空间。

(2)任意一个结点都能直接找到它相应遍历顺序的直接前驱和直接后继结点。

4. 线索二叉树的缺点

(1)结点的插入和删除麻烦,且速度也比较慢。

(2)线索子树不能共用。

7.4　二叉树的转换

如果对树或森林采用链表存储并设定一定的规则,就可用二叉树结构表示树和森林。这样,对树的操作实现就可以借助二叉树存储,利用二叉树上的操作来实现。本节将讨论树和森林与二叉树之间的转换方法。

7.4.1　一般树转换为二叉树

1. 一般树和二叉树的二叉链表存储结构比较

一般树是无序树,树中结点的各孩子的次序是无关紧要的;二叉树中结点的左、右孩子结点是有区别的。为避免发生混淆,约定树中每一个结点的孩子结点按从左到右的次序排列。图 7-19 所示为

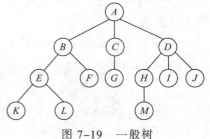

图 7-19　一般树

一棵一般树，根结点 A 有 B、C、D 3 个孩子，可以认为结点 B 为 A 的长子，结点 C 为 B 的次弟，结点 D 为 C 的次弟。

图 7-20 为一般树和二叉树的二叉链表存储结构示意图。

长子地址	结点信息	次弟地址

（a）一般树双向链表存储结构

左子树地址	结点信息	右子树地址

（b）二叉树双向链表存储结构

图 7-20　一般树和二叉树链表存储结构

2．将一棵树转换为二叉树的方法

比较图 7-20 的两种存储结构，只要把一般树的长子作为其父结点的左子树；把一般树的次弟作为其兄结点的右子树，即可以把一棵一般树转换为一棵二叉树。

整个转换可以分为三步：

（1）连线：链接树中所有相邻的亲兄弟之间连线。

（2）删线：保留父结点与长子的连线，打断父结点与非长子结点之间的连线。

（3）旋转：以根结点为轴心，将整棵树顺时针旋转一定的角度，使之层次分明。

可以证明，树做这样的转换所构成的二叉树是唯一的。图 7-21（a）、（b）、（c）给出了图 7-19 所示的一般树转换为二叉树的转换过程。

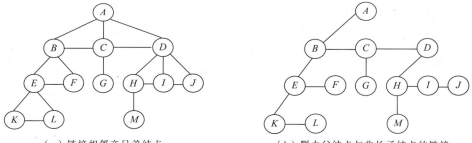

（a）链接相邻亲兄弟结点　　　　　　　　　（b）删去父结点与非长子结点的链接

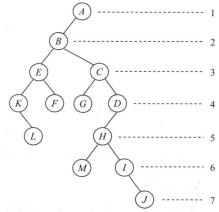

（c）将兄弟结点顺时针旋转后得到的二叉树

图 7-21　一般树转换为二叉树的转换过程示意图

由上面的转换可以得出以下结论：

（1）在转换产生的二叉树中，左分支上的各结点在原来的树中是父子关系；而右分支上的各结点在原来的树中是兄弟关系。

（2）由于树的根结点无兄弟，所以转换后的二叉树的根结点必定无右子树。

（3）一棵树采用长子、兄弟表示法所建立的存储结构与它所对应的二叉树的二叉链表存储结构是完全相同的。

（4）一般树转换为二叉树以后，将使树的深度增加。例如，图 7-19 的树深度为 4，转换为二叉树以后，深度就变成 7 了，如图 7-21（c）所示。

7.4.2　森林转换为二叉树

森林是若干棵树的集合。只要将森林中的每一棵树的根视为兄弟，而每一棵树又可以用二叉树表示，这样，森林也就可以用二叉树来表示了。

森林转换为二叉树的方法如下：

（1）将森林中的每一棵树转换成相应的二叉树。

（2）第一棵二叉树保持不动，从第二棵二叉树开始，依次把后一棵二叉树的根结点作为前一棵二叉树根结点的右子树，直到把最后一棵二叉树的根结点作为其前一棵二叉树的右子树为止。

【例 7-5】将图 7-22（a）给出的森林转换为二叉树。

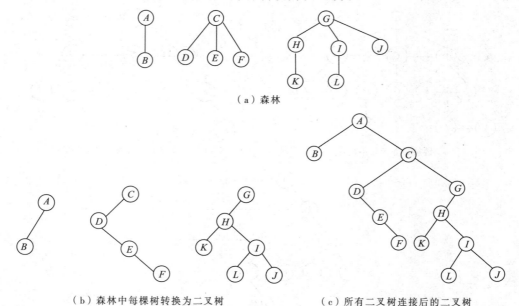

（a）森林

（b）森林中每棵树转换为二叉树　　　　　（c）所有二叉树连接后的二叉树

图 7-22　森林转换为二叉树的过程示意图

7.4.3　二叉树转换为树和森林

树转换为二叉树以后，其根结点必定无右子树；而森林转换为二叉树以后，其根结点有右分支。显然这一转换过程是可逆的，即可以依据二叉树的根结点有无右子树，将一棵二叉树还原为树或森林。

下面以图 7-23（a）的二叉树为例，说明其转换方法。

（1）若某结点是其父结点的左孩子，则把该结点的右孩子、右孩子的右孩子，直到最后一个右孩子都与该结点的父结点连起来，如图 7-23（b）所示。

（2）删除原二叉树中所有的父结点与右孩子结点的连线，如图 7-23（c）所示。

（3）整理（1）、（2）的结果，使之层次分明，显示出树或森林的形状如图 7-23（d）所示。

图 7-23 给出了一棵二叉树还原为森林的过程示意图。

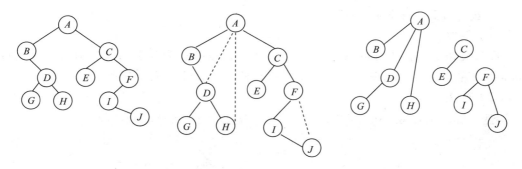

（a）二叉树　　　　　　（b）加连线　　　　　　（c）删除父结点与右孩子的连线

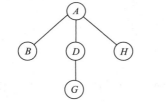
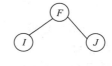

（d）还原后的森林

图 7-23　二叉树还原森林的过程

【例 7-6】将图 7-24（a）给出的二叉树转换为树。

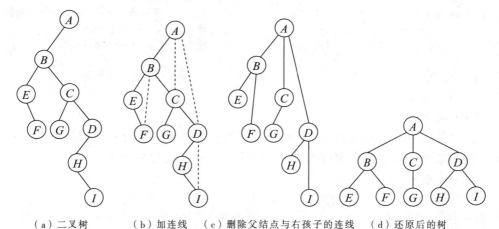

（a）二叉树　　（b）加连线　　（c）删除父结点与右孩子的连线　　（d）还原后的树

图 7-24　二叉树转换为树的过程示意图

7.5 二叉树的应用

本节介绍二叉树的基本应用，包括求二叉树的叶结点数、总结点数、二叉树的深度等，重点介绍标识符树的应用。

7.5.1 二叉树的基本应用

1．统计二叉树叶子结点数

（1）基本思想。

若二叉树结点的左子树和右子树都为空，则该结点为叶子结点，即对全局变量count+1；递归统计 T 的左子树叶子结点数；递归统计 T 的右子树叶子结点数。

（2）算法。

```
void Leafnum(BT *T)                    // 求二叉树叶子结点数
{ if(T)                                // 若二叉树不为空
    if(T->lchild==NULL&&T->rchild==NULL)
    { count++;                         // 统计叶子结点个数
      Leafnum(T->lchild);              // 递归统计 T 的左子树的叶子结点数
      Leafnum(T->rchild);              // 递归统计 T 的右子树的叶子结点数
    }
}
```

2．求二叉树结点总数

（1）基本思想。

若二叉树根结点不为空，则计数器 count 加 1；递归统计 T 的左子树结点数；递归统计 T 的右子树结点数。

（2）算法。

```
void Nodenum(BT *T)                    // 求二叉树总结点数
{ if(T)                                // 如果二叉树不空
  { count++;                           // count 为统计结点个数的变量，初值为 0
    Nodenum(T->lchild);                // 递归统计 T 的左子树结点数
    Nodenum(T->rchild);                // 递归统计 T 的右子树结点数
  }
}
```

3．求二叉树的深度

（1）基本思想。

若二叉树为空，则返回 0，否则，递归统计左子树的深度；递归统计右子树的深度；递归结束，返回其中深度大的一个再加 1，即二叉树的深度。

（2）算法：

```
int TreeDepth(BT *T)         // 求二叉树深度
{ int ldep,rdep;             // 定义两个整型变量，用以存放左、右子树的深度
  if(T==NULL) return 0;      // 若树空则返回 0
  else
  { ldep=TreeDepth(T->lchild);   // 递归统计 T 的左子树深度
    rdep=TreeDepth(T->rchild);   // 递归统计 T 的右子树深度
    if(ldep>rdep)                // 若左子树深度大于右子树,返回左子树深度加 1
```

```
        return  ldep+1;
    else  return  rdep+1;      // 否则返回右子树深度加 1
    }
}
```

4．查找数据元素

在 T 为根结点指针的二叉树中查找数据元素 x。查找成功时返回该结点的指针；查找失败时返回空指针。

（1）基本思想。

先判断二叉树的根结点是否与 x 相等，若相等则返回，否则，在 T->lchild 为根结点指针的二叉树中递归查找数据元素 x；在 T->rchild 为根结点指针的二叉树中递归查找数据元素 x。

（2）算法：

```
BT *Search(BT *T,datatype x)
{  BT  *p;
   if(T!=NULL)
   {  if(T->data==x) // 根结点即为查找结点，直接返回根。否则，分别在左右子树查找
        return  T;
      p=Search(T->lchild, x); // 在 T->lchild 为根结点的二叉树中递归查找数据元素 x
      if(p!=NULL) return  p;      // 如果找到，返回找到的结点 p
      else  return  Search(T->rchild, x);
   }
   else    return  NULL;         // 查找失败，返回空
}
```

7.5.2　标识符树与表达式

将算术表达式用二叉树来表示，称为标识符树，又称二叉表示树。

1．标识符树的特点

（1）运算对象（标识符）都是叶结点。

（2）运算符都是根结点。

2．从表达式产生标识符树的方法

（1）读入表达式的一部分产生相应的二叉树后，再读入运算符时，运算符与二叉树根结点的运算符比较优先级的高低：

① 读入优先级高于根结点的优先级，则读入的运算符作为根的右子树，原来二叉树的右子树成为读入运算符的左子树。

② 读入优先级等于或低于根结点的优先级，则读入运算符作为树根，而原来二叉树作为它的左子树。

（2）遇到括号，先使括号内的表达式产生一棵二叉树，再把它的根结点连到前面已产生的二叉树根结点的右子树上去。

（3）单目运算符+、 - ，加运算对象 θ（表示 0）。

例如，$-A$，表示为如图 7-25 所示的标识符树。

图 7-25　标识符

3．应用举例

【例 7-7】画出表达式 $A*B*C$ 的标识符树（见图 7-26），并求它的前序序列和后序序列。

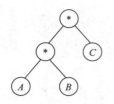

前序序列：＊＊ A B C

后序序列：A B ＊ C ＊

图 7-26　例 7-7 的标识符树

【例 7-8】画出表达式：$A*(B*C)$ 的标识符树（见图 7-27），并求它的前序序列和后序序列。

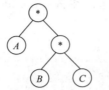

前序序列：＊ A ＊ B C

后序序列：A B C ＊＊

图 7-27　例 7-8 的标识符树

【例 7-9】画出表达式 $-A+B-C+D$ 的标识符树（见图 7-28），并求它的前序序列和后序序列。

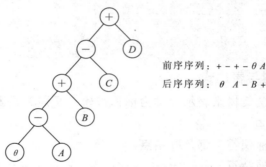

前序序列：＋－＋－θ A B C D

后序序列：θ A － B ＋ C － D ＋

图 7-28　例 7-9 的标识符树

【例 7-10】画出表达式 $(A+(B-C))/((D+E)*(F+G-H))$ 的标识符树（见图 7-29），并求它的前序序列和后序序列。

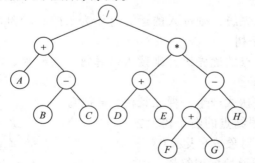

前序序列：／＋ A － B C ＊＋ D E －＋ F G H

后序序列：A B C －＋ D E ＋ F G ＋ H －＊／

图 7-29　例 7-10 的标识符树

从上面的几个例子可知，只要将算术表达式用标识符树来表示，然后再求出它的后序遍历的序列，就能方便地得到原表达式的后缀表达式，这一结果和利用堆栈求得的后缀表达式是完全一致的。

同样的道理，对该二叉树进行先序遍历和中序遍历，可以得到表达式的前缀表达式和中缀表达式。其中，中缀表达式就是通常使用的算术表达式，前缀表达式和后缀表达式分别称为波兰式和逆波兰式，它们在编译程序中有着非常重要的作用。

7.6 哈夫曼树及其应用

哈夫曼（Haffman）树是一种带权路径长度最小的二叉树，也称为最优二叉树，有着极为广泛的应用。

7.6.1 哈夫曼树的引入

1．几个术语

（1）路径长度：从树中的一个结点到另一个结点之间的分支构成两个结点间的路径，路径上的分支数目，称为路径长度。

（2）树的路径长度：从树根到每个结点的路径长度之和称为树的路径长度。

（3）结点的带权路径长度：从该结点到树根之间路径长度与该结点上权的乘积。

（4）树的带权路径长度：树中所有叶子结点的带权路径长度之和，称为树的带权路径长度。

（5）最优二叉树：带权路径长度最小的二叉树，称为最优二叉树。

2．求树的带权路径长度

设二叉树具有 n 个带权值的叶结点，那么从根结点到各个叶结点的路径长度与相应结点权值的乘积之和称为二叉树的带权路径长度（WPL），记为

$$WPL = \sum_{k=1}^{n} W_k \times L_k$$

式中　W_k——为第 k 个叶结点的权值。

　　　　L_k——为第 k 个叶结点到根结点的路径长度。

【例7-11】设给定权值分别为2、3、5、9的4个结点，图7-30构造了5个形状不同的二叉树。请分别计算它们的带权路径长度。

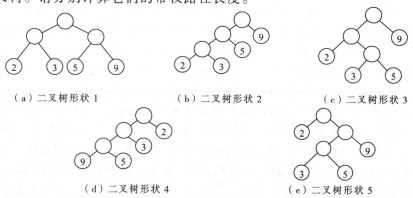

（a）二叉树形状1　　　　（b）二叉树形状2　　　　（c）二叉树形状3

（d）二叉树形状4　　　　（e）二叉树形状5

图7-30　不同二叉树带权路径长度

5 棵树的带权路径长度分别为：

（a）WPL=2×2+3×2+5×2+9×2=38

（b）WPL=2×3+3×3+5×2+9×1=34

（c）WPL=2×2+3×3+5×3+9×1=37

（d）WPL=9×3+5×3+3×2+2×1=50

（e）WPL=2×1+3×3+5×3+9×2=44

5 个图的叶结点具有相同权值，由于其构成的二叉树形态不同，则它们的带权路径长度也各不相同。其中，以图 7-30（b）所示的带权路径长度最小，它的特点是权值越大的叶结点越靠近根结点，而权值越小的叶结点则远离根结点，事实上它就是一棵最优二叉树。由于构成最优二叉树的方法是由 D.Haffman 最早提出的，所以又称为哈夫曼树。

3. 为什么要使用哈夫曼树

在分析一些决策判定问题的时候，利用哈夫曼树可以获得最佳的决策算法。

例如，要编制一个将百分制数（n）转换为五级分制的程序。这是一个十分简单的程序，只要用简单的条件选择语句即可完成。程序如下：

```
if(n<60)  b="E";
   else if(n<70)  b="D"
     else if(n<80)  b="C"
       else if(n<90)  b="B"
         else b="A";
```

这一判定过程可以用图 7-31（a）的判定树来表示。在管理信息系统中，判定树也称为决策树，是系统分析和程序设计的重要工具。

若这一程序需要反复使用且输入量又很大，则必须充分考虑程序的质量（即计算所花费的时间）问题。因为在实际考试中，学生的成绩在 5 个等级上的分布是不均匀的，设成绩分布规律及转换等级如表 7-1 所示。

表 7-1　成绩分布规律及转换等级

分　　数（n）	比　例　数/%	等　　级（b）
0～59	5	E
60～69	15	D
70～79	40	C
80～89	30	B
90～100	10	A

对于这一成绩分布规律，如果用上面程序来进行转换，则大部分数据需进行 3 次或 3 次以上的比较才能得出结果。如果以百分比值 5、15、40、30、10 为权构造一棵有 5 个叶子结点构成的哈夫曼树，则可得到图 7-31（b）所示的判定树，它使大部分数据经过较少的比较次数，就能得到换算结果。但是，由于每个判定框都有两次比较，将这两次比较分开，就可以得到如图 7-31（c）所示的判定树，按此判定树编写出相应的程序，将大大减少比较的次数，从而提高运算的速度。

假设有 10 000 个输入数据，若按图 7-31（a）的判定过程进行操作，则总共需进行 31 500 次比较；而若按图 7-31（c）的判定过程进行操作，则总共仅需进行 22 000 次比较。

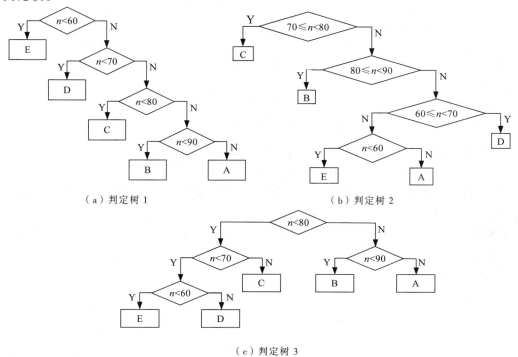

图 7-31 百分制转换为五级分制的判定过程

7.6.2 哈夫曼树的建立

1. 哈夫曼树构成的基本思想

（1）由给定的 n 个权值 $\{W_1, W_2, \cdots, W_n\}$ 构造 n 棵只有一个叶结点的二叉树，从而得到一个二叉树的集合 $F=\{T_1, T_2, \cdots, T_n\}$。

（2）在 F 中选取根结点的权值最小和次小的两棵二叉树作为左、右子树构造一棵新的二叉树，这棵新的二叉树根结点的权值为其左、右子树根结点权值之和。

（3）在集合 F 中删除作为左、右子树的两棵二叉树，并将新建立的二叉树加入到集合 F 中。

（4）重复（2）、（3）两步，直到 F 中只剩下一棵二叉树时，这棵二叉树便是所要建立的哈夫曼树。

现在以例 7-11 的叶结点权值 2、3、5、9 为例，介绍哈夫曼树的构造过程：

（1）取出权值最小的 2 和 3，构成一棵二叉树，如图 7-32（a）所示，其权值之和为 5。

（2）再取出权值最小 5 和 5，构成一棵二叉树，如图 7-32（b）所示，其权值之和为 10。

（3）再取出权值最小 9 和 10，构成一棵二叉树，如图 7-32（c）所示，其权值之和为 19。

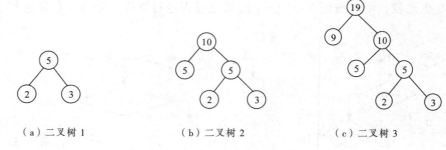

（a）二叉树 1　　　　　　（b）二叉树 2　　　　　　（c）二叉树 3

图 7-32　哈夫曼树建立过程

图 7-32（c）即为哈夫曼树，带权路径长度为：

$$WPL=9×1+5×2+3×3+2×3=34$$

对于同一组给定叶结点权值所构造的哈夫曼树，树的形状可能不同，但其带权路径长度值是相同的，而且必定是最小的。

【例 7-12】 设结点的权集 $W=\{10,12,4,7,5,18,2\}$，建立一棵哈夫曼树，并求出其带权路径长度。

哈夫曼树的建立过程如图 7-33 所示。

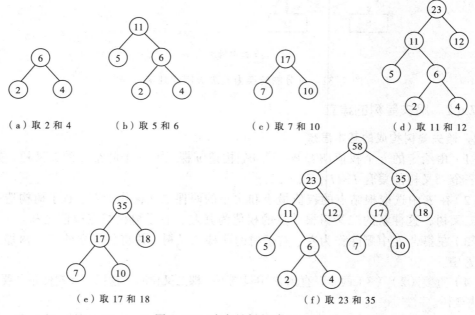

（a）取 2 和 4　　（b）取 5 和 6　　（c）取 7 和 10　　（d）取 11 和 12

（e）取 17 和 18　　　　　　　　　（f）取 23 和 35

图 7-33　哈夫曼树的建立过程

① 先按权值递增排列：2，4，5，7，10，12，18。
取两个最小的权值构成二叉树如图 7-33（a）所示。
② 5，（6），7，10，12，18。
再取 5，6 构成二叉树如图 7-33（b）所示。

③ 7，10，（11），12，18。

再取 7、10 构成二叉树如图 7-33（c）所示。

④ （11），12，（17），18。

再取 11、12 构成二叉树如图 7-33（d）所示。

⑤ （17），18，（23）。

再取 17、18 构成二叉树如图 7-33（e）所示。

⑥ （23），（35）。

取最后两个权值 23 和 35 构成二叉树如图（f）所示，即哈夫曼树。

$$WPL=(18+12)\times2+(10+7+5)\times3+(4+2)\times4=150$$

2．哈夫曼树的构造算法

在构造哈夫曼树时，可以设置一个结构数组 HFMT，用以保存哈夫曼树中各结点的信息。由二叉树的性质可知，具有 n 个叶结点的哈夫曼树共有 $2n-1$ 个结点，所以 $2n-1$ 即数组 HFMT 所需的存储空间，其结构体形式如下：

weight	lchild	rchild	parent

其中：

（1）weight 域保存结点的权值。

（2）lchild 和 rchild 域分别保存该结点的左、右孩子结点在数组 HFMT 中的下标。

（3）parent 域判定一个结点是否已加入到要建立的哈夫曼树中。初始时 parent 的值为-1，当结点加入到树中时，该结点 parent 的值为其父结点在数组 HFMT 中的下标。

构造哈夫曼树时，首先将由 n 个字符形成的 n 个叶结点存放到数组 HFMT 的前 n 个分量中，然后根据哈夫曼方法的基本思想，不断将两个权值最小的子树合并为一个较大的子树，每次构成的新子树的根结点顺序放到 HFMT 数组中的前 n 个分量的后面。

7.6.3　哈夫曼编码

1．什么是哈夫曼编码

在数据通信中，经常需要将传送的文字转换成由二进制字符 0 和 1 组成的二进制代码，称之为编码。

如果在编码时考虑字符出现的频率，让出现频率高的字符采用尽可能短的编码，出现频率低的字符采用稍长的编码，构造一种不等长编码，则电文的代码就可能更短。哈夫曼编码是一种用于构造使电文的编码总长最短的编码方案。

2．求哈夫曼编码的方法

（1）构造哈夫曼树。

设需要编码的字符集合为 $\{d_1, d_2, \cdots, d_n\}$，它们在电文中出现的次数集合为 $\{w_1, w_2, \cdots, w_n\}$，以 $d_1, d_2, \cdots, d_n$ 作为叶结点，$w_1, w_2, \cdots, w_n$ 作为它们的权值，构造一棵哈夫曼树。

【例 7-13】设有 A、B、C、D、E、F 6 个数据项，其出现的频度分别为 6、5、4、3、2、1，构造一棵哈夫曼树，并确定它们的哈夫曼编码。

假设哈夫曼树按数据频度的权值从小到大，采用顺序存储结构存储。每次找到的权值最小值作为新生结点的左孩子，权值次最小值作为新生结点的右孩子，则左孩子的权值加右孩子权值之和为根结点的权值。按构造哈夫曼树的算法继续找权值最小的和次小的，如果有若干个最小权值相同的，则谁存储在前面的，谁就是当前找到的最小值。哈夫曼树构造过程如图7-34（a）所示。

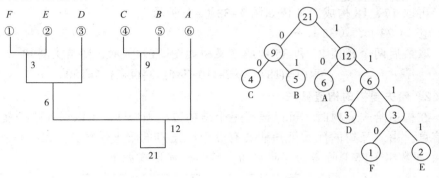

（a）构造哈夫曼树过程示意　　　　（b）哈夫曼编码树

图7-34　求哈夫曼编码

（2）在哈夫曼树上求叶结点的编码。

规定哈夫曼树中的左分支代表0，右分支代表1，则从根结点到每个叶结点所经过的路径分支组成的0和1的序列便为该叶子结点对应字符的编码，如图7-34（b）所示，得到哈夫曼编码为：$A=10$；$B=01$；$C=00$；$D=110$；$E=1111$；$F=1110$。

在哈夫曼编码树中，树的带权路径长度的含义是各个字符的码长与其出现次数的乘积之和，也就是电文的代码总长。采用哈夫曼树构造的编码是一种能使电文代码总长为最短的不等长编码。

求哈夫曼编码的实质就是在已建立的哈夫曼树中，从叶结点开始，沿结点的双亲链域回退到根结点，每回退一步，就走过了哈夫曼树的一个分支，从而得到一位哈夫曼码值。由于一个字符的哈夫曼编码是从根结点到相应叶结点所经过的路径上各分支所组成的0、1序列，因此先得到的分支代码为所求编码的低位码，后得到的分支代码为所求编码的高位码。

小　　结

（1）树是一种以分支关系定义的层次结构，除根结点无直接前驱，其余每个结点有且仅有一个直接前驱，但树中所有结点都可以有多个直接后继。树是一种具有一对多关系的非线性数据结构。

（2）一棵非空的二叉树，每个结点至多只有两棵子树，分别称为左子树和右子树，且左、右子树的次序不能任意交换。它的左、右子树又分别都是二叉树。二叉树是本章的重点，必须重点掌握。

（3）若所有分支结点都存在左子树和右子树，且所有叶子结点都在同一层上，这样的一棵二叉树就是满二叉树。若除最后一层外，其余各层都是满的，并且最后一层或者为满，或者仅在右边缺少连续若干个结点，则称此二叉树为完全二叉树。要求熟悉二叉树、满二叉树和完全二叉树之间的一些基本性质。

（4）二叉树的遍历是指按某种顺序访问二叉树中的所有结点，使得每个结点都被访问，且仅被访问一次。通过一次遍历，使二叉树中结点的非线性排列转为线性排列。要求熟练掌握二叉树的前序遍历、中序遍历、后序遍历及层次遍历的概念和算法。

（5）二叉树具有顺序存储和链式存储两种存储结构。在顺序存储时，必须按完全二叉树格式存储；在二叉链式存储时，每个结点有两个指针域，具有 n 个结点的二叉树共有 $2n$ 个指针，其中指向左、右孩子的指针有 $n-1$ 个，空指针有 $n+1$ 个。

（6）利用二叉树 $n+1$ 个空指针来指示某种遍历次序下的直接前驱和直接后继，这就是二叉树的线索化。

（7）一般树的存储比较麻烦，但只要将一般树转换为二叉树存储就比较方便了。要求掌握一般树转换为二叉树的方法。

（8）用二叉树表示图形数据结构时，如果去掉结点的指针项，只按结点的中序序列存储，并给出这棵树的前序（或后序）"序表"；图形调入内存时，由中序的结点表及前序（或后序）"序表"来恢复二叉树，是数据结构中的一种重要应用。

（9）将算术表达式用二叉树来表示称为标识符树，也称为二叉表示树，利用标识符树的后序遍历可以得到算术表达式的后缀表达式，是二叉树的一种应用。

（10）带权路径长度最小的二叉树称为哈夫曼树，要求能按给出的结点权值的集合，构造哈夫曼树，并求带权路径长度。在程序设计中，对于多分支的判别（各分支出现的频度不同），利用哈夫曼树可以提高程序执行的效率，必须予以重点掌握。哈夫曼编码在通信中有着广泛的应用，应该有一定的了解。

实　　验

验证性实验 7　二叉树子系统

1．实验目的
（1）掌握二叉树的特点及其存储的方式。
（2）掌握二叉树的创建和显示方法。
（3）复习二叉树遍历的概念，掌握二叉树遍历的基本方法
（4）掌握求二叉树的叶结点数、总结点数和深度等基本算法。

2．实验内容
（1）按屏幕提示用前序方法建立一棵二叉树（见图 7-35），并能按凹入法显示二叉树结构。
（2）编写前序遍历、中序遍历、后序遍历、层次遍历程序。

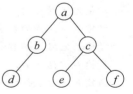

图 7-35　二叉树

```
* * * * * * * * * * * * * * * * * * * * * * * * * * * * * * *
*              1---------建 二 叉 树               *
*              2---------凹 入 显 示               *
*              3---------先 序 遍 历               *
*              4---------中 序 遍 历               *
*              5---------后 序 遍 历               *
*              6---------层 次 遍 历               *
*              7---------求 叶 子 数               *
*              8---------求 结 点 数               *
*              9---------求 树 深 度               *
*              0---------返        回               *
* * * * * * * * * * * * * * * * * * * * * * * * * * * * * * *
```

请选择菜单号（0--9）:

3. 实验步骤

（1）输入并调试程序。

（2）按图 7-35 建立二叉树。

二 叉 树 子 系 统

```
* * * * * * * * * * * * * * * * * * * * * * * * * * * * * * *
*              1---------建 二 叉 树               *
*              2---------凹 入 显 示               *
*              3---------先 序 遍 历               *
*              4---------中 序 遍 历               *
*              5---------后 序 遍 历               *
*              6---------层 次 遍 历               *
*              7---------求 叶 子 数               *
*              8---------求 结 点 数               *
*              9---------求 树 深 度               *
*              0---------返        回               *
* * * * * * * * * * * * * * * * * * * * * * * * * * * * * * *
```

请选择菜单号: 1<CR>

请输入按先序建立二叉树的结点序列:

说明: '0'代表后继结点为空，请逐个输入，按【Enter】键输入下一结点。

请输入根结点: a<CR>

请输入 a 结点的左子结点: b<CR>

请输入 b 结点的左子结点: d<CR>

请输入 d 结点的左子结点: 0<CR>

请输入 d 结点的右子结点: 0<CR>

请输入 b 结点的右子结点: 0<CR>

请输入 a 结点的右子结点: c<CR>

请输入 c 结点的左子结点: e<CR>

请输入 e 结点的左子结点: 0<CR>

请输入 e 结点的右子结点: 0<CR>

请输入 c 结点的右子结点: f<CR>

请输入 f 结点的左子结点: 0<CR>

请输入 f 结点的右子结点: 0<CR>

二叉树成功建立!

请输入 f 结点的左子结点: 0<CR>
请输入 f 结点的右子结点: 0<CR>
二叉树成功建立!
按【Enter】键返回主菜单! <CR>

（3）检查凹入法显示的二叉树是否正确:

```
                    二 叉 树 子 系 统
      ********************************************
      *              1---------建 二 叉 树        *
      *              2---------凹 入 显 示         *
      *              3---------先 序 遍 历         *
      *              4---------中 序 遍 历         *
      *              5---------后 序 遍 历         *
      *              6---------层 次 遍 历         *
      *              7---------求 叶 子 数         *
      *              8---------求 结 点 数         *
      *              9---------求 树 深 度         *
      *              0---------返        回         *
      ********************************************
              请选择菜单号: 2<CR>
     凹入表示法:    a ████████████████████████████
                      b ██████████████████████████
                        d ████████████████████████
                    c ████████████████████████████
                      e ██████████████████████████
                      f ██████████████████████████
```

按【Enter】键返回主菜单! <CR>

（4）检查其他算法的正确性举例:

```
                    二 叉 树 子 系 统
      ********************************************
      *              1---------建 二 叉 树        *
      *              2---------凹 入 显 示         *
      *              3---------先 序 遍 历         *
      *              4---------中 序 遍 历         *
      *              5---------后 序 遍 历         *
      *              6---------层 次 遍 历         *
      *              7---------求 叶 子 数         *
      *              8---------求 结 点 数         *
      *              9---------求 树 深 度         *
      *              0---------返        回         *
      ********************************************
              请选择菜单号: 3<CR>
```

该二叉树的先序遍历序列为: a b d c e f。

4. 参考程序

```c
#include<stdio.h>
#define TREEMAX 100
typedef struct BT                    // 定义二叉树结构体
{ char data;
  BT* lchild;
```

```
            BT*rchild;
    }BT;
    BT *CreateTree();
    void ShowTree(BT *T);
    void PreOrder(BT *T);
    void PostOrder(BT *T);
    void LevelOrder(BT *T);
    void InOrder(BT *T);
    void LeafNum(BT *T);
    void NodeNum(BT *T);
    int TreeDepth(BT *T);
    int count=0;                                    // 定义计算结点个数的变量
    void main()
    {  BT *T=NULL;
       char ch1,ch2,a;
       ch1='y';
       while(ch1=='y'||ch1=='Y')
       {  printf("\n");
          printf("\n\t\t            二叉树子系统");
          printf("\n\t\t*******************************************");
          printf("\n\t\t*         1------建 二 叉 树         *");
          printf("\n\t\t*         2------凹 入 显 示         *");
          printf("\n\t\t*         3------先 序 遍 历         *");
          printf("\n\t\t*         4------中 序 遍 历         *");
          printf("\n\t\t*         5------后 序 遍 历         *");
          printf("\n\t\t*         6------层 次 遍 历         *");
          printf("\n\t\t*         7------求 叶 子 数         *");
          printf("\n\t\t*         8------求 结 点 数         *");
          printf("\n\t\t*         9------求 树 深 度         *");
          printf("\n\t\t*         0------返       回         *");
          printf("\n\t\t*******************************************");
          printf("\n\t\t 请选择菜单号(0--9): ");
          scanf("%c",&ch2);
          getchar();
          printf("\n");
          switch(ch2)
          {  case '1':
                printf("\n\t\t 请按先序序列输入二叉树的结点: \n");
                printf("\n\t\t 说明:输入结点('0'表示后继结点为空)后按回车.\n");
                printf("\n\t\t 请输入根结点: ");
                T=CreateTree();
                printf("\n\t\t 二叉树成功建立!\n");break;
             case'2':
                ShowTree(T);break;
             case'3':
                printf("\n\t\t 该二叉树的先序遍历序列为: ");
                PreOrder(T);break;
             case'4':
                printf("\n\t\t 该二叉树的中序遍历序列为: ");
                InOrder(T);break;
```

```
            case'5':
                printf("\n\t\t 该二叉树的后序遍历序列为: ");
                PostOrder(T);break;
            case'6':
                printf("\n\t\t 该二叉树的层次遍历序列为: ");
                LevelOrder(T);break;
            case'7':
                count=0;LeafNum(T);
                printf("\n\t\t 该二叉树有%d 个叶子。\n",count);break;
            case'8':
                count=0;NodeNum(T);
                printf("\n\t\t 该二叉树总共有%d 个结点。\n",count);break;
            case'9':
                printf("\n\t\t 该树的深度是: %d",TreeDepth(T));break;
            case'0':
                ch1='n';break;
            default:
                printf("\n\t\t***请注意: 输入有误!***");
        }
        if(ch2!='0')
        {  printf("\n\n\t\t 按【Enter】键继续, 按任意键返回主菜单!\n");
            a=getchar();
            if(a!='\xA')        {  getchar();ch1='n';  }
        }
    }
}
BT *CreateTree()                            // 建立二叉树
{  BT *t;
    char x;
    scanf("%c",&x);
    getchar();
    if(x=='0')      t=NULL;
    else
    {  t=new BT;
        t->data=x;
        printf("\n\t\t 请输入%c 结点的左子结点: ",t->data);
        t->lchild=CreateTree();
        printf("\n\t\t 请输入%c 结点的右子结点: ",t->data);
        t->rchild=CreateTree();
    }
    return t;
}
void PreOrder(BT *T)                        // 先序遍历
{  if(T)
    {  printf("%3c",T->data);
        PreOrder(T->lchild);
        PreOrder(T->rchild);
    }
}
void InOrder(BT *T)                         // 中序遍历
```

```
{  if(T)
   {  InOrder(T->lchild);
      printf("%3c",T->data);
      InOrder(T->rchild);
   }
}
void PostOrder(BT *T)                    // 后序遍历
{  if(T)
   {  PostOrder(T->lchild);
      PostOrder(T->rchild);
      printf("%3c",T->data);
   }
}
void LevelOrder(BT *T)                   // 层次遍历
{  int i,j;
   BT *q[100],*p;
   p=T;
   if(p!=NULL)  {  i=1;q[i]=p; j=2;  }
   while(i!=j)
   {  p=q[i];printf("%3c",p->data);
      if(p->lchild!=NULL)   {  q[j]=p->lchild;j++; }
      if(p->rchild!=NULL)   {  q[j]=p->rchild; j++;    }
      i++;
   }
}
void LeafNum(BT *T)                      // 求叶子数
{  if(T)
   {  if(T->lchild==NULL&&T->rchild==NULL)    count++;
      LeafNum(T->lchild);
      LeafNum(T->rchild);
   }
}
void NodeNum(BT *T)                      // 求结点数
{  if(T)
   {  count++;
      NodeNum(T->lchild);
      NodeNum(T->rchild);
   }
}
int TreeDepth(BT *T)                     // 求树深度
{  int ldep,rdep;
   if(T==NULL)   return 0;
   else
   {  ldep=TreeDepth(T->lchild);
      rdep=TreeDepth(T->rchild);
      if(ldep>rdep)   return ldep+1;
      else    return rdep+1;
   }
}
void ShowTree(BT *T)                     // 凹入法显示二叉树
```

```
{ BT *stack[TREEMAX],*p;
  int level[TREEMAX][2],top,n,i,width=4;
  if(T!=NULL)
  { printf("\n\t\t 凹入表示法: \n\t\t");
    top=1;
    stack[top]=T;
    level[top][0]=width;
    while(top>0)
    { p=stack[top];
      n=level[top][0];
      for(i=1;i<=n;i++)    printf(" ");
      printf("%c",p->data);
      for(i=n+1;i<30;i+=2)    printf("■");
      printf("\n\t\t");
      top--;
      if(p->rchild!=NULL)
      { top++;
        stack[top]=p->rchild;
        level[top][0]=n+width;
        level[top][1]=2;
      }
      if(p->lchild!=NULL)
      { top++;
        stack[top]=p->lchild;
        level[top][0]=n+width;
        level[top][1]=1;
      }
    }
  }
}
```

自主设计实验 7 标识符树与表达式求值

1．实验目的

（1）掌握二叉树的数组存储方法。

（2）掌握二叉树的非线性特点、递归特点和动态特性。

（3）复习二叉树遍历算法和标识符树的概念。

（4）利用标识符树的后序计算表达式的值（运算只涉及+、-、*、/）。

2．实验内容

（1）定义二叉树的结构如下：

```
struct tree                  // 定义结构体
{ int data;                  // 定义一个整型数据域
  struct tree *left;         // 定义左子树指针
  struct tree *right;        // 定义右子树指针
};
typedef struct tree btnode;  // 树的结构类型
typedef btnode *bt;          // 定义树结点的指针类型
```

（2）把算术表达式 2*3+6/3 的标识符树（见图 7-36）存入一维数组。

（3）求标识符树的前序遍历、中序遍历和后序遍历的序列。

（4）以后序计算标识符树的值。

3．实验要求

（1）利用 C 或 C++语言完成程序设计。

（2）上机调试通过实验程序，并检验程序运行的正确性。

（3）要求程序能输出标识符树的 3 种遍历序列和表达式计算的结果。

（4）进行算法的时间复杂度和空间复杂度分析。

（5）撰写实验报告。

图 7-36　标识符树

习题 7

一、判断题（下列各题，正确的请在后面的括号内打√；错误的打×）

（1）在完全二叉树中，若一个结点没有左孩子，则它必然是叶子结点。　　　　（　　　）

（2）含多于两棵树的森林转换的二叉树，其根结点一定无右子树。　　　　　　（　　　）

（3）二叉树的前序遍历中，任意一个结点均处于其子女结点的前面。　　　　　（　　　）

（4）在中序线索二叉树中，右线索若不为空，则一定指向其双亲。　　　　　　（　　　）

（5）在哈夫曼编码中，当两个字符出现的频率相同的，其编码也相同，对于这种情况应该做特殊处理。　　　　　　　　　　　　　　　　　　　　　　　　（　　　）

二、填空题

（1）3 个结点可以组成_____种不同形态的树。

（2）在树中，一个结点所拥有的子树数称为该结点的_____。

（3）度为零的结点称为_____结点。

（4）树中结点的最大层次称为树的_____。

（5）对于二叉树来说，第 i 层上至多有_____个结点。

（6）深度为 h 的二叉树至多有_____个结点。

（7）有 20 个结点的完全二叉树，编号为 10 的结点的父结点的编号是_____。

（8）将一棵完全二叉树按层次编号，对于任意一个编号为 i 的结点，其右孩子结点的编号为_____。

（9）已知完全二叉树的第 8 层有 8 个结点，则其叶结点数是_____。

（10）采用二叉链表存储的 n 个结点的二叉树，共有空指针_____个。

（11）给定如图 7-37 所示的二叉树，其前序遍历序列为_____。

（12）给定如图 7-38 所示的二叉树，其层次遍历序列为_____。

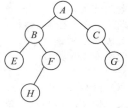

图 7-37　二叉树 1

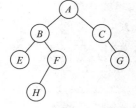

图 7-38　二叉树 2

（13）A、B 为一棵二叉树上的两个结点，在中序遍历时，A 在 B 前的条件是_____。

（14）设一棵二叉树结点的先序遍历序列为 $ABDECFGH$，中序遍历序列为 $DEBAFCHG$，则二叉树中叶结点是_____。

（15）某二叉树的中序遍历序列为 $DEBAC$，后序遍历序列为 $EBCAD$，则前序遍历序列为_____。

（16）前序为 ABC 且后序为 CBA 的二叉树共有_____种。

（17）由一棵二叉树的前序序列和_____序列可唯一确定这棵二叉树。

（18）由树转换成二叉树时，其根结点无_____。

（19）哈夫曼树是带权路径长度_____的二叉树。

（20）具有 n 个结点的哈夫曼树共有_____个结点。

三、选择题

（1）树最适合用来表示（　　　）。

    A. 有序数据元素　　　　　　　　　　B. 无序数据元素

    C. 元素之间无联系的数据　　　　　　D. 元素之间有分支的层次关系

（2）在树结构中，若结点 B 有 4 个兄弟，A 是 B 的父亲结点，则 A 的度为（　　　）。

    A. 3　　　　　　　　B. 4　　　　　　　　C. 5　　　　　　　　D. 6

（3）一棵有 n 个结点的树的所有结点的度之和为（　　　）。

    A. $n-1$　　　　　　B. n　　　　　　　C. $n+1$　　　　　　D. $2n$

（4）下列陈述正确的是（　　　）。

    A. 二叉树是度为 2 的有序树

    B. 二叉树中结点只有一个孩子时无左右之分

    C. 二叉树中必有度为 2 的结点

    D. 二叉树中最多只有两棵子树，且有左右子树之分

（5）在一棵具有 5 层的满二叉树中，结点的总数为（　　　）。

    A. 16　　　　　　　B. 31　　　　　　　C. 32　　　　　　　D. 33

（6）具有 64 个结点的完全二叉树的深度为（　　　）。

    A. 5　　　　　　　　B. 6　　　　　　　　C. 7　　　　　　　　D. 8

（7）前序为 ABC 的二叉树共有（　　　）种。

    A. 2　　　　　　　　B. 3　　　　　　　　C. 4　　　　　　　　D. 5

（8）任何一棵二叉树的叶结点在前序、中序、后序遍历序列中的相对次序（　　　）。

    A. 不发生改变　　　B. 发生改变　　　C. 不能确定　　　D. 以上都不对

（9）下列 4 棵树中，（　　　）不是完全二叉树。

（10）将一棵有 100 个结点的完全二叉树从上到下，从左到右依次对结点编号，根结点的编号为 1，则编号为 45 的结点的左孩子编号为（   ）。

    A. 46   B. 47   C. 90   D. 91

（11）具有 n（$n>1$）个结点的完全二叉树中，结点 i（$2i>n$）的左孩子结点是（   ）。

    A. $2i$ B. $2i+1$ C. $2i-1$ D. 不存在

（12）如图 7-39 所示的二叉树，后序遍历的序列是（   ）。

    A. *ABCDEFGHI*   B. *ABDHIECFG*   C. *HDIBEAFCG*   D. *HIDEBFGCA*

（13）对于图 7-40 所示的二叉树，其中序序列为（   ）。

    A. *DBEHAFCG*   B. *DBHEAFCG*   C. *ABDEHCFG*   D. *ABCDEFGH*

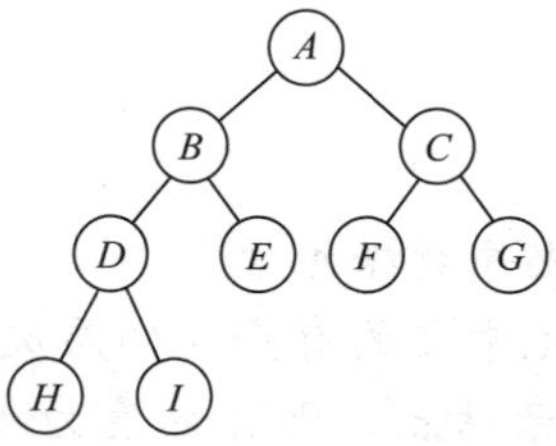

图 7-39 二叉树 3

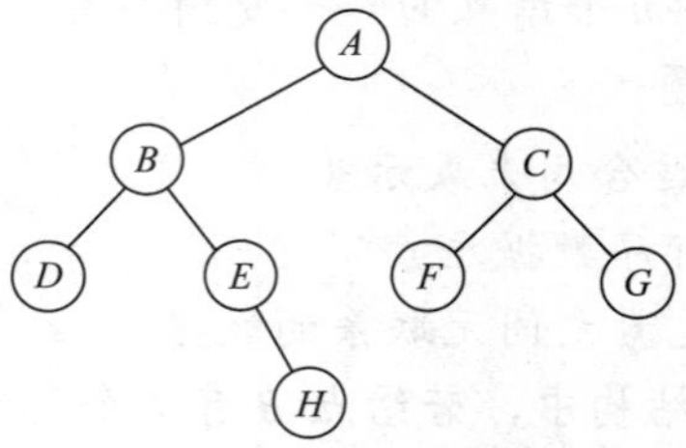

图 7-40 二叉树 4

（14）某二叉树的后序遍历序列为 *DABEC*，中序遍历序列为 *DEBAC*，则前序遍历序列为（   ）。

    A. *ACBED*   B. *DECAB*   C. *DEABC*   D. *CEDBA*

（15）后序序列与层次序列相同的非空二叉树是（   ）。

    A. 满二叉树   B. 完全二叉树

    C. 只有根结点的树   D. 单支树

（16）在一个非空二叉树的中序序列中，根结点的右边（   ）。

    A. 只有右子树上的所有结点   B. 只有右子树上的部分结点

    C. 只有左子树上的部分结点   D. 只有左子树上的所有结点

（17）把一棵树转换为二叉树后，这棵二叉树的形态是（   ）。

    A. 唯一的   B. 有多种

    C. 有多种，但根结点都没有左孩子   D. 有多种，但根结点都没有右孩子

（18）线索二叉树是一种（   ）结构。

    A. 线性   B. 逻辑   C. 逻辑和存储   D. 物理

（19）二叉树按某种顺序线索化后，任一结点均有指向其前驱和后继的线索，这种说法（   ）。

    A. 正确   B. 错误   C. 不确定   D. 都有可能

（20）用 5 个权值{3, 2, 4, 5, 1}构造的哈夫曼树的带权路径长度是（   ）。

    A. 32   B. 33   C. 34   D. 15

四、简答题

（1）已知一棵树边的集合如下，请画出此树，并回答问题。

    {(*L*,*M*),(*L*,*N*),(*E*,*L*),(*B*,*E*),(*B*,*D*),(*A*,*B*),(*G*,*J*),(*G*,*K*),(*C*,*G*),(*C*,*F*),(*H*,*I*),(*C*,*H*),(*A*,*C*)}

① 哪个是根结点？　　② 哪些是叶结点？　　③ 哪个是 *G* 的双亲？

④ 哪些是 *G* 的祖先？　　⑤ 哪些是 *G* 的孩子？　　⑥ 哪些是 *E* 的子孙？

⑦ 哪些是 *E* 的兄弟？哪些是 *F* 的兄弟？　　⑧ 结点 *B* 和 *N* 的层次各是多少？

⑨ 树的深度是多少？　　⑩ 以结点 *C* 为根的子树的深度是多少？

⑪ 树的度数是多少？

（2）设图 7-41 所示的二叉树是与某森林对应的二叉
　　树，试回答下列问题。

　　① 森林中有几棵树？

　　② 每一棵树的根结点分别是什么？

　　③ 第一棵树有几个结点？

　　④ 第二棵树有几个结点？

　　⑤ 森林中有几个叶结点？

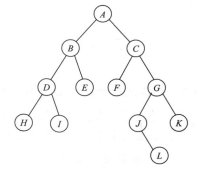

（3）二叉树按中序遍历的结果为：*ABC*，试问有几种
　　不同形态的二叉树可以得到这一遍历结果？并
　　画出这些二叉树。

图 7-41　二叉树

（4）分别画出具有 3 个结点的树和 3 个结点的二叉树的所有不同形态。

五、应用题

（1）已知一棵二叉树的后序遍历和中序遍历的序列分别为 *ACDBGIHFE* 和 *ABCDEFGHI*。
　　请画出该二叉树，并写出它的前序遍历的序列。

（2）已知一棵二叉树的前序遍历和中序遍历的序列分别为 *ABDGHCEFI* 和 *GDHBAECIF*。
　　请画出此二叉树，并写出它的后序遍历的序列。

（3）已知一棵树的层次遍历的序列为 *ABCDEFGHIJ*，中序遍历的序列为 *DBGEHJACIF*，请
　　画出该二叉树，并写出它的后序遍历的序列。

（4）把下列一般树转换为二叉树。

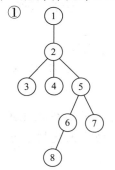

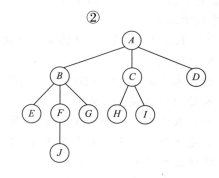

（5）把下列森林转换为二叉树。

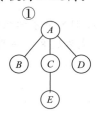

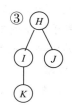

（6）把下列二叉树还原为森林。

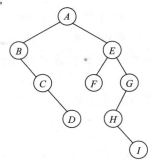

（7）某二叉树的结点数据采用顺序存储，其结构如下：

1	2	3	4	5	6	7	8	9	10	11	12	13	14	15	16	17	18	19	20
E	A	F	∧	D	∧	H	∧	∧	C	∧	∧	∧	G	I	∧	∧	∧	∧	B

① 画出该二叉树。

② 写出按层次遍历的结点序列。

（8）某二叉树的存储如下：

	1	2	3	4	5	6	7	8	9	10
lchild	0	0	2	3	7	5	8	0	10	1
data	J	H	F	D	B	A	C	E	G	I
rchild	0	0	0	9	4	0	0	0	0	0

其中，根结点的指针为 6，lchild、rchild 分别为结点的左、右孩子的指针域，data 为数据域。

① 画出该二叉树。

② 写出该树的前序遍历的结点序列。

（9）给定如图 7-42 所示二叉树 T，请画出与其对应的中序线索二叉树。

（10）画出表达式 $-A+B-C+D$ 的标识符树，并求它们的后缀表达式。

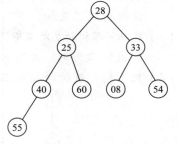

图 7-42　二叉树 T

（11）画出表达式 $(A+B/C-D)*(E*(F+G))$ 的标识符树，并求它们的后缀表达式。

（12）画出表达式 $(A+B*C/D)*E+F*G$ 的标识符树，并求它们的后缀表达式。

（13）给定一个权集 $W=\{4, 5, 7, 8, 6, 12, 18\}$，试画出相应的哈夫曼树，并计算其带权路径长度 WPL。

（14）给定一个权集 $W=\{3, 15, 17, 14, 6, 16, 9, 2\}$，试画出相应的哈夫曼树，并计算其带权路径长度 WPL。

（15）假设用于通信的电文仅由 A、B、C、D、E、F、G、H 8个字母组成，字母在电文中出现的频率分别为 7、19、2、6、32、3、21、10。试为这 8 个字母设计哈夫曼编码。

六、算法设计题

以二叉链表为存储结构，设二叉树 BT 结构为：

```
typedef struct BT
{ char data;
  BT *lchild;
  BT *rchild;
}BT;
```

（1）求二叉树中的度数为 2 的结点。

（2）求二叉树中值最大的元素。

（3）将二叉树各结点存储到一维数组中。

（4）前序输出二叉树中各结点及其结点所在的层号。

（5）求二叉树的宽度。

（6）交换二叉树各结点的左、右子树。

（7）写出在二叉树中查找值为 x 的结点在树中层数的算法。

（8）设二叉树采用链式存储结构，试设计一个算法计算给定二叉树中的单孩子结点的数目。

（9）试设计一个算法，把二叉树中的叶子结点按从左到右的顺序链接成一个单链表，二叉树采用 lchild、rchild 的链式存储结构，得到的单链表用 rchild 域链接。

（10）设二叉树 T 采用二叉链表表示，试编写一个算法，判断 T 是否是完全二叉树。

第 8 章

图 <<<

图是一种比树形结构更复杂的非线性结构。在图形结构中，每个结点都可以有多个直接前驱和多个直接后继。图形结构被用于描述各种复杂的数据对象，在计算机科学、社会科学、数学、化学、物理学、生物学、系统工程、日常生活等众多领域有着越来越广泛的应用。本章主要介绍图的概念，图的存储表示，图的遍历、连通性、最小生成树，以及图的最短路径。

8.1 图的定义和基本操作

本节先给出图（graph）的定义和图的相关术语，然后介绍图的基本操作。

8.1.1 图的定义

图是由非空的顶点（vertices）集合和一个描述顶点之间关系——边（edges）的有限集合组成的一种数据结构。可以用二元组定义为：

$$G=(V,E)$$

其中，G 表示一个图，V 是图 G 中顶点的集合，E 是图 G 中边的集合。

图 8-1 给出了一个无向图的示例 G_1，在该图中，(v_i,v_j) 表示顶点 v_i 和顶点 v_j 之间有一条无向直接连线，也称为边。

$G_1=(V,E)$

$V=\{v_1,v_2,v_3,v_4,v_5\}$；

$E=\{(v_1,v_2),(v_1,v_4),(v_2,v_3),(v_3,v_4),(v_3,v_5),(v_2,v_5)\}$。

图 8-2 则是一个有向图的示例 G_2，在该图中，$\langle v_i,v_j\rangle$ 表示顶点 v_i 和顶点 v_j 之间有一条有向直接连线，也称为弧。其中 v_i 称为弧尾，v_j 称为弧头。

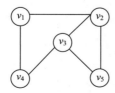

图 8-1　无向图 G_1

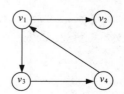

图 8-2　有向图 G_2

$G_2=(V,E)$

$V=\{v_1,v_2,v_3,v_4\}$

$E=\{\langle v_1,v_2\rangle,\langle v_1,v_3\rangle,\langle v_3,v_4\rangle,\langle v_4,v_1\rangle\}$

8.1.2 图的相关术语

图的相关术语介绍如下：

（1）无向图（undigraph）：在一个图中，如果每条边都没有方向（见图 8-1），则称该图为无向图。

（2）有向图（digraph）：在一个图中，如果每条边都有方向（见图 8-2），则称该图为有向图。

（3）无向完全图：在一个无向图中，如果任意两顶点都有一条直接边相连接，则称该图为无向完全图。可以证明，在一个含有 n 个顶点的无向完全图中，有 $n(n-1)/2$ 条边。

（4）有向完全图：在一个有向图中，如果任意两顶点之间都有方向互为相反的两条弧相连接，则称该图为有向完全图。在一个含有 n 个顶点的有向完全图中，有 $n(n-1)$ 条弧。

（5）稠密图、稀疏图：边数很多的图称为稠密图；边数很少的图称为稀疏图。

（6）顶点的度：

在无向图中：一个顶点拥有的边数，称为该顶点的度，记为 $TD(v)$。

在有向图中：

① 一个顶点拥有的弧头的数目，称为该顶点的入度，记为 $ID(v)$。

② 一个顶点拥有的弧尾的数目，称为该顶点的出度，记为 $OD(v)$。

③ 一个顶点度等于顶点的入度+出度，即 $TD(v)=ID(v) + OD(v)$。

在图 8-1 的 G_1 中有：

$$TD(v_1)=2 \quad TD(v_2)=3 \quad TD(v_3)=3 \quad TD(v_4)=2 \quad TD(v_5)=2$$

在图 8-2 的 G_2 中有：

$$ID(v_1)=1 \quad OD(v_1)=2 \quad TD(v_1)=3$$
$$ID(v_2)=1 \quad OD(v_2)=0 \quad TD(v_2)=1$$
$$ID(v_3)=1 \quad OD(v_3)=1 \quad TD(v_3)=2$$
$$ID(v_4)=1 \quad OD(v_4)=1 \quad TD(v_4)=2$$

可以证明，对于具有 n 个顶点、e 条边的图，顶点 v_i 的度与顶点的个数以及边的数目满足关系：

$$e = \frac{1}{2}\sum_{i=1}^{n}TD(v_i)$$

（7）权：图的边或弧有时具有与它有关的数据信息，这个数据信息就称为权（weight）。在实际应用中，权值可以有某种含义。比如，在一个反映城市交通线路的图中，边上的权值可以表示该条线路的长度或者等级。

（8）网：边（或弧）上带权的图称为网（network）。图 8-3 所示为一个无向网。如果边是有方向的带权图，则是一个有向网。

（9）路径、路径长度：顶点 v_i 到顶点 v_j 之间的路径（path）是指顶点序列 v_i，v_{i1}，v_{i2}，…，v_{im}，v_j。其中，（v_i,v_{i1}），（v_{i1},v_{i2}），…，（v_{im},v_j)分别为图中的边。路径上边的数目称为路径长度。

图 8-1 所示的无向图 G_1 中，$v_1 \rightarrow v_4 \rightarrow v_3 \rightarrow v_5$ 与 $v_1 \rightarrow v_2 \rightarrow v_5$ 是从顶点 v_1 到顶点 v_5 的两条路径，路径长度分别为 3 和 2。

（10）回路、简单路径、简单回路：在一条路径中，如果其起始点和终止点是同一顶点，则称其为回路或者环（cycle）。如果一条路径上所有顶点除起始点和终止点外彼此都是不同的，则称该路径为简单路径。在图 8-1 中，前面提到的 v_1 到 v_5 的两条路径都为简单路径。除起始点和终止点外，其他顶点不重复出现的回路称为简单回路或者简单环。如图 8-2 所示的 $v_1 \rightarrow v_3 \rightarrow v_4 \rightarrow v_1$。

（11）子图：对于图 $G=(V, E)$，$G'=(V', E')$，若存在 V 是 V 的子集，E 是 E 的子集，则称图 G' 是 G 的一个子图。图 8-4（a）是图 8-1 无向图 G_1 的子图，图 8-4（b）是图 8-2 有向图 G_2 的子图。

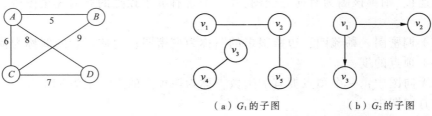

图 8-3　一个无向网示意图　　　图 8-4　图 G_1 和 G_2 的两个子图示意图

（a）G_1 的子图　　（b）G_2 的子图

（12）连通图、连通分量：在无向图中，如果从一个顶点 v_i 到另一个顶点 v_j（$i \neq j$）有路径，则称顶点 v_i 和 v_j 是连通的。任意两顶点都是连通的图称为连通图。无向图的极大连通子图称为连通分量。图 8-5（a）中有两个连通分量，如图 8-5（b）所示。

（13）强连通图、强连通分量、弱连通图：对于有向图来说，若图中任意一对顶点 v_i 和 v_j（$i \neq j$）均有从一个顶点 v_i 到另一个顶点 v_j 有路径，也有从 v_j 到 v_i 的路径，则称该有向图是强连通图。有向图的最大强连通子图称为强连通分量。图 8-2 中有两个强连通分量，分别是{v_1,v_3,v_4}和{v_2}，如图 8-6 所示。如果有向图不考虑方向是连通的，而考虑方向时是不连通的，则称该有向图是弱连通图。

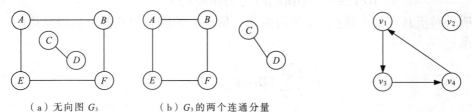

（a）无向图 G_3　　　（b）G_3 的两个连通分量

图 8-5　无向图及连通分量示意图　　　图 8-6　有向图 G_2 的两个强连通分量示意图

（14）生成树：连通图 G 的一个子图如果是一棵包含 G 的所有顶点的树，则该子图称为 G 的生成树（spanning tree）。在生成树中添加任意一条属于原图中的边必定会产生回路，因为新添加的边使其所依附的两个顶点之间有了第二条路径。若生成树中减少任意一条边，则必然成为非连通的。n 个顶点的生成树具有 $n-1$ 条边。

8.1.3 图的基本操作

图的基本操作有：

（1）CreatGraph(G)：输入图 G 的顶点和边，建立图 G 的存储。

（2）DFSTraverse(G,v)：在图 G 中，从顶点 v 出发深度优先遍历图 G。

（3）BFSTtaverse(G,v)：在图 G 中，从顶点 v 出发广度优先遍历图 G。

8.2 图的存储表示

图的存储结构比较多。对于图的存储结构的选择取决于具体的应用和需要进行的运算。下面介绍几种常用的图的存储结构。

8.2.1 邻接矩阵

邻接矩阵（adjacency matrix）是表示顶点之间相邻关系的矩阵。假设图 $G =(V,E)$ 有 n 个顶点，即 $V =\{v_0,v_1,\ldots,v_{n-1}\}$，则 G 的邻接矩阵是具有如下性质的 n 阶方阵：

$$\text{Adj}[i][j]= \begin{cases} 1 & \text{若}(v_i,v_j)\text{或}\langle v_i,v_j\rangle\text{是 }E(G)\text{中的边} \\ 0 & \text{若}(v_i,v_j)\text{或}\langle v_i,v_j\rangle\text{不是 }E(G)\text{中的边} \end{cases}$$

若 G 是网，则邻接矩阵可定义为：

$$\text{Adj}[i][j]= \begin{cases} w_{ij} & \text{若}(v_i,v_j)\text{或}\langle v_i,v_j\rangle\text{是 }E(G)\text{中的边} \\ 0 \text{ 或 } \infty & \text{若}(v_i,v_j)\text{或}\langle v_i,v_j\rangle\text{不是 }E(G)\text{中的边} \end{cases}$$

其中，w_{ij} 表示边 (v_i,v_j) 或 $\langle v_i,v_j\rangle$ 上的权值；∞ 表示一个计算机允许的、大于所有边上权值的数。

无向图用邻接矩阵表示如图 8-7 所示；有向网用邻接矩阵表示如图 8-8 所示。

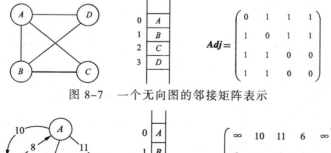

图 8-7 一个无向图的邻接矩阵表示

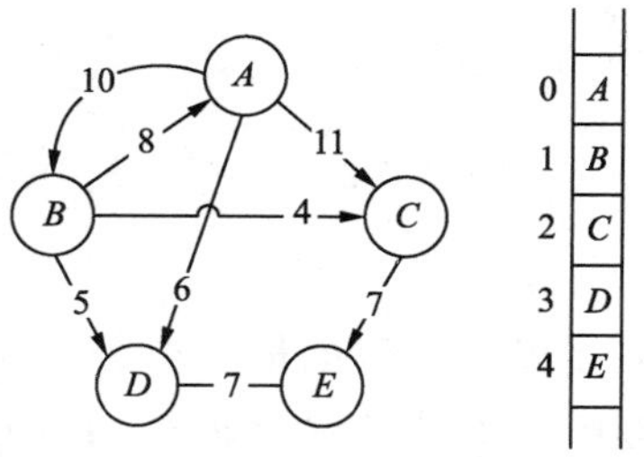

图 8-8 一个有向网的邻接矩阵表示

从图的邻接矩阵存储方法容易看出这种表示具有以下性质：

（1）无向图的邻接矩阵一定是一个对称矩阵。因此，在具体存放邻接矩阵时只需存放上（或下）三角矩阵的元素即可。

（2）对于无向图，邻接矩阵的第 i 行（或第 i 列）非零元素（或非 ∞ 元素）的个数正好是第 i 个顶点的度 $TD(v_i)$。

（3）对于有向图，邻接矩阵的第 i 行（或第 i 列）非零元素（或非 ∞ 元素）的个数正好是第 i 个顶点的出度 $OD(v_i)$（或入度 $ID(v_i)$）。

（4）用邻接矩阵方法存储图，很容易确定图中任意两个顶点之间是否有边相连；但是，要确定图中有多少条边，则必须按行、按列对每个元素进行检测，所花费的时间代价很大。这是用邻接矩阵存储图的局限性。

下面介绍图的邻接矩阵存储表示。

具体形式描述如下：

```
#define MAXLEN 10
typedef struct
{  char vexs[MAXLEN];
   int edges[MAXLEN][MAXLEN];
   int n,e;
}MGraph;
```

建立一个有向图的邻接矩阵存储的算法如下：

```
void CreateMGraph(MGraph &G)
{  int i,j,k;
   char ch1,ch2;
   printf("请输入顶点数和边数(输入格式为:顶点数,边数):\n");
   scanf("%d%d",&(G.n),&(G.e));
   printf("请输入顶点信息(顶点标志)每个顶点以回车作为结束:\n");
   for(i=0;i<G.n;i++)
   {  fflush(stdin);
      scanf("%c",&(G.vexs[i]));
   }
   for(i=0;i<G.n;i++)
      for(j=0;j<G.n;j++)
         G.edges[i][j]=0;                    // 邻接矩阵初始化
   printf("请输入每条边所对应的两个顶点（先输入弧尾，后输入弧头）!\n");
   for(k=0;k<G.e;k++)
   {   fflush(stdin);
       printf("请输入第%d条边的两个顶点标志(用逗号分隔): ",k+1);
       scanf("%c,%c",&ch1,&ch2);
       for(i=0;ch1!=G.vexs[i];i++);
          for(j=0;ch2!=G.vexs[j];j++)
             G.edges[i][j]=1;                // 将输入边对应的矩阵元素值设为1
   }
}
```

如果是建立无向图的邻接矩阵，则只需在以上代码的最后部分，每次将输入边对应的矩阵元素值设为 1 的同时，将其在邻接矩阵中的对称元素 G.edges[j][i] 也设置为 1 即可。

8.2.2 邻接表

邻接表（adjacency list）是图的一种顺序存储与链式存储结合的存储方法。邻接表表示法类似于树的孩子链表表示法。就是对图 G 中的每个顶点 v_i，该方法将所有邻接于 v_i 的顶点 v_j 连成一个单向链表，这个单向链表就称为顶点 v_i 的邻接表。再将所有点的邻接表顶点结点放到数组中，就构成了图的邻接表。在邻接表表示中有两种结点结构，如图 8-9 所示。

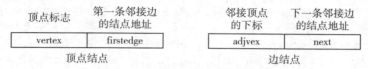

图 8-9　邻接表表示的结点结构

一种是顶点的结点结构，它由顶点标志域（vertex）和指向第一条邻接边的指针域（firstedge）构成，另一种是边的结点结构，它由邻接顶点的下标域（adjvex）和指向下一条邻接边的指针域（next）构成。对于网的边结点还需再增设一个存储边上信息（如权值等）的域（info），网的边结点结构如图 8-10 所示。

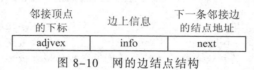

图 8-10　网的边结点结构

图 8-11 给出了图 8-7 所示无向图所对应的邻接表表示。

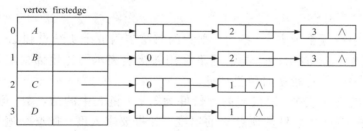

图 8-11　图 8-7 无向图的邻接表表示

邻接表表示的结构体定义如下：

```
#define  MAXLEN  10                      // 最大顶点数为 10
typedef  struct  edgenode
{  int  adjvex;                          // 邻接顶点的下标
   struct  edgenode  *next;              // 指向下一个邻接边结点的指针
}EdgeNode;                               // 定义边结点类型
typedef  struct
{  VertexType  vertex;                   // 顶点标志
   EdgeNode  *firstedge;                 // 保存第一个边结点地址的指针
}VertexNode;                             // 定义顶点结点类型
typedef  struct
{  VertexNode  adjlist[MAXLEN];          // 顶点数组
   int  n,e;                             // 顶点数和边数
}ALGraph;                                // 定义邻接表的类型名 ALGraph
```

建立一个有向图的邻接表存储的算法如下：

```
void CreateGraphAL(ALGraph &G)
{ int i,k;
  EdgeNode *s;
  char ArcTail,ArcHead;                    // 保存弧尾、弧头标志
  int TailPoi,HeadPoi;                      // 保存弧尾、弧头下标
  printf("请输入顶点数和边数(输入格式为:顶点数,边数): \n");
  scanf("%d%d",&(G.n),&(G.e));              // 读入顶点数和边数
  printf("请输入顶点信息(输入格式为:顶点号<CR>每个顶点以回车作为结束:\n");
  for(i=0;i<G.n;i++)                        // 建立有 n 个顶点的顶点表
  { scanf("%c",&(G.adjlist[i].vertex));     // 输入顶点信息
    G.adjlist[i].firstedge=NULL;            // 指向第一个边结点的指针设为空
  }
  printf("请输入边的信息(输入格式为:弧尾,弧头): \n");
  for(k=0;k<G.e;k++)                        // 建立边表
  { scanf("%c,%c",&ArcTail,&ArcHead);        // 读入边<Vi,Vj>的两个顶点标志
    for(i=0;i<G.n;i++)                      // 查找弧尾和弧头顶点的下标
    { if(G.adjlist[i].vertex==ArcTail)  TailPoi=i;
      if(G.adjlist[i].vertex==ArcHead)  HeadPoi=i;
    }
    s=new EdgeNode;                         // 给新边结点开辟空间
    s->adjvex=HeadPoi;                      // 构造新边结点
    // 将 s 指向的新边表结点插入到弧尾顶点后的链表头部
    s->next=G.adjlist[TailPoi].firstedge;
    G.adjlist[i].firstedge=s;
  }
}
```

若无向图中有 n 个顶点、e 条边，则它的邻接表需 n 个头结点和 $2e$ 个表结点。显然，在边稀疏（$e<<n(n-1)/2$）的情况下，用邻接表表示图比用邻接矩阵节省存储空间，当和边相关的信息较多时更是如此。

在无向图的邻接表中，顶点 v_i 的度恰好为第 i 个链表中的结点数；但在有向图中，第 i 个链表中的结点个数只是顶点 v_i 的出度。如果要求入度，则必须遍历整个邻接表才能得到结果。有时，为了便于确定顶点的入度或以顶点 v_i 为头的弧，可以建立一个有向图的逆邻接表，即对每个顶点 v_i 建立一个链接以 v_i 为弧头的弧的链表。图 8-12 所示为有向网（见图 8-8）的邻接表和逆邻接表。

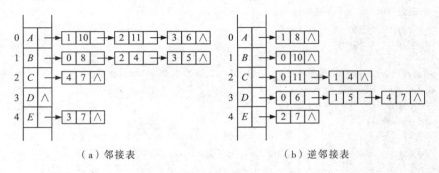

（a）邻接表　　　　　　　　　　（b）逆邻接表

图 8-12　图 8-8 有向网的邻接表和逆邻接表

在建立邻接表或逆邻接表时，若输入的顶点信息即为顶点的编号，则建立邻接表的复杂度为 $O(n+e)$，否则，需要通过查找才能得到顶点在图中的位置，则时间复杂度为 $O(ne)$。

对于无向图（或网）而言，由于边没有方向（实际上都看做是双向的），顶点与顶点之间只有邻接而没有头和尾的概念，因此无向图只有邻接表而没有逆邻接表。

8.2.3　十字链表

由于邻接表中通过某顶点查找以该顶点为弧尾的弧结点很方便，但是通过该顶点查找以其为弧头的弧结点则需要遍历整个邻接表；而逆邻接表在查找弧结点方面的优缺点则刚好与邻接表相反。为了通过某顶点能够方便地同时查找到以该顶点为弧尾和弧头的弧结点，可以将邻接表和逆邻接表合并，这样就构成了有向图的十字链表存储结构。

十字链表的结点结构如图 8-13 所示。

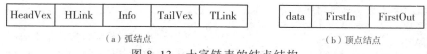

（a）弧结点　　　　　　　　　　　　（b）顶点结点

图 8-13　十字链表的结点结构

十字链表的结点结构定义如下：

```
#define  MAXLEN  20
typedef struct arcnode
{  int  TailVex,HeadVex;        // 弧尾和弧头顶点的下标
   struct  arcnode  *TLink,*HLink;// 指向同弧尾和同弧头的下一个弧结点的指针
   int  weight;                 // 弧的权值信息
}ArcNode;                       // 定义弧结点的类型
typedef struct vexnode
{  char  vertex;               // 顶点标志
   ArcNode  *FirstIn,*FirstOut; // 指向第一个弧头结点和弧尾结点的指针
}VexNode;                       // 定义顶点结点的类型
typedef struct
{  VexNode  list[MAXLEN];       // 顶点数组
   int  VexNum,ArcNum;          // 顶点数和弧数
}OLGraph;                       // 定义十字链表的类型
```

图 8-8 所示有向网的十字链表存储结构如图 8-14 所示。

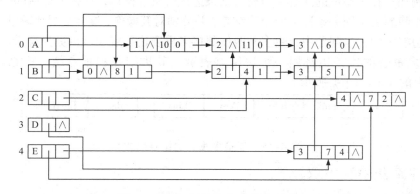

图 8-14　有向图的十字链表结构

创建十字链表的算法如下：

```
void CreateOrthList(OLGraph &G)
{ ArcNode *p;
  int i,j;
  char ArcTail,ArcHead;
  char ArcTail,ArcHead;
  printf("请输入有向网的顶点数和弧数:\n");
  scanf("%d%d",&G.VexNum,&G.ArcNum);
  printf("请依次输入%d个顶点(用【Enter】分隔):\n",G.VexNum);
  for(i=0;i<graph->vexnum;i++)
  { scanf("%c",&G.list[i].vertex);        // 输入顶点标志
    G.list[i].FirstIn=NULL;               // 初始化弧结点指针
    G.list[i].FirstOut=NULL;
  }
  printf("顶点数组创建成功! \n");
  for(i=0;i<G.ArcNum;i++)
  { p=new ArcNode;                         // 开辟一个新的弧结点空间
    printf("请依次输入第%d条弧的弧尾、弧头标志和弧的权值(用逗号分隔):\n",i+1);
    scanf("%c,%c,%d",&ArcTail,&ArcHead,&p->weight);
    for(j=0;j<G.VexNum;j++)                // 将弧尾和弧头的下标存入新弧结点空间中
    { if(G.list[j].vertex==ArcTail)  p->TailVex=j;
      if(G.list[j].vertex==ArcHead)  p->HeadVex=j;
    }                                      // 链接好弧结点的弧尾指针链
    p->TLink=G.list[p->TailVex].FirstOut;
    G.list[p->TailVex].FirstOut=p;         // 链接好弧结点的弧头指针链
    p->HLink=G.list[p->HeadVex].FirstIn;
    G.list[p->HeadVex].FirstIn=p;
  }
  printf("十字链表构造成功!\n");
}
```

类似于有向图（或网）的十字链表存储结构，无向图（或网）还有一种邻接多重表（adjacency multiList）的存储结构。

虽然邻接表是无向图的一种很有效的存储结构，但是，在无向图的邻接表结构中，每条边都存在两个顶点，并且这两个顶点分别位于两个链表中，这给无向图的某些操作带来了不便。例如，在某些图的问题中需要对某条边进行某种操作，如插入或删除一条边等，此时都必须找到表示同一条边的两个边结点，并分别对其操作，这样显得比较烦琐。因此，在处理和边有关的大量问题中，更多的时候邻接多重表比邻接表显得更为合适。

邻接多重表的每条边都用一个边结点表示，其边结点和顶点结点的结构分别如图 8-15 中的（a）、（b）所示。

（a）边结点   （b）顶点结点

图 8-15 邻接多重表的结点结构

邻接多重表的类型定义如下：

```
#define MAXLEN 20
typedef struct edgenode
```

```
{   int   iVex, jVex;                    // 边两端顶点的下标
    struct edgenode *iLink, *jLink;      // 指向具有相同端点的下一个边结点的指针
    int   weight;                        // 边的权值信息
}EdgeNode;                               // 定义边结点的类型
typedef struct vexnode
{   char  vertex;                        // 顶点标志
    ArcNode  *FirstEdge;                 // 指向第一个邻接边结点的指针
}VexNode;                                // 定义顶点结点的类型
typedef struct
{   VexNode  list[MAXLEN];               // 顶点数组
    int  VexNum, EdgeNum;                // 顶点数和边数
}AMLGraph;                               // 定义邻接多重表的类型
```

8.3 图 的 遍 历

与树的遍历类似，图的遍历（traversing graph）是指从图中的某一顶点出发，对图中的所有顶点访问一次，而且仅访问一次。图的遍历是图的一种基本操作。由于图结构本身的复杂性，图的遍历操作也较复杂，主要表现在以下四方面：

（1）在图结构中，每一个结点的地位都是相同的，没有一个"自然"的首结点，图中任意一个顶点都可作为访问的起始结点。

（2）在非连通图中，从一个顶点出发，只能访问它所在的连通分量上的所有顶点，因此，还需考虑如何访问图中其余的连通分量。

（3）在图结构中，如果有回路存在，那么一个顶点被访问之后，有可能沿回路又回到该顶点。遍历过程中访问不能重复。

（4）在图结构中，一个顶点可以和其他多个顶点相连，这样当这个顶点访问过后，就要考虑如何选取下一个要访问的顶点。

本节介绍两种图的遍历方式：深度优先搜索和广度优先搜索。这两种方法既适用于无向图，也适用于有向图。

8.3.1 深度优先搜索

深度优先搜索（depth-first search，DFS）遍历类似于树的先根遍历，是树的先根遍历的推广。

假设初始状态是图中所有顶点未曾被访问，则深度优先搜索可从图中某个顶点 v 出发，首先访问此顶点，然后任选一个 v 的未被访问的邻接点 w 出发，继续进行深度优先搜索，直到图中所有和 v 路径相通的顶点都被访问到；若此时图中还有顶点未被访问到，则另选一个未被访问的顶点作为起始点，重复上面的做法，直至图中所有的顶点都被访问。

以图 8-16 的无向图 G_5 为例，进行图的深度优先搜索。假设从顶点 v_1 出发进行搜索，在访问了顶点 v_1 之后，选择邻接点 v_2。因为 v_2 未曾访问，则从

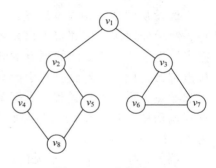

图 8-16　无向图 G_5

v_2 出发进行搜索。依此类推，接着从 v_4、v_8、v_5 出发进行搜索。在访问了 v_5 之后，由于 v_5 的邻接点都已经被访问，则搜索回到 v_8，由于 v_7 的邻接点也都已经被访问过，所以继续回退。搜索继续回到 v_4，接着是 v_2，直至 v_1，此时由于 v_1 的另一个邻接点 v_3 未被访问，则搜索又从 v_1 到 v_3，再继续进行下去，由此，得到的顶点访问序列为：

$$v_1 \rightarrow v_2 \rightarrow v_4 \rightarrow v_8 \rightarrow v_5 \rightarrow v_3 \rightarrow v_6 \rightarrow v_7$$

显然，以上方法是一个递归的过程。为了在遍历过程中便于区分顶点是否已被访问，需附设访问标志数组 visited[0..n-1]，其初值为 FALSE，一旦某个顶点被访问，则其相应的分量置为 TRUE。

从图的某一点 v 出发，递归地进行深度优先遍历的算法如下：

```
void DFSTraverseM(MGraph *G)
{  int i;
   for(i=0;i<G->n;i++)
      visited[i]=FALSE;                    // FALSE 在 c 语言中定义为 0，以下同
   for(i=0;i<G->n;i++)
      if(!visited[i])    DFSM(G,i);
}
void DFSM(MGraph *G,int i)
{  int j;
   printf("\t\t 深度优先遍历结点：结点%c\n",G->vexs[i]);
   visited[i]=TRUE;                        // TRUE 在 c 语言中定义为 1，以下同
   for(j=0;j<G->n;j++)
      if(G->edges[i][j]==1&&!visited[j])        DFSM(G,j);
}
```

分析上述算法，在遍历时，对图中每个顶点至多调用一次 DFSM() 函数，因为一旦某个顶点被标志成已被访问，就不再从它出发进行搜索。因此，遍历图的过程实质上是对每个顶点查找其邻接点的过程。其耗费的时间则取决于所采用的存储结构。当用二维数组表示邻接矩阵图的存储结构时，查找每个顶点的邻接点所需时间为 $O(n^2)$，其中 n 为图中顶点数。而当以邻接表作图的存储结构时，找邻接点所需的时间为 $O(e)$，其中 e 为无向图中的边数或有向图中的弧数。由此，当以邻接表作存储结构时，深度优先搜索遍历图的时间复杂度为 $O(n+e)$。

8.3.2　广度优先搜索

广度优先搜索（breadth-first search，BFS）遍历类似于树的按层次遍历。

假设从图中某顶点 v 出发，在访问了 v_i 之后依次访问 v_i 的各个未曾访问过的邻接点，然后分别从这些邻接点出发依次访问它们的邻接点，并使"先被访问的顶点的邻接点"先于"后被访问的顶点的邻接点"被访问，直至图中所有已被访问的顶点的邻接点都被访问到。若此时图中尚有顶点未被访问，则另选图中一个未曾被访问的顶点为起始点，重复上述过程，直至图中所有顶点都被访问到为止。换句话说，广度优先搜索遍历图的过程中以 v_i 为起始点，由近至远，依次访问和 v_i 有路径相通且路径长度为 1，2……的顶点。

例如，对图 8-16 所示无向图 G_5 进行广度优先搜索遍历，首先访问 v_1 和 v_1 的邻接点 v_2 和 v_3，然后依次访问 v_2 的邻接点 v_4 和 v_5 及 v_3 的邻接点 v_6 和 v_7，最后访问 v_4 的邻

接点 v_8。由于这些顶点的邻接点均已被访问，并且图中所有顶点都被访问，由此完成了图的遍历。得到的顶点访问序列为：

$$v_1 \to v_2 \to v_3 \to v_4 \to v_5 \to v_6 \to v_7 \to v_8$$

与深度优先搜索类似，在遍历的过程中也需要一个访问标志数组。并且，为了顺次访问路径长度为 2，3……的顶点，需附设队列以存储已被访问的路径长度为 1，2……的顶点。

从图的某一点 v 出发，递归地进行广度优先遍历的过程如下面的算法所示：

```
void BFSTraverseM(MGraph *G)
{ int i;
  for(i=0;i<G->n;i++) visited[i]=FALSE;
  for(i=0;i<G->n;i++)
    if(!visited[i]) BFSM(G,i);
}
void BFSM(MGraph *G,int k)
{ int i,j;
  CirQueue Q;
  InitQueue(&Q);
  printf("广度优先遍历结点：结点%c\n",G->vexs[k]);
  visited[k]=TRUE;
  EnQueue(&Q,k);
  while(!QueueEmpty(&Q))
  { i=DeQueue(&Q);
    for(j=0;j<G->n;j++)
      if(G->edges[i][j]==1 && !visited[j])
      { printf("广度优先遍历结点:%c\n",G->vexs[j]);
        visited[j]=TRUE;
        EnQueue(&Q,j);
      }
  }
}
```

分析上述算法，每个顶点至多进一次队列。遍历图的过程实质是通过边或弧找邻接点的过程，因此广度优先搜索遍历图和深度优先搜索遍历图的时间复杂度是相同的，两者不同之处仅仅在于对顶点访问的顺序不同。

8.4　图的连通性

判定一个图的连通性是图的一个应用问题，可以利用图的遍历算法来求解这一问题。本节将讨论无向图的连通性问题，并讨论最小代价生成树等问题。

8.4.1　无向图的连通分量和生成树

在对无向图进行遍历时，对于连通图，仅需从图中任一顶点出发，进行深度优先搜索或广度优先搜索，便可访问到图中所有顶点。对非连通图，则需从多个顶点出发进行搜索，而每一次从一个新的起始点出发进行搜索的过程中得到的顶点访问序列恰为其各个连通分量中的顶点集。例如，图 8-17（a）是前述的无向图 G_3，它是非连通图，为了叙述方便，在此重新画出。图 8-17（b）是它的邻接表。进行深度优先搜索遍历时需要两次调用 DFS 过程（即分别从顶点 A 和 D 出发），得到顶点的访问序列为：A B F E 和 D C。

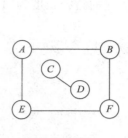

（a）非连通图 G_3

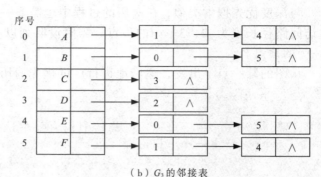

（b）G_3 的邻接表

图 8-17　G_3 的非连通图和邻接表

这两个顶点集分别加上所有依附于这些顶点的边，便构成了非连通图 G_3 的两个连通分量。因此，要想判定一个无向图是否为连通图，或有几个连通分量，就可设一个计数变量 count，初始值为 0，在深度优先搜索算法中，每调用一次 DFS 过程，就给 count 增加 1。这样，当整个算法结束时，依据 count 的值，就可确定图的连通性。

设 $E(G)$ 为连通图 G 中所有边的集合，则从图中任一顶点出发遍历图时，必定将 $E(G)$ 分成两个集合 $T(G)$ 和 $B(G)$，其中 $T(G)$ 是遍历图过程中历经的边的集合；$B(G)$ 是剩余的边的集合。显然，$T(G)$ 和图 G 中所有顶点一起构成连通图 G 的极小连通子图。按照 8.1.2 节的定义，它是连通图的一棵生成树，并且由深度优先搜索得到的为深度优先生成树；由广度优先搜索得到的为广度优先生成树。例如，图 8-18（a）和图 8-18（b）分别为连通图 G_5 的深度优先生成树和广度优先生成树。图中虚线为集合 $B(G)$ 中的边，实线为集合 $T(G)$ 中的边。

对于非连通图，通过这样的遍历，将得到的是生成森林。例如，图 8-19（b）所示即为图 8-19（a）非连通图无向图 G_6 的深度优先生成森林，它由 3 棵深度优先生成树组成。

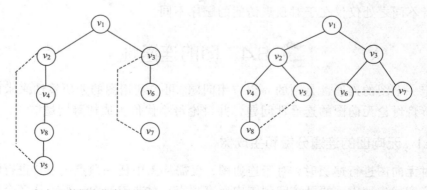

（a）G_5 的深度优先生成树　　　　　　（b）G_5 的广度优先生成树

图 8-18　由图 8-16 所示 G_5 得到的生成树

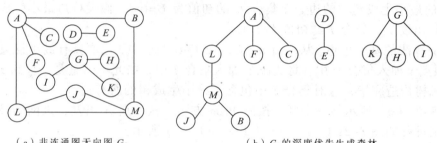

（a）非连通图无向图 G_6 （b） G_6 的深度优先生成森林

图 8-19 非连通图 G_6 及其生成森林

8.4.2 最小生成树

1．最小生成树的基本概念

由生成树的定义可知，无向连通图的生成树不一定是唯一的。连通图的一次遍历所经过的边的集合及图中所有顶点的集合就构成了该图的一棵生成树，对连通图的不同遍历，就可能得到不同的生成树。图 8-20（a）、（b）和（c）所示的生成树均为图 8-16 的无向连通图 G_5 的生成树。

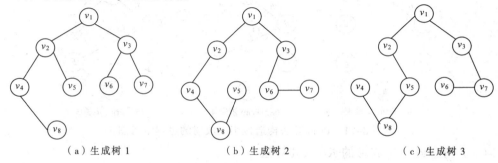

（a）生成树 1   （b）生成树 2   （c）生成树 3

图 8-20 无向连通图 G_5 的三棵生成树

可以证明，对于有 n 个顶点的无向连通图，无论其生成树的形态如何，所有生成树中都有且仅有 $n-1$ 条边。

如果无向连通图是一个网，那么它的所有生成树中必有一棵边的权值之和为最小的生成树，简称为最小生成树。

最小生成树的概念可以应用到许多实际问题中。例如，有这样一个问题：以尽可能低的总造价建造城市间的通信网络，把 10 个城市联系在一起。在这 10 个城市中，任意 2 个城市之间都可以建造通信线路，通信线路的造价依据城市间的距离不同而有不同造价，可以构造一个通信线路造价网络，在网络中，每个顶点表示城市，顶点之间的边表示城市之间可构造的通信线路，每条边的权值表示该条通信线路的造价，要想使总的造价最低，实际上就是寻找该网络的最小生成树。

2．常用的构造最小生成树的方法

（1）构造最小生成树的 Prim 算法。

假设 $G=(V,E)$ 为一连通网，顶点集 $V=\{v_1,v_2,\cdots,v_n\}$， E 为网中所有带权边的集合。设置两个新的集合 U 和 T，其中集合 U 用于存放 G 的最小生成树中的顶点，集合 T

存放 G 的最小生成树中的边。令集合 U 的初值为 $U=\{v_1\}$（假设构造最小生成树时，从顶点 v_1 出发），集合 T 的初值为 $T=\{\}$。

Prim 算法的基本思想：从所有 $u \in U$，$v \in V-U$ 的边中，选取具有最小权值的边(u, v)，将顶点 v 加入集合 U 中，将边(u, v)加入集合 T 中，如此不断重复，直到 $U=V$ 时，最小生成树构造完毕，这时集合 T 中包含了最小生成树的所有边。

图 8-21（a）所示的一个网，按照 Prim 方法，从顶点 A 出发，该网的最小生成树的产生过程如图 8-21（b）、（c）、（d）、（e）、（f）所示。

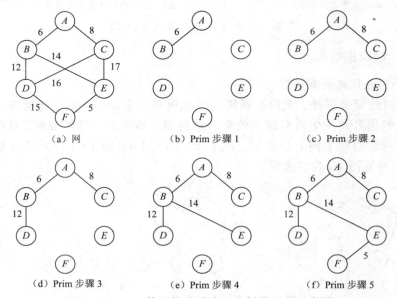

图 8-21　Prim 算法构造最小生成树的过程示意图

（2）构造最小生成树的 Kruskal 算法。

Kruskal 算法是一种按照网中边的权值递增的顺序构造最小生成树的方法。其基本思想是：首先选取全部的 n 个顶点，将其看成 n 个连通分量；然后按照网中所有边的权值由小到大的顺序，不断选取当前未被选取的边集中权值最小的边。但是，要求选取的边不能与前面选取的边构成回路，若构成回路，则放弃该条边，再去选后面权值较大的边。依据生成树的概念，n 个结点的生成树，有 $n-1$ 条边，故反复上述过程，直到选取了 $n-1$ 条边为止，就构成了一棵最小生成树。图 8-22 所示为 Kruskal 算法构造最小生成树的过程示意图。

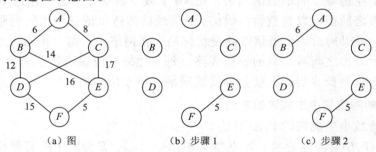

图 8-22　Kruskal 算法构造最小生成树的过程示意图

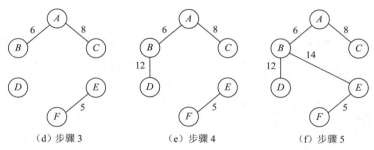

（d）步骤 3　　　　　　　　　　（e）步骤 4　　　　　　　　　　（f）步骤 5

图 8-22　Kruskal 算法构造最小生成树的过程示意图（续）

8.5　最　短　路　径

最短路径问题是图的又一个比较典型的应用问题。例如，某一地区的一个交通网，给定了该网内的 n 个城市以及这些城市之间的相通公路的距离，问题是如何在城市 A 和城市 B 之间找一条最近的通路。如果将城市用顶点表示，城市间的公路用边表示，公路的长度则作为边的权值，那么，这个问题就可归结为在网中，求点 A 到点 B 的所有路径中，边的权值之和最短的那一条路径。这条路径就称为两点之间的最短路径，并称路径上的第一个顶点为源点（source），最后一个顶点为终点（destination）。在不带权的图中，最短路径是指两点之间经历的边数最少的路径。

图 8-23　最短路径示意图

例如，在图 8-23 中，设 v_1 为源点，则从 v_1 出发的路径有（括号里为路径长度）：

（1）v_1 到 v_2 的路径有：$v_1 \rightarrow v_2(20)$。

（2）v_1 到 v_3 的路径有：$v_1 \rightarrow v_3(15)$，$v_1 \rightarrow v_2 \rightarrow v_3(55)$。

（3）v_1 到 v_4 的路径有：$v_1 \rightarrow v_2 \rightarrow v_4(30)$，$v_1 \rightarrow v_3 \rightarrow v_4(45)$，$v_1 \rightarrow v_2 \rightarrow v_3 \rightarrow v_4(85)$。

（4）v_1 到 v_5 的路径有：$v_1 \rightarrow v_2 \rightarrow v_3 \rightarrow v_5(65)$，$v_1 \rightarrow v_3 \rightarrow v_5(25)$。

选出 v_1 到其他各顶点的最短路径，并按路径长度递增顺序排列如下：$v_1 \rightarrow v_3(15)$，$v_1 \rightarrow v_2(20)$，$v_1 \rightarrow v_3 \rightarrow v_5(25)$，$v_1 \rightarrow v_2 \rightarrow v_4(30)$。

从上面的序列中，可以看出一个规律：按路径长度递增顺序生成从源点到其他各顶点的最短路径时，当前正生成的最短路径上除终点外，其他顶点的最短路径已经生成。迪杰斯特拉（Dijkstra）算法正是根据此规律得到的。

迪杰斯特拉算法的基本思想：设置两个顶点集 S 和 T，S 中存放已确定最短路径的顶点，T 中存放待确定最短路径的顶点。初始时 S 中仅有一个源点，T 中含除源点外其余顶点，此时各顶点的当前最短长度为源点到该顶点的弧上的权值。接着选取 T 中当前最短路径长度最小的一个顶点 v 加入 S，然后修改 T 中剩余顶点的当前最短路径长度，修改原则是当 v 的最短路径长度与 v 到 T 中顶点之间的权值之和小于该顶点的当前最短路径长度时，用前者替换后者。重复以上过程，直到 S 中包含所有顶点为止，其过程如图 8-24 所示。

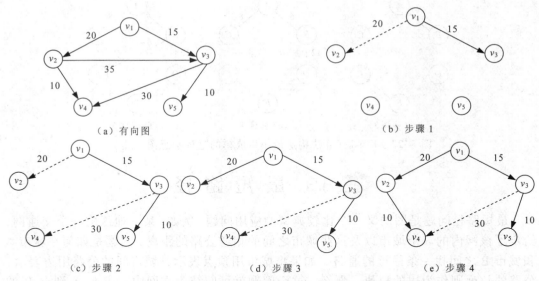

图 8-24　用迪杰斯特拉算法求有向图的最短路径过程

迪杰斯特拉算法求最短路径的过程描述如下：

```
#define    INFINITY    99999
#define    MAXLEN      20
typedef    bool    PathMatrix[MAXLEN][MAXLEN];
typedef    int     ShortPathTable[MAXLEN];
void ShortestPath(MGraph G,int v0,PathMatrix &P,ShortPathTable &D)
{  // MGraph 为 8.2.1 节定义的邻接矩阵存储类型
   // v0 为起始顶点在邻接矩阵顶点数组中的下标
   // PathMatrix 为二维的布尔矩阵类型，矩阵 P 用来存储当前已经求得的所有最短路径；
   // 若 P[v][w] 为 True，则 w 是当前求得的从 v0 到 v 最短路径上的顶点。
   // ShortPathTable 为整型数组类型，数组 D 用来存储从 v0 到所有顶点的带权路径长度。
   // 用 Dijkstra 算法求有向网 G 的 v0 顶点到其余顶点 v 的最短路径 P[v] 及其带权路径长度 D[v]
   // final[v] 为 True，当前仅当 v∈S，即已经求得从 v0 到 v 的最短路径
   for(v=0;v<G.VexNum; v++)
   { final[v]=False;          // 初始化 S 集合为空
     for(w=0;w<G.VexNum;w++)  // 初始化最短路径矩阵 P
       P[v][w]=False;         // 没有存储任何最短路径，所以全部元素均为 False
     D[v]=G.arcs[v0][v];      // 初始的最短路径长度设置为 v0 到相应顶点弧的权值
     if(D[v]<INFINITY)        // 若 v0 到顶点 v 的弧存在，则在 P 中设置好相应路径
     { P[v][v0]=True;
       P[v][v]=True;
     }
   }
   D[v0]=0;                   // 设置 v0 到自身的最短路径为 0
   final[v0]=True;            // 将顶点 v0 加入到已选取顶点集合 S 中
          // 开始主循环，每次求得 v0 到某个顶点 v 的最短路径，并加 v 到 S 集合
   for(i=1;i<G.VexNum;i++)
   {  min=INFINITY;
      for(w=0;w<G.VexNum;w++) //该循环用于查找尚未加入到集合 S 中，并且带权路径长
                              //度最小的最短路径终点，该终点的下标保存在 v 中
```

```
        if(!final[w]&&D[w]<min) //若顶点w尚未选取到集合S中，并且顶点w的
                                 // 最短带权路径长度更小，则更新v的值
        { v=w;min=D[w];  }
     final[v]=True;                // 将顶点v加入到已选取顶点集合S中
     for(w=0;w<G.VexNum;w++)  // 更新当前最短带权路径长度向量D及路径矩阵P
       if(!final[w]&&min+G.arcs[v][w]<D[w])
       {  D[w]=min+G.arcs[v][w];
         P[w]=P[v];
         P[w][w]=True;
       }
     }
}
```

如图 8-25 所示的有向网中，从顶点 A 到其余各顶点的最短路径如表 8-1 所示。

表 8-1 顶点 A 到其他顶点的最短路径

始 点	终 点	最 短 路 径	路 径 长 度
	B	无	∞
	C	(A,C)	10
A	D	(A,E,D)	50
	E	(A,E)	30
	F	(A,E,D,F)	60

以图 8-25 所示的有向网为实例，迪杰斯特拉算法求解该网中从源点 A 到其余各顶点最短路径的过程如图 8-26 所示。

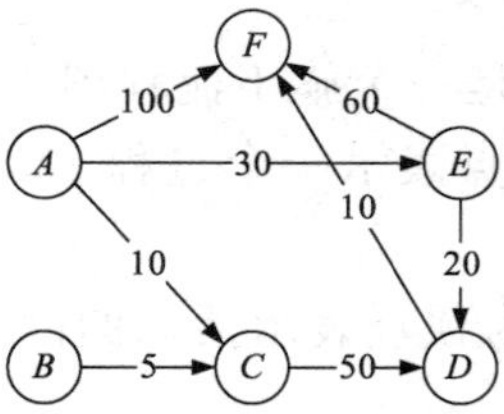

图 8-25 有向网

从起始顶点A到所有顶点最短路径的求解过程								
顶点		A	B	C	D	E	F	未被选取且路径最短的终点	集合S
初始值	长度D	0	∞	10	∞	30	100		{A}
	路径P			(A,C)		(A,E)	(A,F)		
i=1	长度D	0	∞	10	∞	30	100	C	{A,C}
	路径P			(A,C)		(A,E)	(A,F)		
i=2	长度D	0	∞	10	60	30	100	E	{A,C,E}
	路径P			(A,C)	(A,C,D)	(A,E)	(A,F)		
i=3	长度D	0	∞	10	50	30	90	D	{A,C,D,E}
	路径P			(A,C)	(A,E,D)	(A,E)	(A,E,F)		
i=4	长度D	0	∞	10	50	30	60	F	{A,C,D,E,F}
	路径P			(A,C)	(A,E,D)	(A,E)	(A,E,D,F)		
i=5	长度D	0	∞	10	50	30	60	无	{A,C,D,E,F}
	路径P			(A,C)	(A,E,D)	(A,E)	(A,E,D,F)		

图 8-26 迪杰斯特拉算法的求解过程

8.6 有向无环图及其应用

一个不存在环的有向图称为有向无环图（directed acycline graph，DAG）。

有向无环图可用于描述某项工程的进行过程。除最简单的情况之外，几乎所有工程都可分为若干个称作活动的子工程，而这些子工程之间，通常受一定条件的约束，

如其中某些子工程的开始必须在另一些子工程完成之后。对于整个工程,人们往往最关心两方面的问题:一是工程能否顺利进行;二是估算整个工程完成所必需的最短时间。其中,前一个问题就是有向图能否拓扑排序的问题,后一个问题则和关键路径有关,下面分别进行讨论。

8.6.1 拓扑排序

拓扑排序是有向图的一个重要操作。在给定的有向图 G 中,若顶点序列 $v_1, v_2, v_3, \cdots, v_n$ 满足下列条件:若在有向图 G 中从顶点 v_i 到顶点 v_j 有一条路径,则在序列中顶点 v_i 必在顶点 v_j 之前,则称这个序列为一个拓扑序列。求一个有向图拓扑序列的过程称为拓扑排序(topological sort),实质上,拓扑排序由某个集合上的偏序关系得到该集合上的一个全序关系的过程。

在离散数学课程中关于偏序关系和全序关系有如下定义:

若集合 S 上的关系 R 是自反的、反对称的和传递的,则称 R 是集合 S 上的偏序关系。

设 R 是集合 S 上的偏序(partial order),如果对每个 $x, y \in S$ 必有 xRy 或 yRx,则称 R 是集合 S 上的全序关系。

直观地看,偏序指集合中仅有部分成员之间可比较,而全序指集合中全体成员之间均可比较。

例如,图 8-27 中所示的两个有向图,假设图中弧 $<x,y>$ 表示的关系为 $x \leqslant y$,则图 8-27(a)表示偏序关系,图 8-27(b)表示全序关系。图 8-27(a)之所以为偏序关系,是因为(a)图中存在顶点 B 和顶点 C 是不可比较的;由于关系是传递的,显然图 8-27(b)中的所有顶点之间均是可比较的,所以(b)图表示的是全序关系。

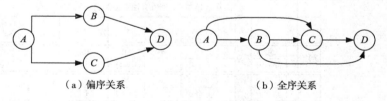

(a)偏序关系　　　　　　　　(b)全序关系

图 8-27　表示偏序和全序关系的有向图

一个表示偏序关系的有向图可用来表示一个流程图。它或者是一个施工流程图,或者是一个产品生产的流程图,再或者是一个数据流图(每个顶点表示一个过程)。图中每一条有向边表示两个子工程完成的先后次序。

这种用顶点表示活动,用弧表示活动间优先关系的有向图称为顶点表示活动的网(activity on vertex),简称 AOV 网。

在 AOV 网中,不应该出现有向环,因为存在环意味着某项活动应以自己为先决条件,如果这样,只能说明该活动是无法完成的,整个工程也无法再进行下去。因此,对 AOV 网应首先进行是否存在环的判定,如果不存在环,则可以进行拓扑排序得到相应的拓扑序列,反之,则不能得到拓扑序列。

拓扑排序及检测是否存在环的步骤如下:

(1)从有向图中选取一个入度为零的顶点将其输出,如果同时有多个顶点的入度为零，则从这些顶点中任选一个。

（2）从图中删除选取的顶点以及以它为弧尾的所有弧。

（3）不断重复以上两步，直至所有顶点全部输出，则所有顶点的输出顺序即为该图的拓扑序列；如果图中还有剩余顶点尚未输出，但是图中已找不到入度为零的顶点，则说明图中存在环，不能进行拓扑排序。

8.6.2 关键路径

与 AOV 网相对应的是 AOE 网（activity on edge）。AOE 网中是用边表示活动的，它是一种边带权值的有向无环图。AOE 网中的顶点表示事件，弧表示活动，弧的权值一般表示执行活动需要的时间。通常，AOE 网用来估算工程的完成时间。

例如，图 8-28 是一个假想的有 11 项活动的 AOE 网。其中有 9 个事件 A、B、C、D、E、F、G、H、I，每个事件表示在它之前的活动已经完成，在它之后的活动才可以开始。例如，A 表示整个工程开始，I 表示整个工程结束，E 表示 a_4 和 a_5 都已经完成，a_7 和 a_8 才可以开始。与每个活动相联系的数是执行该活动所需的时间。比如，a_1 活动需要 6 个时间单位，a_2 需要 4 个时间单位。

一般情况下，整个工程只有一个开始点（入度为零的顶点）和一个完成点（出度为零的顶点），开始点也称为源点，完成点也称为汇点。

与 AOV 网不同，对 AOE 网有待研究的问题是：

（1）完成整项工程至少需要多少时间？

（2）网中的哪些活动是影响工程进度的关键？

由于 AOE 网中有些活动可以并行地进行，所以完成工程的最短时间是从开始点到完成点的最长路径的长度（这里所说的路径长度是指路径上各活动持续时间之和，不是路径上弧的数目）。从开始点到完成点之间路径长度最长的路径叫作关键路径（critical path），关键路径上的所有活动称为关键活动。

由于 AOE 网中的顶点代表事件，事件的发生有早有晚，假设顶点 V 的最早发生时刻为 $Early(V)$，最晚发生时刻为 $Late(V)$，则图 8-29 中的弧头顶点 V 的最早发生时刻：

$$Early(V)=Max(EarlyR_i)+(rw_i)$$

即为所有弧尾顶点的最早发生时刻 $Early(R_i)$ 和对应弧的权值 rw_i 之和的最大值。

图 8-29 中的弧尾顶点 V 的最晚发生时刻：

$$Late(V)=Min(Late(H_i)-hw_i)$$

即为所有弧头顶点的最晚发生时刻 $Late(H_i)$ 和对应弧的权值 hw_i 之差的最小值。

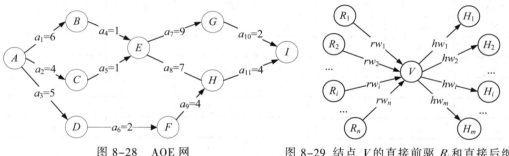

图 8-28　AOE 网　　　　　　图 8-29　结点 V 的直接前驱 R_i 和直接后继 H_i

规定起始点的最早发生时刻为 0，所有顶点的最早发生时刻应从起始点开始，沿着弧的指向方向逐个顶点计算，直至完成点；计算出完成点的最早发生时刻后，规定其最晚发生时刻和最早发生时刻相等；然后从完成点开始，沿着弧的逆向方向逐个顶点计算所有顶点的最晚发生时刻。最终求出起始点的最晚发生时刻应该也为 0。

按以上方法求出图 8-28 中所有顶点的最早和最晚发生时刻，如表 8-2 所示。

表 8-2　所有顶点的最早和最晚发生时刻

事件 （结点）	发生时刻		事件 （结点）	发生时刻	
	最早	最晚		最早	最晚
A	0	0	F	7	10
B	6	6	G	16	16
C	4	6	H	14	14
D	5	8	I	18	18
E	7	7			

由于 AOE 网中的弧代表活动，活动的开始和完成均有早有晚，假设活动 a_i 的最早开始时刻为 EarlyStart(a_i)，最晚开始时刻为 LateStart(a_i)，最早完成时刻为 EarlyFinish(a_i)，最晚完成时刻为 LateFinish(a_i)。

此外，假定活动 a_i 的持续时间为 w_i，富余时间为 Surplus(a_i)。

由于事件发生，以该事件为弧尾的所有活动即可开始，所以活动的开始时刻取决于其弧尾顶点的发生时刻。当以某顶点为弧头的所有活动都完成时，该顶点代表的事件即可发生，所以活动的完成时刻决定了其弧头顶点的发生时刻。

因此，图 8-30 中弧 a_i 的各个相关属性值的计算有下列公式存在：

EarlyStart(a_i) = Early(R)

LateStart(a_i) = Late(R)

EarlyFinish(a_i) = Early(R) + w_i

LateFinish(a_i) = Late(H)

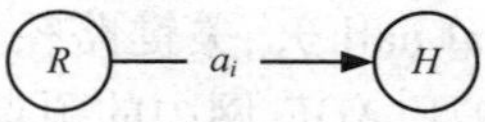

图 8-30　弧 a_i 的弧尾 R 和弧头 H

Surplus(a_i) = LateFinish(a_i) − EarlyStart(a_i) − w_i

根据以上公式，计算所有活动的相关属性值，如表 8-3 所示。富余时间为 0 的活动即为关键活动。

表 8-3　所有活动的相关属性值

活动 （弧）	开始时刻		完成时刻		富余 时间	是否为 关键活动
	最早	最晚	最早	最晚		
a_1	0	0	6	6	0	是
a_2	0	0	4	6	2	否
a_3	0	0	5	8	3	否
a_4	6	6	7	7	0	是
a_5	4	6	7	7	0	否
a_6	5	8	7	10	3	否

续表

活动	开始时刻		完成时刻		富余	是否为
（弧）	最早	最晚	最早	最晚	时间	关键活动
a_7	7	7	16	16	0	是
a_8	7	7	14	14	0	是
a_9	7	10	14	14	3	否
a_{10}	16	16	18	18	0	是
a_{11}	14	14	18	18	0	是

从表 8-3 可知，图 8-28 所示 AOE 网的关键路径由 a_1、a_4、a_7、a_8、a_{10}、a_{11} 这 6 个关键活动构成。

分析关键路径的目的在于辨别哪些活动是关键活动，只有缩短关键活动的持续时间，才有可能缩短整个工程的工期。

实践已经证明：用 AOE 网来估算某些工程的完成时间是非常有用的。实际上，求关键路径的方法本身最初就是与维修和建造工程一起发展的。但是，由于网中各项活动是互相牵涉的，因此，影响关键活动的因素也是多方面的，任何一项活动持续时间的改变都会影响关键路径的改变。对于如图 8-31（a）所示的 AOE 网来说，若 a_5 的持续时间改为 3，则可发现，关键活动的数量增加，关键路径也增加。若同时将 a_4 的时间改为 4，则 (A,C,D,F) 将不再是关键路径。由此可见，关键活动速度的提高是有限度的。只有在不改变网的关键路径的前提下，提高关键活动的速度才有效。

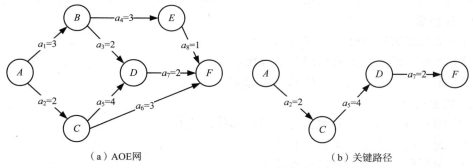

（a）AOE 网　　　　　　　　　　　　　　　　（b）关键路径

图 8-31　AOE 网及其关键路径

另一方面，若网中有几条关键路径，那么单单提高一条关键路径上的关键活动的速度，还不能导致整个工程缩短工期，而必须同时提高在几条关键路径上的活动的速度。

小　　结

（1）图是一种复杂的数据结构，图中的每一个顶点都可以有多个直接前驱和多个直接后继，所以是一种非线性的数据结构。

（2）因为图是由顶点的集合和顶点间边的集合组成，所以图的存储也包括顶点信息和边的信息两方面。

（3）图的存储结构常用的有：邻接矩阵和邻接表等，要求掌握。

（4）对于有 n 个顶点的图来说，它的邻接矩阵是一个 $n \times n$ 阶的方阵。邻接矩阵中的元素取值只能是 0 或 1，若图为无向图，则矩阵一定是对称矩阵，所以可以采用压缩存储；若是网，则要存储的是权值。

（5）对于有 n 个顶点和 e 条边的图，它的邻接表由 n 个单向链表所组成。无向图的邻接表占用 $n+2e$ 个存储单元；有向图的邻接表占用 $n+e$ 个存储单元。

（6）图的遍历就是从图的某一顶点出发，访问图中每个顶点一次且仅一次。遍历的基本方法有深度优先搜索遍历和广度优先搜索遍历两种。深度优先遍历类似于树的先序遍历；广度优先遍历类似于树的按层次遍历。

（7）取一个无向连通图的全部顶点和一部分边构成一个子图，若其中所有顶点仍是连通的，但各边不构成回路，这个子图称为原图的一个生成树，同一个图可以有多个不同的生成树。对于带权的图，其各条边权值之和为最小的生成树即最小生成树。求最小生成树的方法，得到最小生成树中边的次序也可能不同，但最小生成树的权值之和却相同。

（8）对于带权的有向图，求从某一顶点出发到其余各顶点的最短路径（所经过的有向边权值总和最小的路径）或求每一顶点之间的最短路径称为最短路径问题。

 实　　验

验证性实验 8　图子系统

1．实验目的
（1）掌握图邻接矩阵的存储方法。
（2）掌握图深度优先遍历的基本思想。
（3）掌握图广度优先遍历的基本思想。

2．实验内容
（1）编写按键盘输入的数据建立图的邻接矩阵存储。
（2）编写图的深度优先遍历程序。
（3）编写图的广度优先遍历程序。
（4）设计一个选择式菜单形式如下：

```
                    图 子 系 统
****************************************************
*            1-------更新邻接矩阵              *
*            2-------深度优先遍历              *
*            3-------广度优先遍历              *
*            0-------退    出                  *
****************************************************
        请选择菜单号（0--3）:
```

3．操作举例
选择菜单 1，按图 8-32 建立一个有向图的邻接矩阵。
请输入顶点数和边数（输入格式为：顶点数，边数）：

8,8<CR>

请输入顶点信息（顶点号<CR>）每个顶点以回车键作为结束：

A<CR>
B<CR>
C<CR>
D<CR>
E<CR>
F<CR>
G<CR>

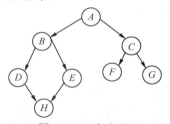

H<CR>

请输入每条边对应的两个顶点的序号（输入格式为：

图 8-32　有向图

i，j）：

请输入第 1 条边的顶点序号：A,B<CR>
请输入第 2 条边的顶点序号：A,C<CR>
请输入第 3 条边的顶点序号：B,D<CR>
请输入第 4 条边的顶点序号：B,E<CR>
请输入第 5 条边的顶点序号：C,F<CR>
请输入第 6 条边的顶点序号：C,G<CR>
请输入第 7 条边的顶点序号：D,H<CR>
请输入第 8 条边的顶点序号：E,H<CR>

已建立一个图的邻矩阵存储

```
0   1   1   0   0   0   0   0
0   0   0   1   1   0   0   0
0   1   1   0   0   1   1   0
0   1   1   0   0   0   0   1
0   1   1   0   0   0   0   1
0   1   1   0   0   0   1   0
0   1   1   0   0   0   0   0
0   1   1   0   0   0   0   0
```

图 子 系 统

```
* * * * * * * * * * * * * * * * * * * * * * * * * * * *
*          1-------更新邻接矩阵          *
*          2-------深度优先遍历          *
*          3-------广度优先遍历          *
*          0-------退      出            *
* * * * * * * * * * * * * * * * * * * * * * * * * * * *
```

请选择菜单号<0--3>: 2
深度优先遍历结点: 结点a
深度优先遍历结点: 结点b
深度优先遍历结点: 结点d
深度优先遍历结点: 结点h
深度优先遍历结点: 结点e
深度优先遍历结点: 结点c
深度优先遍历结点: 结点f
深度优先遍历结点: 结点g

图 子 系 统

```
* * * * * * * * * * * * * * * * * * * * * * * * * * * *
*          1-------更新邻接矩阵          *
*          2-------深度优先遍历          *
*          3-------广度优先遍历          *
*          0-------退      出            *
* * * * * * * * * * * * * * * * * * * * * * * * * * * *
```

请选择菜单号<0--3>: 3
广度优先遍历结点: 结点a
广度优先遍历结点: 结点b
广度优先遍历结点: 结点c
广度优先遍历结点: 结点d
广度优先遍历结点: 结点e
广度优先遍历结点: 结点f
广度优先遍历结点: 结点g
广度优先遍历结点: 结点h

4. 参考程序

```c
#include <stdio.h>
#define GRAPHMAX 10
#define FALSE 0
#define TRUE 1
#define Error printf
#define QueueSize 30
typedef struct                              // 定义图存储结构的结构体
{   char vexs[GRAPHMAX];
    int edges[GRAPHMAX][GRAPHMAX];
    int n,e;
}MGraph;
int visited[10];
void CreateMGraph(MGraph *G);
void DFSTraverseM(MGraph *G);
void BFSTraverseM(MGraph *G);
void DFSM(MGraph *G,int i);
void BFSM(MGraph *G,int i);
typedef struct
{   int front;
    int rear;
    int count;
    int data[QueueSize];
}CirQueue;
void InitQueue(CirQueue *Q)
{   Q->front=Q->rear=0;Q->count=0; }
int QueueEmpty(CirQueue *Q)
{   return Q->count=QueueSize;  }
int QueueFull(CirQueue *Q)
{   return Q->count==QueueSize; }
void EnQueue(CirQueue *Q,int x)
{   if(QueueFull(Q)) Error("Queue overflow");
    else
    { Q->count++;Q->data[Q->rear]=x;Q->rear=(Q->rear+1)%QueueSize; }
}
int DeQueue(CirQueue *Q)
{   int temp;
    if(QueueEmpty(Q))
    { Error("Queue underflow");return NULL;    }
    else
    { temp=Q->data[Q->front];Q->count--;
      Q->front=(Q->front+1)%QueueSize;return temp;
    }
}
void main()
{   MGraph *G,a;char ch1;int i,j,ch2;
    G=&a;
```

```
            printf("\n\t\t 建立一个有向图的邻接矩阵表示\n");
            CreateMGraph(G);
            printf("\n\t\t 已建立一个图的邻矩阵存储\n");
            for(i=0;i<G->n;i++)
            {  printf("\n\t\t");
          for(j=0;j<G->n;j++)      printf("%5d",G->edges[i][j]);
            }
            getchar();
            ch1='y';
            while(ch1=='y'||ch1=='Y')
            { printf("\n");
              printf("\n\t\t            图 子 系 统              ");
              printf("\n\t\t*********************************");
              printf("\n\t\t*        1--------更新邻接矩阵        *");
              printf("\n\t\t*        2--------深度优先遍历        *");
              printf("\n\t\t*        3--------广度优先遍历        *");
              printf("\n\t\t*        0--------退        出        *");
              printf("\n\t\t*********************************");
              printf("\n\t\t 请选择菜单号(0--3): ");
              scanf("%d",&ch2);
              getchar();
              switch(ch2)
              {case 1:CreateMGraph(G);
                  printf("\n\t\t 图的邻接矩阵存储建立完毕.");break;
               case 2:DFSTraverseM(G);break;
               case 3:BFSTraverseM(G);break;
               case 0:ch1='n';break;
               default:printf("\n\t\t 输入错误! 请重新输入! ");
              }
            }
}
void CreateMGraph(MGraph *G)              // 建立图的邻接矩阵存储
{  int i,j,k;
   char ch1,ch2;
   printf("\n\t\t 请输入顶点数,边数并按【Enter】键(格式如:3,4): ");
   scanf("%d,%d",&(G->n),&(G->e));          // 输入顶点数,边数
   for(i=0;i<G->n;i++)
   { getchar();
     printf("\n\t\t 请输入第%d个顶点并按回车: ",i+1);
     scanf("%c",&(G->vexs[i]));             // 输入顶点
   }
   for(i=0;i<G->n;i++)
      for(j=0;j<G->n;j++)   G->edges[i][j]=0;
   for(k=0;k<G->e;k++)
   { getchar();
     printf("\n\t\t 请输入第%d条边的顶点序号(格式为:i,j): ",k+1);
     scanf("%c,%c",&ch1,&ch2);              // 输入边
     for(i=0;ch1!=G->vexs[i];i++)
        for(j=0;ch2!=G->vexs[j];j++)        G->edges[i][j]=1;
   }
}
void DFSTraverseM(MGraph *G)              // 深度优先遍历
{  int i;
   for(i=0;i<G->n;i++)  visited[i]=FALSE;
   for(i=0;i<G->n;i++)
```

```
            if(!visited[i])      DFSM(G,i);
}
void BFSTraverseM(MGraph *G)          // 广度优先遍历
{ int i;
   for(i=0;i<G->n;i++)  visited[i]=FALSE;
   for(i=0;i<G->n;i++)
      if(!visited[i])      BFSM(G,i);
}
void DFSM(MGraph *G,int i)
{ int j;
   printf("\n\t\t 深度优先遍历序列: %c\n",G->vexs[i]);
   visited[i]=TRUE;
   for(j=0;j<G->n;j++)
      if(G->edges[i][j]==1&&!visited[j])      DFSM(G,j);
}
void BFSM(MGraph *G,int k)
{ int i,j;
   CirQueue Q;
   InitQueue(&Q);
   printf("\n\t\t 广度优先遍历序列: %c\n",G->vexs[k]);
   visited[k]=TRUE;
   EnQueue(&Q,k);
   while(!QueueEmpty(&Q))
   { i=DeQueue(&Q);
     for(j=0;j<G->n;j++)
        if(G->edges[i][j]==1&&!visited[j])
           {visited[j]=TRUE;EnQueue(&Q,j); }
   }
}
```

自主设计实验 8 最小生成树

1. 实验目的

（1）复习图的存储方法和图的遍历方法。

（2）进一步掌握图的非线性特点、递归特点和动态特性。

（3）掌握最小生成树的求解算法。

2. 实验内容

（1）用 Prim 算法求最小生成树。

（2）输入网的二维矩阵，输出最小生成树。

3. 实验要求

（1）利用 C 或 C++语言完成算法设计和程序设计。

（2）上机调试通过实验程序。

（3）输入数据，并求最小生成树。

（4）给出具体的算法分析，包括时间复杂度和空间复杂度等。

（5）撰写实验报告。

习题 8

一、判断题（下列各题，正确的请在后面的括号内打√；错误的打×）

（1）在无向图中，(v_1,v_2) 与 (v_2,v_1) 是两条不同的边。 （　　）

（2）图可以没有边，但不能没有顶点。 （　　）

（3）若一个无向图以顶点 v_1 为起点进行深度优先遍历，所得的遍历序列唯一，则可以唯一确定该图。 （　　）

（4）用邻接矩阵法存储一个图时，所占用的存储空间大小与图中顶点个数无关，而只与图的边数有关。 （　　）

（5）存储无向图的邻接矩阵是对称的，因此只要存储邻接矩阵的上三角（或下三角）部分就可以了。 （　　）

二、填空题

（1）有向图的边也称为 _____。

（2）有向图 G 用邻接矩阵存储，其第 i 行的所有元素之和等于顶点 i 的 _____。

（3）图的逆邻接表存储结构只适用于 _____ 图。

（4）n 个顶点的完全无向图有 _____ 条边。

（5）图常用的存储方式有邻接矩阵和 _____ 等。

（6）有 n 条边的无向图邻接矩阵中，1 的个数有 _____ 个。

（7）图的邻接矩阵表示法是表示 _____ 之间相邻关系的矩阵。

（8）n 个顶点 e 条边的图若采用邻接矩阵存储，则空间复杂度为 _____。

（9）n 个顶点 e 条边的图若采用邻接表存储，则空间复杂度为 _____。

（10）设有一稀疏图 G，则 G 采用 _____ 存储比较节省空间。

（11）设有一稠密图 G，则 G 采用 _____ 存储比较节省空间。

（12）对有 n 个顶点，e 条弧的有向图，其邻接表表示中，需要 _____ 个结点。

（13）无向图的邻接矩阵一定是 _____ 矩阵。

（14）有向图的邻接表表示适于求顶点的 _____。

（15）有向图的邻接矩阵表示中，第 i 列上非 0 元素的个数为顶点 V_i 的 _____。

（16）从图中某一顶点出发，访遍图中其余顶点，且使每一顶点仅被访问一次，称这一过程为图的 _____。

（17）具有 6 个顶点的无向图至少应有 _____ 条边才能确保是一个连通图。

（18）对于具有 n 个顶点的图，其生成树有且仅有 _____ 条边。

（19）一个连通网的最小生成树是该图所有生成树中 _____ 最小的生成树。

（20）若要求一个稠密图 G 的最小生成树，最好用 _____ 算法来求解。

三、选择题

（1）在一个有向图中，所有顶点的入度之和等于所有顶点的出度之和的（　　）倍。

    A. 1/2　　　　　　B. 1　　　　　　C. 2　　　　　　D. 4

（2）对于一个具有 n 个顶点的有向图的边数最多有（　　）。

    A. n　　　　　　B. $n(n-1)$　　　　C. $n(n-1)/2$　　　D. $2n$

（3）在一个具有 n 个顶点的无向图中，要连通全部顶点至少需要（　　）条边。

    A. n　　　　　　B. $n+1$　　　　　　C. $n-1$　　　　　　D. $n/2$

（4）下面关于图的存储结构的叙述中正确的是（　　）。

    A. 用邻接矩阵存储图，占用空间大小只与图中顶点数有关，而与边数无关

    B. 用邻接矩阵存储图，占用空间大小只与图中边数有关，而与顶点数无关

    C. 用邻接表存储图，占用空间大小只与图中顶点数有关，而与边数无关

    D. 用邻接表存储图，占用空间大小只与图中边数有关，而与顶点数无关

（5）无向图顶点 v 的度是关联于该顶点（　　）的数目。

    A. 顶点　　　　　　B. 边　　　　　　C. 序号　　　　　　D. 下标

（6）有 n 个顶点的无向图的邻接矩阵是用（　　）数组存储。

    A. 一维　　　　　　B. n 行 n 列　　　　　　C. 任意行 n 列　　　　　　D. n 行任意列

（7）对于一个具有 n 个顶点和 e 条边的无向图，采用邻接表表示，则表头向量大小为（　　）。

    A. $n-1$　　　　　　B. $n+1$　　　　　　C. n　　　　　　D. $n+e$

（8）在图的表示法中，表示形式唯一的是（　　）。

    A. 邻接矩阵表示法　　　　　　　　B. 邻接表表示法

    C. 逆邻接表表示法　　　　　　　　D. 邻接表和逆邻接表表示法

（9）在一个具有 n 个顶点 e 条边的图中，所有顶点的度数之和等于（　　）。

    A. n　　　　　　B. e　　　　　　C. $2e$　　　　　　D. $2n$

（10）连通分量是（　　）的极大连通子图。

    A. 树　　　　　　B. 图　　　　　　C. 无向图　　　　　　D. 有向图

（11）图 8-33 中，度为 3 的结点是（　　）。

    A. v_1　　　　　　B. v_2　　　　　　C. v_3　　　　　　D. v_4

（12）图 8-34 是（　　）。

    A. 连通图　　　　　　B. 强连通图　　　　　　C. 生成树　　　　　　D. 无环图

（13）如图 8-35 所示，从顶点 a 出发，按深度优先进行遍历，则可能得到的一种顶点序列为（　　）。

    A. a、b、e、c、d、f　　　　　　B. a、c、f、e、b、d

    C. a、e、b、c、f、d　　　　　　D. a、e、d、f、c、b

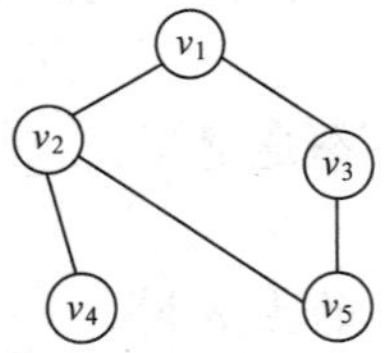

图 8-33　第（11）题图示 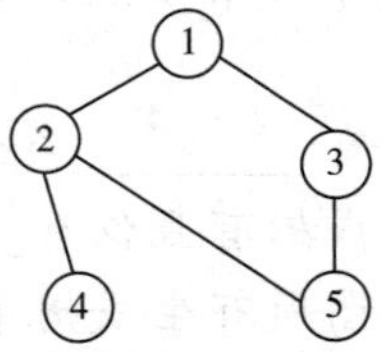　　　　图 8-34　第（12）题图示 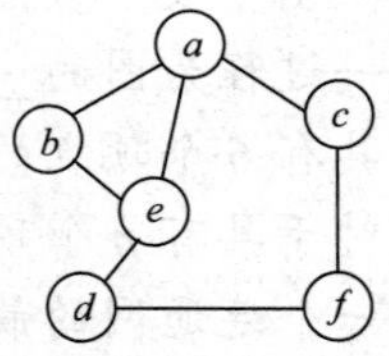　　　　图 8-35　第（13）题图示

（14）如图 8-35 所示，从顶点 a 出发，按广度优先进行遍历，则可能得到的一种顶点序列为（　　）。

    A. a、b、e、c、d、f　　　　　　B. a、b、e、c、f、d

    C. a、e、b、c、f、d　　　　　　D. a、e、d、f、c、b

（15）深度优先遍历类似于二叉树的（　　）。

A. 先序遍历　　　B. 中序遍历　　　　C. 后序遍历　　　　D. 层次遍历

（16）广度优先遍历类似于二叉树的（　　　　）。

A. 先序遍历　　　B. 中序遍历　　　　C. 后序遍历　　　　D. 层次遍历

（17）如果从无向图的任意一个顶点出发进行一次深度优先遍历即可访问所有顶点，则该图一定是（　　　　）。

A. 强连通图　　　B. 连通图　　　　　C. 回路　　　　　　D. 一棵树

（18）任何一个无向连通图的最小生成树（　　　　）。

A. 只有一棵　　　B. 一棵或多棵　　　C. 一定有多棵　　　D. 可能不存在

（19）在一个带权连通图 G 中，权值最小的边一定包含在 G 的（　　　　）生成树中。

A. 最小　　　　　B. 任何　　　　　　C. 广度优先　　　　D. 深度优先

（20）求最短路径的 Dijkstra 算法的时间复杂度为（　　　　）。

A. $O(n)$　　　　B. $O(n+e)$　　　　C. $O(n^2)$　　　　D. $O(n \times e)$

四、应用题

（1）有向图如图 8-36 所示，画出邻接矩阵和邻接表。

（2）已知一个无向图有 6 个结点，9 条边。9 条边依次为(0,1)、(0,2)、(0,4)、(0,5)、(1,2)、(2,3)、(2,4)、(3,4)、(4,5)。试画出该无向图，并从顶点 0 出发，分别写出按深度优先搜索和按广度优先搜索进行遍历的结点序列。

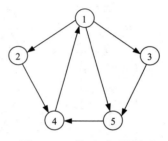

图 8-36　第（1）题图示

（3）已知一个无向图的顶点集为：$\{a,b,c,d,e\}$，其邻接矩阵如下：

$$\begin{pmatrix} 0 & 1 & 0 & 0 & 1 \\ 1 & 0 & 0 & 1 & 0 \\ 0 & 0 & 0 & 1 & 1 \\ 0 & 1 & 1 & 0 & 1 \\ 1 & 0 & 1 & 1 & 0 \end{pmatrix}$$

分别写出从顶点 a 出发的深度优先搜索和广度优先搜索的结点序列。

（4）网 G 的邻接矩阵如下，试画出该图，并画出它的一棵最小生成树。

$$\begin{pmatrix} 0 & 8 & 10 & 11 & 0 \\ 8 & 0 & 3 & 0 & 13 \\ 10 & 3 & 0 & 4 & 0 \\ 11 & 0 & 4 & 0 & 7 \\ 0 & 13 & 0 & 7 & 0 \end{pmatrix}$$

（5）已知某图 G 的邻接矩阵如下：

$$\begin{pmatrix} 0 & 1 & 0 & 1 \\ 1 & 0 & 1 & 0 \\ 0 & 1 & 0 & 1 \\ 1 & 0 & 1 & 0 \end{pmatrix}$$

① 画出相应的图。

② 要使此图为完全图需要增加几条边?

（6）已知某有向图如图 8-37 所示。

① 给出该图每个顶点的入/出度。

② 给出该图邻接表。

③ 给出图的邻接矩阵。

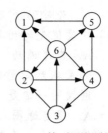

图 8-37 第（6）题图示

（7）根据图 8-38 所示，完成以下操作：

① 写出无向带权图的邻接矩阵。

② 设起点为 a，求其最小生成树。

（8）给定网 G 如图 8-39 所示。

① 画出网 G 的邻接矩阵。

② 画出网 G 的最小生成树。

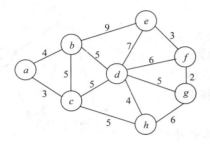

图 8-38 第（7）题图示

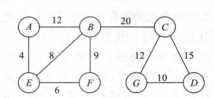

图 8-39 第（8）题图示

五、程序填空题

图 G 为有向无权图，试在邻接矩阵存储结构上实现删除一条边（v,w）的操作：DeleteArc(G,v,w)。若无顶点 v 或 w，返回 ERROR；若成功删除，则边数减 1，并返回 OK。

（提示：删除一条边的操作，可以将邻接矩阵的第 i 行全部置 0）

```
Status DeleteArc(MGraph &G,char v,char w)    //在邻接矩阵表示的图 G 上删除边(v,w)
{   if((i=LocateVex(G,v))<0) return _____;
    if((j=LocateVex(G,w))<0) return _____;
    if(G.arcs[i][j].adj)
    {   G.arcs[i][j].adj=_____;
        G.arcnum_____;
    }
    return _____;
}
```

六、算法题

（1）编写一个无向图的邻接矩阵转换成邻接表的算法。

（2）已知有 n 个顶点的有向图的邻接表，设计算法分别实现下列要求：

① 求出图 G 中每个顶点的出度、入度。

② 求出 G 中出度最大的一个顶点，输出其顶点序号。

③ 计算图中出度为 0 的顶点数。

（3）设计算法判断无向图 G 是否是连通的。

（4）试用 Kruskal 算法设计构造最小生成树的程序。

查　　找 ‹‹‹

本书的前几章介绍了各种线性的和非线性的数据结构，讨论了它们的逻辑结构、存储结构和相关的算法。在本章中将讨论另一种数据结构——查找表。据统计，商业计算机应用系统花费在查找方面的计算时间超过计算机总运行时间的 25% 以上。因此，查找算法的优劣对系统运行效率的影响是相当大的。本章主要介绍查找的基本概念、静态查找、动态查找，以及哈希查找。

9.1　查找的基本概念

有关查找的基本概念如下：

（1）查找表：由同一类型的数据元素（或记录）构成的集合称为查找表。图 9-1 所示为学生招生录取登记表。

学号	姓名	性别	入学总分	录取专业
20010983	张三	女	438	计算机
20010984	李四	男	430	计算机
20010985	王五	女	445	计算机
20010998	张三	男	458	计算机

图 9-1　学生招生录取登记表

（2）对查找表进行的操作：

① 查找某个特定的数据元素是否存在。

② 检索某个特定数据元素的属性。

③ 在查找表中插入一个数据元素。

④ 在查找表中删除一个数据元素。

（3）静态查找（static search table）：在查找过程中仅查找某个特定元素是否存在或查找其属性，称为静态查找。

（4）动态查找（dynamic search table）：在查找过程中对查找表进行插入元素或删除元素操作的，称为动态查找。

（5）关键字（key）：数据元素（或记录）中某个数据项的值，用它可以标识数据元素（或记录）。

（6）主关键字（primary key）：可以唯一地标识一个记录的关键字称为主关键字，如图 9-1 所示的"学号"。

（7）次关键字（secondary key）：可以标识若干个记录的关键字称为次关键字，如图 9-1 所示的"姓名"，其中"张三"就有两位。

（8）查找（searching）：在查找表中确定是否存在一个数据元素的关键字等于给定值的操作，称为查找（又称为检索）。若表中存在这样一个数据元素（或记录），则查找成功；否则，查找失败。

（9）内查找和外查找：若整个查找过程全部在内存进行，则称为内查找；若在查找过程中还需要访问外存，则称为外查找。本书仅介绍内查找。

（10）平均查找长度 ASL：查找算法的效率，主要是看要查找的值与关键字的比较次数，通常用平均查找长度来衡量。对一个含 n 个数据元素的表，查找成功时：

$$\text{ASL} = \sum_{i=1}^{n} P_i \times C_i$$

其式　P_i——找到表中第 i 个数据元素的概率，且有 $\sum_{i=1}^{n} P_i = 1$。

C_i——查找表中第 i 个数据元素所用到的比较次数，不同的查找方法有不同的 C_i。

查找是许多程序中最消耗时间的一部分。因而，一个好的查找方法会大大提高运行速度。

9.2　静态查找表

静态查找表是数据元素的线性表，可以是基于数组的顺序存储也可以是链表存储。

（1）顺序存储结构定义：

```
typedef struct
{ ElemType *elem;          // 数组基址
  int length;              // 表长度
}S_TBL;
```

（2）链式存储结构结点定义：

```
typedef  struct  NODE
{ ElemType elem;            // 结点的值域
   struct NODE *next;       // 下一个结点指针域
}NodeType;
```

9.2.1　顺序查找

顺序查找又称线性查找，是最基本的查找方法之一。顺序查找既适用于顺序表，也适用于链表。

1. 基本思想

从表的一端开始，顺序扫描线性表，依次按给定值与关键字（key）进行比较，若相等，则查找成功，并给出数据元素在表中的位置；若整个表查找完毕，仍未找到与给定值相同的关键字，则查找失败，给出失败信息。

2．算法的实现

现以顺序存储为例，数据元素从下标为 1 的数组单元开始存放，0 号单元作为监测哨，用来存放待查找的值。

```
void SeqSearch()                       // 顺序查找
{ int a[N],i,x,y;
  printf("\n\t\t 建立一个整数的顺序表(以回车为间隔，以－1结束)：\n");
  for(i=1;i<=MAXLEN;i++)               // 顺序表共有 MAXLEN 个元素
  { scanf("%d",&a[i]);
    if(a[i]==-1)                       // 遇到结束标记-1，停止输入
    { y=i;                             // 数据元素个数 i 送 y
      break;
    }
  }
  printf("请输入要查找的数据：");
  scanf("%d",&x);
  i=y-1;
  a[0]=x;                              // 检测哨存放待找的值
  while(i>=0&&a[i]!=x)    i--;         // 从高下标开始查找
  if(i==0)  printf("没有找到\n");
  else  printf("已找到，在第%d的位置上\n",i);
}
```

监测哨的作用：

（1）省去判定循环中下标越界的条件，从而节约比较时间。

（2）保存查找值的副本，查找时若遇到它，则表示查找不成功。这样，在从后向前查找失败时，不必判断查找表是否检测完，从而达到算法统一。

3．顺序查找性能分析

对一个含有 n 个数据元素的表，查找成功时有：

$$ASL = \sum_{i=1}^{n} P_i \times C_i$$

就上述算法而言，对于有 n 个数据元素的表，给定值与表中第 i 个元素关键字相等，即定位第 i 个记录时，需进行 $n-i+1$ 次关键字比较，即 $C_i=n-i+1$。查找成功时，顺序查找的平均查找长度为：

$$ASL = \sum_{i=1}^{n} P_i(n-i+1)$$

设每个数据元素的查找概率相等，即 $P_i=\dfrac{1}{n}$，则等概率情况下有：

$$ASL = \sum_{i=1}^{n} \frac{1}{n}(n-i+1) = \frac{n+1}{2}$$

查找不成功时，关键字的比较次数总是 $n+1$ 次。

算法中的基本工作就是关键字的比较，因此，查找长度的量级就是查找算法的时间复杂度为 $O(n)$。

顺序查找的缺点是当 n 很大时，平均查找长度较大，效率低；优点是对表中数据元素的存储没有要求。另外，对于线性链表，只能进行顺序查找。

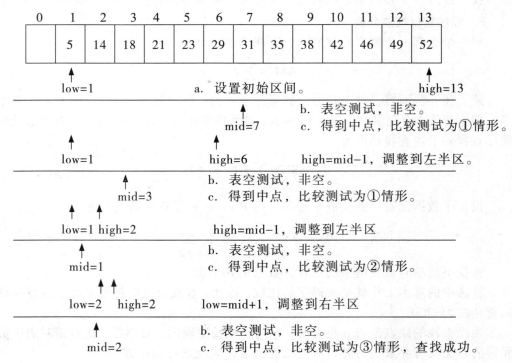

9.2.2 二分查找

二分查找也叫折半查找，是一种效率较高的查找方法，但前提是表中元素必须按关键字有序（按关键字递增或递减）排列。

1. 二分查找的基本思想

在有序表中，取中间元素作为比较对象，若给定值与中间元素的关键字相等，则查找成功；若给定值小于中间元素的关键字，则在中间元素的左半区继续查找；若给定值大于中间元素的关键字，则在中间元素的右半区继续查找。不断重复上述查找过程，直到查找成功，或所查找的区域无数据元素，查找失败。

2. 查找的步骤

（1）low=1，high=length（设置初始区间）。

（2）当 low>high 时，返回查找失败信息（表空，查找失败）。

（3）low<=high，mid=(low+high)/2（取中点）。

① 若 kx<tbl.elem[mid].key，high=mid−1 转到（2）（查找在左半区进行）。

② 若 kx>tbl.elem[mid].key，low=mid+1 转到（2）（查找在右半区进行）。

③ 若 kx=tbl.elem[mid].key，返回数据元素在表中位置（查找成功）。

其中，KX 为待查找值。

3. 查找过程举例

【例 9-1】有序表按关键字排列如下：5、14、18、21、23、29、31、35、38、42、46、49、52。在表中查找关键字为 14 和 22 的数据元素。

（1）查找关键字为 14 的过程：

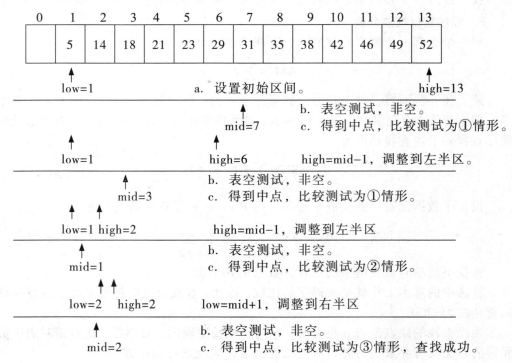

（2）查找关键字为 22 的过程：

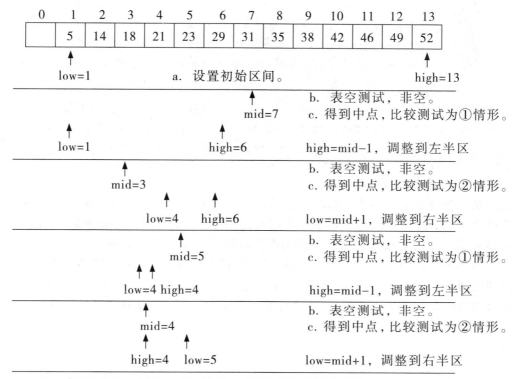

b. 表空测试，为空；查找失败，返回查找失败信息为 0。

4．算法

```
void BinSearch()                              // 二分查找
{ int R[MAXLEN],i,k,low,mid,high,m,nn;
  char ch;
  printf("建立递增有序的查找顺序表(以回车间隔，以-1结束): \n");
  for(i=0;i<MAXLEN;i++)
  { scanf("%d",&R[i]);
   if(R[i]==-1)
      {  nn=i;
         break;
      }
   }
    printf("请输入要查找的数据:");
    scanf("%d",&k);
    low=0;high=nn-1;m=0;
    while(low<=high)
    { mid=(low+high)/2;
      m++;
      if(R[mid]>k)    high=mid-1;
      else if(R[mid]<k)  low=mid+1;
         else   break;
     }
```

```
            if(low>high)
            {   printf("没有找到\n");
                printf("共进行%d次比较。\n",m);
                if(R[mid]<k)    mid++;
                printf("可将此数插入到%d的位置上。 \n",mid+1);
            }
            else
            {   printf("要找的数据%d在第%d的位置上。\n",k,mid+1);
                printf("共进行%d次比较。\n",m);
            }
        }
```

5. 二分查找性能分析

从二分查找的过程看，每次查找都是以表的中点为比较对象，并以中点将表分割为两个子表，对定位到的子表继续作同样的操作。所以，对表中每个数据元素的查找过程可用二叉树来描述，称这个描述查找过程的二叉树为判定树。

从图 9-2 的判定树可以看到，查找第一层的根结点 31，一次比较即可找到；查找第二层的结点 18 和 42，二次比较即可找到；查找第三层的结点 5、23、35、49，三次比较即可找到；查找第四层的结点 14、21、29、38、46、52，四次比较即可找到。

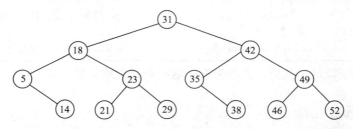

图 9-2　描述二分查找过程的判定树

查找表中任一元素的过程，即是从判定树根结点到该元素结点路径上各结点关键字的比较次数，即该元素结点在树中的层次数。对于 n 个结点的判定树，树高为 k，则有 $2^{k-1}-1<n\leq 2^{k}-1$，即 $k-1<\log_2(n+1)\leq k$，所以 $k=\log_2(n+1)$。因此，二分查找在查找成功时，所进行的关键字比较次数至多为 $\log_2(n+1)$。

现以树高为 k 的满二叉树（$n=2^{k}-1$）为例。假设表中每个元素的查找是等概率的，即 $P_i=\dfrac{1}{n}$，则树的第 i 层有 2^{i-1} 个结点，因此，二分查找的平均查找长度为：

$$\text{ASL}=\sum_{i=1}^{n}P_i\times C_i=\frac{1}{n}(1\times 2^0+2\times 2^1+\cdots+k\times 2^{k-1})$$

$$=\frac{n+1}{n}\log_2(n+1)-1\approx \log_2(n+1)-1$$

所以，二分查找的时间复杂度为 $O(\log_2 n)$。

二分查找的优点是效率高。

二分查找的缺点是：

（1）必须按关键字排序，有时排序也很费时。

（2）只适用顺序存储结构，所以进行插入、删除操作必须移动大量的结点。

二分查找适用于那种一经建立就很少改动，而又经常需要查找的线性表。对于那些经常需要改动的线性表，可以采用链表存储结构，进行顺序查找。

9.2.3 分块查找

1．基本思想

将具有 n 个元素的主表分成 m 个块（又称为子表），每块内的元素可以无序，但要求块与块之间必须有序，并建立索引表。索引表包括两个字段：关键字字段（存放对应块中的最大关键字值）和指针字段（存放指向对应块的首地址）。查找方法如下：

（1）在索引表中检测关键字字段，以确定待找值 kx 所处的分块（可用二分查找）位置。

（2）根据索引表指示的首地址，在该块内进行顺序查找。

2．分块查找举例

【例 9-2】设关键字集合为 90、43、14、30、78、8、62、49、35、71、22、80、18、52、85。

按关键字值 30、62、90 分为三块建立的查找表及其索引表如图 9-3 所示。

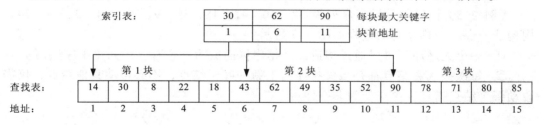

图 9-3　分块查找示例

3．分块查找性能分析

分块查找由索引表查找和子表查找两步完成。设 n 个数据元素的查找表分为 m 个子表，且每个子表均为 t 个元素，则 $t= n/m$。这样，分块查找的平均查找长度为：

$$ASL = ASL_{索引表} + ALS_{子表} = \frac{1}{2}(m+1) + \frac{1}{2}(\frac{n}{m}+1) = \frac{1}{2}(m+\frac{n}{m})+1$$

可见，平均查找长度不仅和表的总长度 n 有关，而且和所分的子表个数 m 有关。在表长 n 确定的情况下，m 取 $\sqrt{n}$ 时，$ASL=\sqrt{n}+1$ 达到最小值。

9.3　动态查找表

本节主要介绍二叉排序树（binary sort tree）和平衡二叉树（balanced binary tree）。

9.3.1　二叉排序树

1．二叉排序树定义

二叉排序树或者是一棵空树，或者是具有下列性质的二叉树：

（1）若左子树不空，则左子树上所有结点的值均小于根结点的值。

（2）若右子树不空，则右子树上所有结点的值均大于根结点的值。

（3）左、右子树也都是二叉排序树。

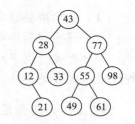

图 9-4 所示即为一棵二叉排序树。从上述的定义可知，对二叉排序树进行中序遍历，便可得到一个按关键字有序排列的序列：

图 9-4　二叉排序树示例

12、21、28、33、43、49、55、61、77、98

2．二叉排序树的插入

（1）插入原则。

① 若二叉树为空，则插入结点为新的根结点。

② 否则，插入结点小于根结点，在左子树上查找；插入结点大于根结点，在右子树上查找，直至某个结点的左、右子树空为止。

③ 插入结点小于该结点，作为该结点的左孩子，否则作为该结点的右孩子。

（2）二叉排序树的构造过程。

【例 9-3】记录的关键字序列为 33、50、42、18、39、9、77、44、2、11、24、则构造一棵二叉排序树的过程如图 9-5 所示。

① 一个无序序列可以通过构造二叉排序树而成为一个有序序列（中序遍历）。

② 每次插入新结点都是二叉排序树上新的叶子结点，不必移动其他结点，仅需改动某个结点指针，由空变为非空即可。

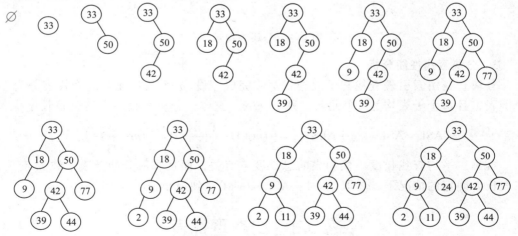

图 9-5　从空树开始建立二叉排序树的过程

（3）生成二叉排序树的算法。

```
BSTree CreateBST(void)
{ BSTree T;
  KeyType Key;
  T=NULL;
```

```
    printf("请输入一个整数关键字(输入 0 时结束输入): ");
    scanf("%d",&Key);
    while(Key)
    { InsBST(&T,Key);
      printf("请输入下一个整数关键字(输入 0 时结束输入): ");
      scanf("%d",&Key);
    }
    return T;
}
void InsBST(BSTree *T,KeyType Key)
{ BSTNode *f,*p;
  p=(*T);
  while(p)
  { if(p->key==Key)
    {  printf("树中已有%d, 不需插入\n",Key);
       return;
    }
    f=p;
    p=(Key<p->key)?p->lchild:p->rchild;
  }
  p=new BSTNode;
  p->key=Key;
  p->lchild=p->rchild=NULL;
  if((*T)==NULL)    (*T)=p;
  else  if(Key<f->key) f->lchild=p;
      else  f->rchild=p;
}
```

3．二叉排序树删除操作

若要在二叉排序树中删除一个结点，删除之后的二叉排序树仍要保持二叉排序树的特性，这就需要从以下情况进行考虑。

（1）二叉排序树删除操作有 3 种情况。

① 删除的结点是叶子结点。

将其父结点与该结点相连接的指针设为 NULL。如图 9-6 所示，要删除结点 11，则只需将其父结点 9 的右指针设为 NULL。

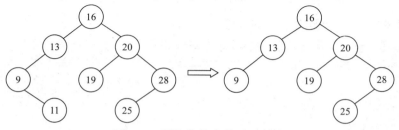

图 9-6　删除的结点是叶子结点

② 删除的结点只有一棵子树。

将被删除结点的子树向上提升，用子树的根结点取代被删除结点。如图 9-7 所示，要删除结点 9，则用结点 11 取代结点 9。

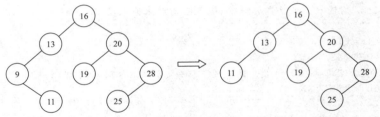

图 9-7　删除的结点只有一棵子树

③ 删除的结点有左、右两棵子树（两种方法）。

- 中序直接前驱法：将被删除结点的中序遍历的直接前驱结点取代被删除结点。
  如图 9-8 所示，要删除结点 20，则要将中序直接前驱结点 19 取代结点 20。

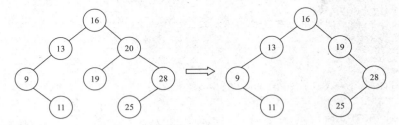

图 9-8　中序遍历的直接前驱结点取代被删除的结点

- 中序直接后继法：将被删除结点的中序遍历的直接后继结点取代被删除结点。
  如图 9-9 所示，要删除结点 20，则要将中序直接后继结点 25 取代结点 20。（本
  书程序采用此种方法）

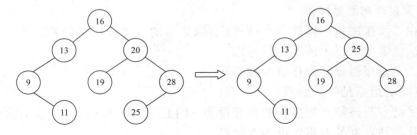

图 9-9　中序遍历的直接后继结点取代被删除的结点

（2）二叉排序树上删除结点的算法。

```
void DelBSTNode(BSTree *T,KeyType Key)
{ BSTNode *parent=NULL,*p,*q,*child;
  p=*T;
  while(p)                               // 查找要删除的结点
  { if(p->key==Key)    break;
    parent=p;
    p=(Key<p->key)?p->lchild:p->rchild;
  }
  if (!p)
  { printf("没有找到要删除的结点\n");
    return;
```

```
      }
   q=p;
   if(q->lchild&&q->rchild)                    // 若左右子树都不为空
     for(parent=q,p=q->rchild;p->lchild;parent=p,p=p->lchild);
                                               // 查找右子树最左端结点
      child=(p->lchild)?p->lchild:p->rchild;
   if(!parent)    *T=child;
   else                                        // 若左右子树至少有一个为空
   { if(p==parent->lchild)    parent->lchild=child;
     else    parent->rchild=child;
     if(p!=q)   q->key=p->key;
   }
   delete(p);
}
```

4．二叉排序树查找过程

（1）从其定义可见，二叉排序树的查找过程如下：

① 若查找树为空，查找失败。

② 查找树非空，将给定值与查找树的根结点关键字比较。

③ 若相等，查找成功，结束查找过程，否则：

● 当给定值小于根结点关键字时，查找将在左子树上继续进行，转到①。

● 当给定值大于根结点关键字时，查找将在右子树上继续进行，转到①。

（2）下面是二叉排序树的存储结构定义：

```
typedef struct node                          // 二叉排序树结点结构
{ KeyType key;                               // 数据元素字段
   struct node *lchild,*rchild;              // 左、右指针字段
}BSTNode;                                     // 二叉树结点类型
```

（3）二叉排序树查找算法：

```
void SearchBST(BSTree T,KeyType Key)
{ BSTNode *p=T;
   while (p)
   {   if(p->key==Key)
       {  printf("已经找到\n");
          return;
       }
       p=(Key<p->key)?p->lchild:p->rchild;
   }
   printf("没有找到\n");
}
```

5．二叉排序树的查找分析

在二叉排序树上查找其关键字等于给定值结点的过程，恰是走了一条从根结点到该结点的路程的过程。含有 n 个结点的二叉排序树是不唯一的，如何来进行查找分析呢？

例如，在图 9-10 所示的两棵二叉排序树中，虽然结点的值都相同，但图 9-10（a）的深度为 3，而图 9-10（b）的深度为 6。其等概率平均查找长度分别为：

$$ASL(a)=(1\times1+2\times2+3\times3)/6=14/6$$

$$ASL(b)=(1\times1+2\times1+3\times1+4\times1+5\times1+6\times1)/6=21/6$$

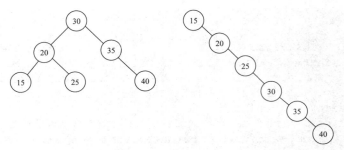

（a）深度为 3 的二叉排序树　　（b）深度为 6 的二叉排序树

图 9-10　不同深度的二叉排序树

由此可见：在二叉排序树上进行查找的平均查找长度和二叉树的形态有关。

（1）在最坏情况下，二叉排序树是通过一个有序表的 n 个结点依次插入生成的，此时所得的二叉排序树蜕化为一棵深度为 n 的单支树，如图 9-10（b）所示，它的平均查找长度和单向链表的顺序查找相同，也是 $(n+1)/2$。

（2）在最好情况下，二叉排序树在生成过程中，树的形态比较均匀，其最终得到的是一棵形态与二分查找的判定树相似的二叉排序树，如图 9-10（a）所示。

对均匀的二叉排序树进行插入或删除结点后，应对其进行调整，使其依然保持均匀。

9.3.2　平衡二叉树

所谓平衡二叉树是指树中任一结点的左、右子树高度大致相等的二叉树。平衡二叉树有很多种，最著名的是由苏联数学家 Adelse-Velskil 和 Landis 在 1962 年提出的，称为 AVL 树。

平衡二叉树或者是一棵空树，或者是具有以下性质的二叉排序树：

（1）它的左子树和右子树的高度之差（称为平衡因子）的绝对值不超过 1。

（2）它的左子树和右子树又都是平衡二叉树。

图 9-11 给出了两棵二叉排序树，每个结点旁边的数字是以该结点为根的树中，左子树与右子树高度之差，这个数字称为该结点的平衡因子（balance factor，BF）。由定义可知，在平衡二叉树中所有结点的平衡因子只能取 -1、0、1 三个值之一。图 9-11（a）就是一棵平衡二叉树。

若二叉排序树中只要存在这样的结点，其平衡因子的绝对值大于 1，则这棵树就不是平衡二叉树。图 9-11（b）就是非平衡二叉树。

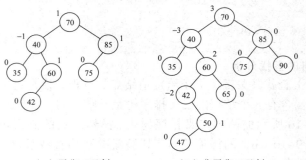

（a）平衡二叉树　　　　　（b）非平衡二叉树

图 9-11　非平衡二叉树和平衡二叉树

在平衡二叉树上插入或删除结点后，可使原二叉树失去平衡。此时，为了保持原二叉树的平衡状态，可以对失去平衡的二叉树进行平衡化处理。下面重点介绍一种因插入结点引起平衡二叉树不平衡的处理方法——旋转调整法。

在不断插入结点生成平衡二叉树的过程中，每次新插入的结点都是叶子结点，该叶子结点的插入如果引起了平衡二叉树的不平衡，则在很多情况下都是插入结点所在子树的局部不平衡导致了整棵二叉树的不平衡。因此，在很多情况下，只需将插入结点所在的最小不平衡子树调整为平衡，这样整棵二叉树也就能够维持平衡了。

一般情况下，假设在平衡二叉树上插入结点后，失去平衡的最小子树的根结点为 A（该结点应为插入结点的祖先结点，并且是离插入结点最近的，平衡因子绝对值超过 1 的结点），则称以 A 为根结点的子树即为最小不平衡子树。

如图 9-12 所示，插入新结点 88 到平衡二叉树中将引起不平衡，从插入结点 88 的双亲 85 开始，依次向上寻找离插入点最近的不平衡祖先结点 A。显然，结点 85 和结点 93 的不平衡因子绝对值都没有超过 1，而结点 72 的不平衡因子绝对值为 2。因此，无论结点 54 的平衡因子绝对值是否超过 1，结点 72 都是离插入点 88 最近的不平衡祖先结点，它才是失去平衡的最小子树的根结点 A。

因此，将插入结点 88 后的这棵不平衡二叉树调整为平衡时，只需调整以结点 72 为根的这棵子树即可。

平衡二叉树插入结点失去平衡后，进行调整的规律可归纳为以下 4 种情况。

（1）不平衡子树形态为 LL 型，采用单向右旋平衡处理。LL 型不平衡是由于在 A 结点左子树根结点的左子树上插入结点，使得 A 结点的平衡因子由 1 增至 2，使得以 A 结点为根的子树失去平衡。对于这种形态的不平衡，则需对以 A 结点为根的不平衡子树进行一次向右的顺时针旋转操作。单向右旋之后，A 结点的左孩子 B 将变为整棵子树的根，其余的链接关系及具体过程如图 9-13 所示。

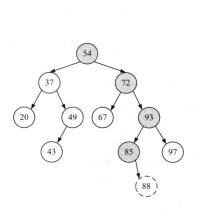

图 9-12　平衡二叉树中插入结点 88

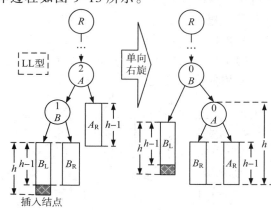

图 9-13　单向右旋

（2）不平衡子树形态为 LR 型，采用先局部左旋，后整体右旋平衡处理。由于在 A 结点左子树根结点的右子树上插入结点，A 结点的平衡因子由 1 增至 2，致使以 A 结点为根的子树失去平衡，则需进行先局部左旋，后整体右旋的两次旋转操作。两次旋转后二叉树的形态变化如图 9-14 所示。

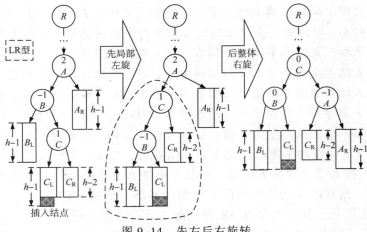

图 9-14 先左后右旋转

（3）不平衡子树形态为 RR 型，采用单向左旋平衡处理。RR 型不平衡是由于在 A 结点右子树根结点的右子树上插入结点，使得 A 结点的平衡因子由 -1 增至 -2，使得以 A 结点为根的子树失去平衡。对于这种形态的不平衡，则需对以 A 结点为根的不平衡子树进行一次向左的顺时针旋转操作。单向左旋之后，A 结点的右孩子 B 将变为整棵子树的根，其余的链接关系及具体过程如图 9-15 所示。

（4）不平衡子树形态为 RL 型，采用先局部右旋，后整体左旋平衡处理。由于在 A 结点右子树根结点的左子树上插入结点，A 结点的平衡因子由 -1 增至 -2，致使以 A 结点为根的子树失去平衡，则需进行先局部右旋，后整体左旋的两次旋转操作。两次旋转后二叉树的形态变化如图 9-16 所示。

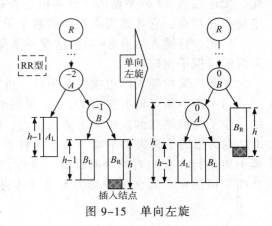

图 9-15 单向左旋

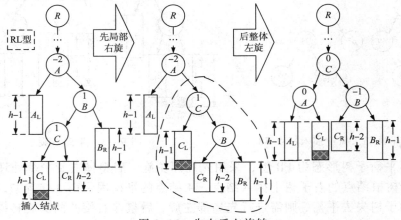

图 9-16 先右后左旋转

图 9–13～图 9–16 所示的各种不平衡形态中，结点 A 均是离插入点最近的不平衡结点，该结点的地址可以通过从插入结点一步步寻找双亲得到，除了以 A 为根的子树需要调整为平衡之外，该二叉树的其他部分无须做任何形态调整。A 结点可能位于整棵二叉树树根 R 的左子树中，也可能位于树根 R 的右子树中，也有可能 A 就是树根 R。如果调整前 A 结点就是树根 R，则平衡化处理结束时，由于 A 结点不再是整棵二叉树的根了，所以需要更新整棵二叉树的根结点指针值。

因为以上平衡化处理方法需要经常从某个结点寻找其双亲，所以该平衡二叉树最好采用三叉链表的方式来实现，这样从任何结点寻找其双亲都比较方便。

三叉链表的结构体定义代码如下：

```
typedef  struct  threenode
{  char   data;                           //三叉链表中的结点标志
   struct threenode  lchild;              //左孩子的指针
   struct threenode  rchild;              //右孩子的指针
   struct threenode  parent;              //双亲结点的指针
}ThreeNode;                               //三叉链表的结点类型
```

注意：在三叉链表中插入删除结点，或者调整任何左右孩子的指针指向时，相应的双亲指针域也必须随之调整。

📚 9.4　哈　希　表

前几节中所讨论的各种查找算法，由于记录在表中的存储位置与关键字没有一个直接联系，因此必须通过对所给关键字值进行一系列比较，才能确定被查找记录在表中的位置，其查找时间与表的长度有关。本节要介绍的哈希查找，则是基于建立从关键字到记录存储地址之间的函数关系而进行的另一类不同的查找方法。

9.4.1　哈希表与哈希方法

哈希查找也称为散列查找，它既是一种查找方法，又是一种存储方法，称为散列存储。散列存储的内存存放形式称为散列表，也称为哈希表。

散列查找与前述的方法不同，数据元素的存储位置与关键字之间不存在确定的关系，也不需要进行一系列的关键字查找比较。它是依据关键字直接得到其对应的数据元素位置，即要求关键字与数据元素间存在一一对应的关系。通过这个关系，很快地由关键字得到对应的数据元素位置。

【例 9–4】11 个元素的关键字分别为 18、27、1、20、22、6、10、13、41、15、25。选取关键字与元素位置间的函数为 $f(key)=key\%11$。

（1）通过这个函数对 11 个元素建立查找表，如图 9–17 所示。

0	1	2	3	4	5	6	7	8	9	10
22	1	13	25	15	27	6	18	41	20	10

图 9–17　关键字与函数的对应关系

（2）查找时，对给定值依然通过这个函数计算出地址，再将给定值与该地址单元中元素的关键字比较，若相等，则查找成功。

（3）哈希表与哈希方法。选取某个函数，依该函数按关键字计算元素的存储位置，并按此存放；查找时，由同一个函数对给定值计算地址，将给定值与地址单元中元素关键字进行比较，确定查找是否成功，这就是哈希方法。哈希方法中使用的转换函数称为哈希函数。按这个思想构造的表称为哈希表。

对于 *n* 个数据元素的集合，总能找到关键字与存放地址一一对应的函数。若最大关键字为 *m*，可以分配 *m* 个数据元素存放单元，选取函数 f (key)=key 即可，但这样会造成存储空间的很大浪费，甚至不可能分配这么大的存储空间。

通常关键字的集合比哈希地址集合大得多，因而经过哈希函数变换后，可能将不同的关键字映射到同一个哈希地址上，这种现象称为冲突（collision），映射到同一哈希地址上的关键字称为同义词。可以说，冲突不可能避免，只能尽可能减少。所以，哈希方法需要解决以下两个问题：

① 构造好的哈希函数。所选函数尽可能简单，以便提高转换速度。并且，所选函数对关键字计算出的地址，应在哈希地址集中大致均匀分布，以减少存储空间的浪费。

② 制订解决冲突的方案。

9.4.2　哈希函数的构造方法

1．直接定址法

$$Hash(key)=a \times key+b \qquad （a、b 为常数）$$

直接定址法是取关键字的某个线性函数值为哈希地址，这类函数是一一对应函数，不会产生冲突，但要求地址集合与关键字集合大小相同，因此，对于较大的关键字集合不适用。

【例 9-5】关键字集合为{20,30,50,60,80,90}，选取哈希函数为 Hash(key)=key/10，则关键字存放地址如图 9-18 所示。

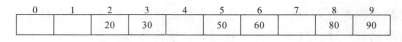

0	1	2	3	4	5	6	7	8	9
		20	30		50	60		80	90

图 9-18　关键字存放地址

2．除留余数法

$$Hash(key)=key\%p \qquad （p 是一个整数）$$

除留余数法是取关键字除以 *p* 的余数作为哈希地址。使用除留余数法，选取合适的 *p* 很重要。若哈希表表长为 *m*，则要求 *p*≤*m*，且接近 *m* 或等于 *m*。

p 一般选取质数，也可以是不包含小于 20 的质因子的合数。

3．平方取中法

平方取中法是对关键字值取平方以后，按哈希表大小，取中间的若干位作为哈希地址。

【例 9-6】若存储区域可存储 100 个以内记录，关键字=4 731，则 4 731×4 731=22 382 361，取中间 2 位，即 82 作为存储地址。

【**例 9-7**】若存储区域可存储 10 000 以内个记录，关键字=14 625，则 14 625×14 625= 213 <u>890 6</u>25，取中间 4 位，即 8 906 作为存储地址。

9.4.3 处理冲突的方法

1．开放定址法

所谓开放定址法，即由关键字得到的哈希地址一旦产生了冲突，也就是说，该地址已经存放了数据元素，就去寻找下一个空的哈希地址。只要哈希表足够大，空的哈希地址总能找到，并将数据元素存入。

找空哈希地址方法很多，下面介绍 3 种。

（1）线性探测法。

$$H_i=(\text{Hash(key)}+d_i)\%m \qquad （1\leqslant i\leqslant m）$$

式中　Hash(key)——哈希函数；

　　　　m——哈希表长度；

　　　　d_i——增量序列 1，–1，2，–2，…，q，$-q$，且 $q\leqslant\frac{1}{2}(m-1)$。

【**例 9-8**】关键字集为 {47,7,29,11,16,92,22,8,3}，哈希表表长为 11，Hash(key)=key%11，用线性探测法处理冲突，建表如图 9-19 所示。

0	1	2	3	4	5	6	7	8	9	10
11	22		47	92	16	3	7	29	8	

图 9-19　线性探测法处理冲突的哈希表

47、7、11、16、92 均是由哈希函数得到的没有冲突的哈希地址而直接存入的。Hash(29)=7，哈希地址上冲突，需寻找下一个空的哈希地址，由 $H_1=(\text{Hash(29)}+1)\%11=8$，哈希地址 8 为空，将 29 存入。另外，22、8 同样在哈希地址上有冲突，也是由 H_1 找到空的哈希地址。

而 Hash(3)=3，哈希地址上冲突，由 $H_1=(\text{Hash(3)}+1)\%11=4$，仍然冲突；$H_2=(\text{Hash(3)}+2)\%11=5$，仍然冲突；$H_3=(\text{Hash(3)}+3)\%11=6$，找到空的哈希地址，存入。

线性探测法可能使第 i 个哈希地址的同义词存入第 $i+1$ 个哈希地址，这样本应存入第 $i+1$ 个哈希地址的元素变成了第 $i+2$ 个哈希地址的同义词……因此，可能出现很多元素在相邻的哈希地址上"堆积"起来，大大降低了查找效率。为此，可采用二次探测法，或双哈希函数探测法，以改善"堆积"问题。

（2）二次探测法（平方探测法）。

$$H_i=(\text{Hash(key)}\pm d_i^2)\%m$$

式中　Hash(key)——哈希函数；

　　　　m——哈希表长度，m 要求是某个 $4k+3$ 的质数（k 是整数）；

　　　　$\pm d_i^2$——一般为增量序列 $+1^2$，-1^2，$+2^2$，-2^2，…，$+q^2$，$-q^2$，且 $q\leqslant\frac{1}{2}(m-1)$。

仍以上例为例，用二次探测法处理冲突，建表如图 9-20 所示。

0	1	2	3	4	5	6	7	8	9	10
11	22	3	47	92	16		7	29	8	

图 9-20　用二次探测法处理冲突的哈希表

对关键字寻找空的哈希地址只有"3"这个关键字与上例不同。

Hash(3)=3，哈希地址上冲突，由 $H_1=(\text{Hash}(3)+1^2)\%11=4$，仍然冲突；$H_2=(\text{Hash}(3)-1^2)\%11=2$，找到空的哈希地址，存入。

（3）双哈希函数探测法。

$$H_i = (\text{Hash}(key) + i \times \text{ReHash}(key))\%m \quad (i = 1,2,\cdots,m-1)$$

式中　Hash(key)、ReHash(key)——两个哈希函数；

m——哈希表长度。

双哈希函数探测法，先用第一个函数 Hash(key)对关键字计算哈希地址，一旦产生地址冲突，再用第二个函数 ReHash(key)确定移动的步长因子，最后，通过步长因子序列由探测函数寻找空的哈希地址。

比如，Hash(key)=a 时产生地址冲突，就计算 ReHash(key)=b，则探测的地址序列为：

$$H_1= (a+b)\%m, \quad H_2= (a+2b)\%m, \quad \cdots, \quad H_{m-1}=(a+(m-1)b)\%m$$

2．拉链法（链地址法）

拉链法也称为链地址法。

设哈希函数得到的哈希地址域在区间$[0, m-1]$上，以每个哈希地址作为一个指针，指向一个链，即分配指针数组 ElemType *eptr[m];建立 m 个空链表。由哈希函数对关键字转换后，映射到同一哈希地址 i 的同义词均加入到*eptr[i]指向的链表中。

【例 9-9】关键字序列为 47、7、29、22、27、92、33、8、3、51、37、78、94、21，哈希函数为：

$$\text{Hash}(key)=key\%11$$

用拉链法处理冲突，建表如图 9-21 所示。

3．建立一个公共溢出区

设哈希函数产生的哈希地址集为$[0, m-1]$，则分配两个表：

（1）一个基本表 ElemType base_tbl[m]；每个单元只能存放一个元素；

（2）一个溢出表 ElemType over_tbl[k]；只要关键字对应的哈希地址在基本表上产生冲突，则所有这样的元素一律存入该表中。查找时，对给定值通过哈希函数计算出哈希地址 i,先与基本表的 base_tbl[i]单元比较，若相等，查找成功；否则，再到溢出表中进行查找。

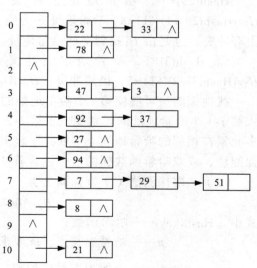

图 9-21　拉链法处理冲突时的哈希表

小 结

（1）查找又称为检索，是从一个数据元素（记录）的集合中，按某个关键字值查找特定数据元素（记录）的一种操作。若表中存在这样一个数据元素（或记录），则查找成功；否则，查找失败。

（2）查找可以分为静态查找和动态查找。在查找过程中仅查找某个特定元素是否存在或它的属性，称为静态查找；在查找过程中对查找表进行插入元素或删除元素操作的，称为动态查找。

（3）查找算法的效率，主要是看要查找的值与关键字的比较次数，通常用平均查找长度（ASL）来衡量。

（4）顺序查找对查找表无任何要求，既适合无序表，又适合有序表，其查找成功的平均查找长度为$(n+1)/2$，时间复杂度为$O(n)$。

（5）二分查找要求表中元素必须按关键字有序排列，其平均查找长度近似为$\log_2(n+1)-1$，时间复杂度为$O(\log_2 n)$。

（6）分块查找，每块内的元素可以无序，但要求块与块之间必须有序，并建立索引表。

（7）二叉排序树是一种有序树，在它上面的查找类似于二分查找的判定树上的查找。这是一种动态查找过程，在查找过程中插入结点，不必移动其他结点，仅需修改指针即可。其查找性能介于二分查找和顺序查找之间。

（8）散列查找是通过构造散列函数来计算关键字存储地址的一种查找方法，时间复杂度为$O(1)$。

（9）两个不同的关键字，其散列函数值相同，因而得到同一个表的相同地址的现象称为冲突。

（10）常用的解决冲突的方法有线性探测法、平方探测法、链地址法等。

实 验

验证性实验 9 查找子系统

1．实验目的

（1）通过查找实验理解查找的基本算法。

（2）熟悉各种查找方法的适用场合及平均查找长度。

（3）掌握静态查找和动态查找的区别。

（4）掌握顺序查找、二分查找的基本思想及其算法。

（5）掌握二叉排序树的基本思想及其算法。

2．实验内容

（1）编写顺序查找程序。

（2）编写二分查找程序。

（3）编写建立二叉排序树的程序。

（4）编写在二叉排序树上的查找、插入、删除结点的程序。

（5）编写使二叉排序树中序输出的程序。

（6）设计一个选择式菜单，一级菜单形式如下：

```
                    查 找 子 系 统
        ******************************************
        *          1------顺 序 查 找             *
        *          2------二 分 查 找             *
        *          3------二 叉 排 序 树          *
        *          0------返          回          *
        ******************************************
                请选择菜单号(0--3):
```

二叉排序树二级子菜单如下：

```
                        二 叉 排 序 树
        ******************************************
        *          1------更新二叉排序树           *
        *          2------查 找 结 点             *
        *          3------插 入 结 点             *
        *          4------删 除 结 点             *
        *          5------中序输出排序树           *
        *          0------返          回          *
        ******************************************
                请选择菜单号(0--5):
```

3. 参考程序

```c
#include<stdio.h>
#include<string.h>
#define SEARCHMAX 100
#define N 10
void SeqSearch()                                // 顺序查找
{   int a[N],i,x,y;
    char ch;
    printf("\n\t\t 建立一个整数的顺序表(以回车符为间隔,以-1结束): \n");
    for(i=0;i<SEARCHMAX;i++)
    {   printf("\t\t");
        scanf("%d",&a[i]);
        getchar();
        if(a[i]==-1)    {y=i; break;}
    }
    printf("\n\t\t 需要查找请输入Y,否则输入N: ");
    scanf("%c",&ch);
    while(ch=='y'||ch=='Y')
    {   printf("\n\t\t 请输入要查找的数据: ");
        scanf("%d",&x);getchar();
        i=y-1;
        while(i>=0&&a[i]!=x)    i--;
        if(i==-1)   printf("\n\t\t 抱歉!没有您要查找的数据. \n");
        else  printf("\n\t\t 您要查找的数据在第 %d 个位置上. \n",i+1);
        printf("\n\t\t 继续查找输入Y,否则输入N: ");
```

```
            scanf("%c",&ch);
    }
}
void BinSearch()                              // 二分查找
{   int R[SEARCHMAX],i,k,low,mid,high,m,nn;
    char ch;
    printf("\n\t\t 建立递增有序的查找顺序表(以回车符间隔，以－1结束)：\n");
    for(i=0;i<SEARCHMAX;i++)
    {   printf("\t\t");
        scanf("%d",&R[i]);
        getchar();
        if(R[i]==-1)    {   nn=i;break;}
    }
    printf("\n\t\t 查找请输入 Y，退出输入 N:  ");
    scanf("%c",&ch);
    getchar();
    while(ch=='y'||ch=='Y')
    {   printf("\n\t\t 请输入要查找的数据：  ");
        scanf("%d",&k);
        getchar();
        low=0;
        high=nn-1;
        m=0;
        while(low<=high)
        {   mid=(low+high)/2;
            m++;
            if(R[mid]>k)  high=mid-1;
            else  if(R[mid]<k) low=mid+1;
                else      break;
        }
        if(low>high)
        {   printf("\n\t\t 抱歉!没有您要查找的数据.\n");
            printf("\n\t\t 共进行 %d 次比较．\n",m);
            if(R[mid]<k)   mid++;
            printf("\n\t\t 可将此数插入到第 %d 个位置上．\n",mid+1);
        }
        else
        {   printf("\n\t\t 要找的数据 %d 在第 %d 个位置上。\n",k,mid+1);
            printf("\n\t\t 共进行 %d 次比较。\n",m);
        }
        printf("\n\t\t 继续查找输入 Y，否则输入 N: ");
        scanf("%c",&ch);getchar();
    }
}
typedef int KeyType;
typedef struct node                           // 二叉排序树结点结构
{   KeyType key;
    struct node *lchild,*rchild;
}BSTNode;
typedef BSTNode *BSTree;
```

```
BSTree CreateBST(void);
void SearchBST(BSTree T,KeyType Key);
void InsBST(BSTree *Tptr,KeyType Key);
void DelBSTNode(BSTree *Tptr,KeyType Key);
void InorderBST(BSTree T);
void BTSearch()
{   BSTree T;
    char ch1,ch2;
    KeyType Key;
    printf("\n\t\t 建立一棵二叉树的二叉链表存储\n");
    T=CreateBST();
    ch1='y';
    getchar();
    while(ch1=='y'||ch1=='Y')
    {   printf("\n");
        printf("\n\t\t          二 叉 排 序 树             ");
        printf("\n\t\t*********************************");
        printf("\n\t\t*        1-------更新二叉排序树       *");
        printf("\n\t\t*        2-------查 找 结 点         *");
        printf("\n\t\t*        3-------插 入 结 点         *");
        printf("\n\t\t*        4-------删 除 结 点         *");
        printf("\n\t\t*        5-------中序输出排序树       *");
        printf("\n\t\t*        0-------返      回          *");
        printf("\n\t\t*********************************");
        printf("\n\t\t 请选择菜单号(0--5): ");
        scanf("%c",&ch2);
        getchar();
        switch(ch2)
        { case '1':T=CreateBST();break;
          case '2':printf("\n\t\t 请输入要查找的数据: ");
              scanf("%d",&Key);
              getchar();
              SearchBST(T,Key);
              printf("\n\t\t 查找完毕.\n");break;
          case '3':printf("\n\t\t 请输入要插入的数据: ");
              scanf("%d",&Key);getchar();
              InsBST(&T,Key);
              printf("\n\t\t 插入完毕. \n");break;
          case '4':printf("\n\t\t 请输入要删除的数据: ");
              scanf("%d",&Key);getchar();
              DelBSTNode(&T,Key);
              printf("\n\t\t 删除完毕. \n");break;
          case '5':printf("\n\t\t");
              InorderBST(T);
              printf("\n\n\t\t 二叉排序树输出完毕.\n ");break;
          case '0':ch1='n';
              return;
          default:printf("\n\t\t 输入错误! 请重新输入.\n ");
        }
    }
```

```
}
BSTree CreateBST(void)
{   BSTree T;
    KeyType Key;
    T=NULL;
    printf("\n\t\t请输入一个整数关键字 (输入 0 时结束输入) : ");
    scanf("%d",&Key);
    while(Key)                          // Key 不等于 0 继续输入
    {   InsBST(&T,Key);
        printf("\n\t\t请输入下一个整数关键字(输入 0 时结束输入): ");
        scanf("%d",&Key);
    }
    return T;
}
void SearchBST(BSTree T,KeyType Key)
{   BSTNode *p=T;
    while(p)
    {   if(p->key==Key)
        {   printf("\n\t\t已经找到您输入的数据. \n");
            return;
        }
        p=(Key<p->key)?p->lchild:p->rchild;
    }
    printf("\n\t\t没有找到您输入的数据. \n");
}
void InsBST(BSTree *T,KeyType Key)
{   BSTNode *f,*p;
    p=(*T);
    while(p)
    {   if(p->key==Key)
        {   printf("\n\t\t树中已有 %d , 不需插入. \n",Key);
            return;
        }
        f=p;
        p=(Key<p->key)?p->lchild:p->rchild;
    }
    p=new BSTNode;
    p->key=Key;
    p->lchild=p->rchild=NULL;
    if((*T)==NULL) (*T)=p;
    else if(Key<f->key) f->lchild=p;
        else f->rchild=p;
}
void DelBSTNode(BSTree *T,KeyType Key)
{   BSTNode *parent=NULL,*p,*q,*child;
    p=*T;
    while(p)
    {   if(p->key==Key) break;
        parent=p;
        p=(Key<p->key)?p->lchild:p->rchild;
    }
    if(!p)
```

```
    {   printf("\n\t\t 没有找到您要删除的结点. ");
        return;
    }
    q=p;
    if(q->lchild&&q->rchild)
        for(parent=q,p=q->rchild;p->lchild;parent=p,p=p->lchild);
    child=(p->lchild)?p->lchild:p->rchild;
    if(!parent) *T=child;
    else
    {   if(p==parent->lchild)  parent->lchild=child;
        else parent->rchild=child;
        if(p!=q)  q->key=p->key;
    }
    delete(p);
}
void InorderBST(BSTree T)
{   if(T!=NULL)
    {   InorderBST(T->lchild);
        printf("\t%d",T->key);
        InorderBST(T->rchild);
    }
}
void main()
{   int choice;
    char ch;
    ch='y';
    while(ch=='y'||ch=='Y')
    {   printf("\n");
        printf("\n\t\t          查 找 子 系 统          ");
        printf("\n\t\t*************************************");
        printf("\n\t\t*         1--------顺 序 查 找     *");
        printf("\n\t\t*         2--------二 分 查 找     *");
        printf("\n\t\t*         3--------二叉 排序 树     *");
        printf("\n\t\t*         0--------返     回       *");
        printf("\n\t\t*************************************");
        printf("\n\t\t 请选择菜单号(0--3): ");
        scanf("%d",&choice);
        switch(choice)
        {   case 1:SeqSearch();break;
            case 2:BinSearch();break;
            case 3:BTSearch();break;
            case 0:ch='n';break;
            default:printf("\n\t\t 菜单选择错误! 请重输. ");
        }
    }
}
```

自主设计实验 9 哈希查找

1．实验目的

（1）复习顺序查找、二分查找、分块查找的基本算法及适用场合。

（2）掌握哈希查找的基本方法及适用场合，并能在解决实际问题时灵活应用。

（3）巩固在散列查找时解决冲突的方法及特点。

2．实验内容

（1）哈希表查找的实现（用线性探测法解决冲突）。

（2）能对哈希表进行插入和查找。

3．实验要求

（1）利用 C 或 C++语言完成算法设计和程序设计。

（2）上机调试通过实验程序。

（3）输入数据，进行哈希插入和查找。

（4）用实验结果与理论分析的结果进行对照比较。

（5）给出具体的算法分析，包括时间复杂度和空间复杂度等。

（6）撰写实验报告。

习题 9

一、判断题（下列各题，正确的请在后面的括号内打√；错误的打×）

（1）在有序的顺序表和有序的链表上，均可以采用二分查找法来提高查找速度。 （   ）

（2）在二叉排序树中，根结点的值都小于孩子结点的值。 （   ）

（3）选择好的哈希函数就可以避免冲突的发生。 （   ）

（4）散列存储法的基本思想是由关键字的值决定数据的存储地址。 （   ）

（5）在二叉排序树上删除一个结点时，不必移动其他结点，只要将该结点的父结点的
相应指针域置空即可。 （   ）

二、填空题

（1）顺序查找法，表中元素可以＿＿＿＿＿存放。

（2）二分查找法要求待查表的关键字值＿＿＿＿＿。

（3）在分块查找方法中，首先查找＿＿＿＿＿，然后再查找相应的块。

（4）顺序查找、二分查找、分块查找都属于＿＿＿＿＿查找。

（5）静态查找表所含元素个数在查找阶段是＿＿＿＿＿。

（6）在查找过程中有插入元素或删除元素操作的，称为＿＿＿＿＿查找。

（7）二叉排序树是一种＿＿＿＿＿查找表。

（8）对于长度为 n 的线性表，若进行顺序查找，则时间复杂度为＿＿＿＿＿。

（9）对于长度为 n 的线性表，若采用二分查找，则时间复杂度为＿＿＿＿＿。

（10）理想情况下，在散列表中查找一个元素的时间复杂度为＿＿＿＿＿。

（11）在关键字序列（7,10,12,18,28,36,45,92）中，用二分查找法查找关键字 92，要比
较＿＿＿＿＿次才能找到。

（12）设有 100 个元素，用二分查找法查找时，最大的比较次数是＿＿＿＿＿次。

（13）对二叉排序树进行查找的方法是用待查找的值与根结点的键值进行比较，若比
根结点值小，则继续在＿＿＿＿＿子树中查找。

（14）二叉树某结点的左子树和右子树的高度之差称为_____。

（15）平衡因子的绝对值_____的二叉树称为平衡二叉树。

（16）哈希法既是一种存储方法，又是一种_____方法。

（17）设散列函数 H 和键值 k_1、k_2，若 $k_1 \neq k_2$，而 $H(k_1)=H(k_2)$，则称这种现象为_____。

（18）散列表的查找效率主要取决于散列表造表时选取的散列函数和处理_____的方法。

（19）处理冲突的两类主要方法是开放定址法和_____。

（20）在哈希函数 $H(\text{key})=\text{key} \% P$ 中，P 一般应取_____。

三、选择题

（1）在查找过程中，不做增加、删除或修改的查找称为（　　　）。

    A. 静态查找　　　B. 内查找　　　C. 动态查找　　　D. 外查找

（2）顺序查找法适合于存储结构为（　　　）的线性表。

    A. 散列存储　　　　　　　　　B. 顺序或链接存储

    C. 压缩存储　　　　　　　　　D. 索引存储

（3）在表长为 n 的链表中进行线性查找，它的平均查找长度为（　　　）。

    A. $\text{ASL}=(n+1)/2$　B. $\text{ASL}=n$　　　C. $\text{ASL}=\sqrt{n}+1$　　D. $\text{ASL}\approx\log_2 n$

（4）对线性表进行二分查找时，要求线性表必须（　　　）。

    A. 以顺序方式存储

    B. 以链接方式存储，且结点按关键字有序排序

    C. 以链接方式存储

    D. 以顺序方式存储，且结点按关键字有序排序

（5）衡量查找算法效率的主要标准是（　　　）。

    A. 平均查找长度　B. 元素个数　　　C. 所需的存储量　　D. 算法难易程度

（6）如果要求一个线性表既能较快地查找，又能适应动态变化的要求，可以采用（　　　）查找方法。

    A. 分块　　　　　B. 顺序　　　　　C. 二分　　　　　D. 散列

（7）链表适用于（　　　）查找。

    A. 顺序　　　　　B. 二分　　　　　C. 随机　　　　　D. 顺序或二分

（8）采用二分查找法查找长度为 n 的有序表，查找每个元素的数据比较次数（　　　）对应二叉判定树的高度（设高度≥2）。

    A. 小于　　　　　　B. 大于　　　　　C. 等于　　　　　　D. 小于等于

（9）一个有序表为{1,3,9,12,32,41,45,62,75,77,82,95,100}，当二分查找值为 82 的结点时，（　　　）次比较后查找成功。

    A. 2　　　　　　B. 3　　　　　　C. 4　　　　　D. 5

（10）二分查找有序表{4,6,10,12,20,30,50,70,88,100}，若查找表中元素 58，则它将依次与表中（　　　）比较大小，查找结果为失败。

    A. 30，88，70，50　　　　　　　B. 20，70，30，50

    C. 20，50　　　　　　　　　　　D. 30，88，50

（11）对有 14 个元素的有序表 $A[1..14]$ 作二分查找，查找元素 $A[4]$ 时的被比较元素依次为（　　　）。

A. $A[1]$、$A[2]$、$A[3]$、$A[4]$ B. $A[1]$、$A[14]$、$A[7]$、$A[4]$

C. $A[7]$、$A[3]$、$A[5]$、$A[4]$ D. $A[7]$、$A[5]$、$A[3]$、$A[4]$

（12）对应长度为 9 的有序顺序表，若采用二分查找，在相等查找概率的情况下，查找成功的平均长度为（   ）。

    A. 20/9   B. 18/9   C. 25/9   D. 34/9

（13）采用分块查找时，若线性表共有 625 个元素，查找每个元素的概率相等，假设采用顺序查找来确定结点所在的块时，每块分（   ）个结点最佳。

    A. 6   B. 10   C. 25   D. 625

（14）设哈希表长 m=14，哈希函数 H(key)=key%11。表中已有 4 个结点：

addr(15)=4

addr(38)=5

addr(61)=6

addr(84)=7

其余地址为空。如用平方探测再散列处理冲突，关键字为 49 的结点的地址是(   )。

    A. 8   B. 3   C. 5   D. 9

（15）冲突指的是（   ）。

    A. 两个元素具有相同序号   B. 两个元素的键值不同

    C. 不同键值对应相同的存储地址   D. 两个元素的键值相同

（16）计算出的地址分布最均匀的散列函数是（   ）。

    A. 数字分析法   B. 除留余数法   C. 平方取中法   D. 折叠法

（17）散列函数有一个共同性质，即函数值应当以（   ）取其值域的每个值。

    A. 最大概率   B. 最小概率   C. 同等概率   D. 平均概率

（18）解决散列法中出现冲突的常用方法是（   ）。

    A. 数字分析法、除留余数法、平方取中法

    B. 数字分析法、除留余数法、线性探测法

    C. 数字分析法、线性探测法、双散列法

    D. 线性探测法、双散列法、链地址法

（19）已知 8 个元素为{34,76,45,18,26,54,92,65}，按照依次插入结点的方法生成一棵二叉树，最后两层上结点的总数为（   ）。

    A. 1   B. 2   C. 3   D. 4

（20）不可能生成图 9-22 所示的二叉排序树的关键字的序列是（   ）。

    A. 4 5 3 1 2   B. 4 2 5 3 1   C. 4 5 2 1 3   D. 4 2 3 1 5

四、应用题

（1）对于给定结点的关键字集合 K={5,7,3,1,9,6,4,8,2,10}：

    ① 试构造一棵二叉排序树。

    ② 求等概率情况下的平均查找长度 ASL。

（2）对于给定结点的关键字集合 K={10,18,3,5,19,2,4,9,7,15}：

    ① 试构造一棵二叉排序树。

    ② 求等概率情况下的平均查找长度 ASL。

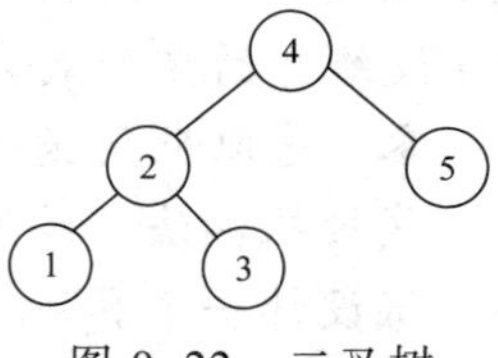

图 9-22　二叉树

（3）将数据序列 25、73、62、191、325、138 依次插入图 9-23
所示的二叉排序树，并画出最后结果。

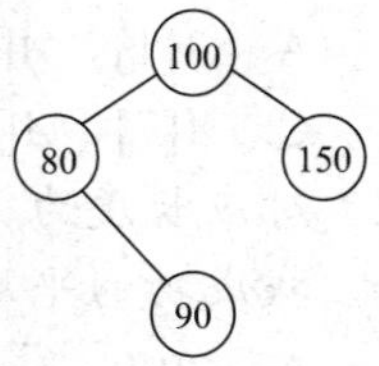

（4）对于给定结点的关键字集合 K={1,12,5,8,3,10,7,13,9}：

① 试构造一棵二叉排序树。

② 在二叉树排序 BT 中删除关键字 12 后的树结构。

图 9-23　二叉排序树

（5）对于给定结点的关键字集合 K={34,76,45,18,26,54,92,38}：

① 试构造一棵二叉排序树。

② 求等概率情况下的平均查找长度 ASL。

（6）对于给定结点的关键字集合 K={4,8,2,9,1,3,6,7,5}：

① 试构造一棵二叉排序树。

② 求等概率情况下的平均查找长度 ASL。

（7）画出对长度为 10 的有序表进行折半查找的判定树，并求
其等概率时查找成功的平均查找长度。

（8）二叉排序树如图 9-24 所示，分别画出：

① 删除关键字 15 以后的二叉树，并要求其平均查找长度

尽可能小。

② 在原二叉排序树（即没有删除 15）上插入关键字 20。

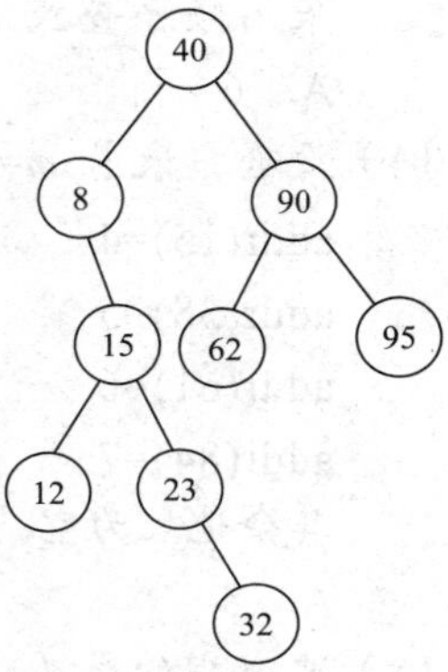

图 9-24　二叉排序树

（9）给定结点的关键字序列为 19、14、23、1、68、20、84、27、55、11、10、79。
设散列表的长度为 13，散列函数为 $H(K)=K\%13$。试画出线性探测再散列解决冲
突时所构造的散列表，并求出其平均查找长度。

（10）给定结点的关键字序列为 47、7、29、11、16、92、22、8、3，哈希表的长度
为 11。设散列函数为 $H(K)=K\%11$。试画出平方探测再散列解决冲突时所构造
的散列表，并求出其平均查找长度。

（11）给定结点的关键字序列为 19、14、23、1、68、20、84、27、55、11、10、79，
设散列表的长度为 13，散列函数为 $H(K)=K\%13$。试画出链地址法解决冲突时所
构造的哈希表，并求出其平均查找长度。

（12）给定结点的关键字序列为 47、7、29、11、16、92、22、8、3，哈希表的长度
为 11。设散列函数为 $H(K)=K\%11$。试画出链地址法解决冲突时所构造的哈希
表，并求出其平均查找长度。

五、算法设计题

（1）设单向链表的结点是按关键字从小到大排列的，试写出对此链表进行查找的算
法。如果查找成功，则返回指向关键字为 x 的结点的指针，否则返回 NULL。

（2）试设计一个在用开放地址法解决冲突的散列表上删除一个指定结点的算法。

（3）设给定的散列表存储空间为 $H[1-m]$，每个单元可存放一个记录，$H[i]$ 的初始值为
零，选取散列函数为 $H(R.key)$，其中 key 为记录 R 的关键字，解决冲突的方法为
线性探测法，编写一个函数将某记录 R 填入到散列表 H 中。

（4）试设计一个算法，求出指定结点在给定的二叉排序树中所在的层次。

（5）利用二分查找算法，编写一个在有序表中插入一个元素 X，并保持表仍然有序的程序。

第 10 章

排　序 ‹‹‹

排序是在数据处理中经常使用的一种重要运算。排序的目的之一就是方便数据的查找。排序分为内排序和外排序。本章介绍排序的基本概念，排序的常用算法，包括插入排序、快速排序、选择排序、归并排序，以及各种排序方法的比较。

10.1　概　述

1．排序（sorting）

将数据元素（或记录）的任意序列，重新排列成一个按关键字有序（递增或递减）的序列的过程称为排序。

2．排序过程中的两种基本操作

（1）比较两个关键字值的大小。

（2）根据比较结果，移动记录的位置。

3．对关键字排序的 3 个原则

（1）关键字值为数值型，则按键值大小为依据。

（2）关键字值为 ASCII 码，则按键值的内码编排顺序为依据。

（3）关键字值为汉字字符串类型，则大多以汉字拼音的字典次序为依据。

4．排序方法的稳定和不稳定

若对任意的数据元素序列，使用某个排序方法，对它按关键字进行排序，若对原先具有相同键值元素间的位置关系，排序前与排序后保持一致，称此排序方法是稳定的；反之，则称为不稳定的。

例如，对数据键值为 5、3、8、3、6、6，进行排序。

若排序后的序列为 3、3、5、6、6、8，其相同键值的元素位置依旧是 3 在 3 前，6 在 6 前，与排序前保持一致，则表示这种排序法是稳定的；若排序后的序列为 3、3、5、6、6、8，则表示这种排序法是不稳定的。

5．待排序记录的 3 种存储方式

（1）待排序记录存放在地址连续的一组存储单元上。（类似于线性表的顺序存储结构）

（2）待排序记录存放在静态链表中（记录之间的次序关系由指针指示，排序不需要移动记录）。

（3）待排序记录存放在一组地址连续的存储单元，同时另设一个指示各个记录存储位置的地址向量，在排序过程中不移动记录本身，而移动地址向量中这些记录的"地址"，在排序结束后，再按照地址向量中的值调整记录的存储位置。

6. 内排序

整个排序过程都在内存进行的排序称为内排序。

7. 外排序

待排序的数据元素量大，以致内存一次不能容纳全部记录，在排序过程中需要对外存进行访问的排序称为外排序。

限于篇幅，本书仅讨论内排序。关于外排序的内容可参考其他有关的数据结构教材。另外，为了便于描述，假设本章所有算法均按递增次序排列。

10.2 插 入 排 序

直接插入排序（straight insertion sort）可以分成很多种不同的方法。本节仅介绍直接插入排序和二分插入排序（binary inserting sort）和希尔排序（Shell's sort）3 种基本方法。

10.2.1 直接插入排序

1. 基本思想

直接插入排序是一种最简单的排序方法，它的基本操作是将一个记录插到已排序好的有序表中，从而得到一个新的，记录数增 1 的有序表，示意图如图 10-1 所示。

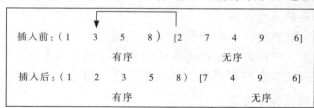

图 10-1 直接插入排序

2. 举例

【例 10-1】输入元素序列为 39、28、55、80、75、6、17、45、<u>28</u>，按从小到大的序列排序。

第一个取 39，作第一个假设有序的记录，第二个取 28，28<39，则交换。

此后，每取来一个记录就与有序表最后一个关键字比较，若大于或等于最后一个关键字，则插入在其后；若小于最后一个关键字，则把取来的记录再与前一个关键字比较……其过程如图 10-2 所示。

排序以后，相同关键字元素的 28 和 <u>28</u> 与排序前的位置保持一致，即 28 仍然在 <u>28</u> 之前，所以直接插入排序方法是稳定的。

监视哨（哨兵）的作用：

（1）在进入确定插入位置的循环之前，保存了插入值 $r[i]$ 的副本，避免因记录的

移动而丢失 $r[i]$ 中的内容。

（2）使内循环总能够结束，以免循环过程中数组下标越界。

初始关键字：		(39)	[28	55	80	75	6	17	45	28]
$i=1$										
$i=2$，取出 28		(28	39)	[55	80	75	6	17	45	28]
$i=3$，取出 55		(28	39	55)	[80	75	6	17	45	28]
$i=4$，取出 80		(28	39	55	80)	[75	6	17	45	28]
$i=5$，取出 75		(28	39	55	75	80)	[6	17	45	28]
$i=6$，取出 6		(6	28	39	55	75	80)	[17	45	28]
$i=7$，取出 17		(6	17	28	39	55	75	80)	[45	28]
$i=8$，取出 45		(6	17	28	39	45	55	75	80)	[28]
$i=9$，取出 28		(6	17	28	28	39	45	55	75	80)
监视哨 $r[0]$										

图 10-2 直接插入排序过程

3．算法

```
void Insertsort()
{  for(i=2;i<=L;i++)                      // 依次插入 r[2],r[3],…r[n]
   {   if(R[i].key<R[i-1].key)
       {  R[0]=R[i];                       // 置监视哨
          j=i-1;
          while(R[0].key<R[j].key)         // 查找 r[i] 的位置
          {  R[j+1]=R[j];                  // 向后移动记录
             j--;
          }
          R[j+1]=R[0];                     // 插入 r[i]
       }
   }
}
```

4．效率分析

空间效率：仅用了一个辅助单元，辅助空间为 $O(1)$。

时间效率：向有序表中逐个插入记录的操作，进行了 $n-1$ 趟，每趟操作分为比较关键字和移动记录，而比较的次数和移动记录的次数取决于待排序列按关键字的初始排列。

最好情况下：即待排序列已按关键字有序，每趟操作只需 1 次比较，2 次移动。

$$总比较次数=n-1$$
$$总移动次数=2(n-1)$$

最坏情况下：即第 j 趟操作，插入记录需要同前面的 j 个记录进行 j 次关键字比较，移动记录的次数为 $j+2$ 次。

$$总移动次数 = \sum_{j=1}^{n-1}(j+2) = \frac{1}{2}n(n-1) + 2n$$

$$总比较次数 = \sum_{j=1}^{n-1}j = \frac{1}{2}n(n-1)$$

平均情况下：即第 j 趟操作，插入记录大约同前面的 $j/2$ 个记录进行关键字比较，移动记录的次数为 $j/2+2$ 次。

$$总比较次数 = \sum_{j=1}^{n-1}\frac{j}{2} = \frac{1}{4}n(n-1) \approx \frac{1}{4}n^2$$

$$总移动次数 = \sum_{j=1}^{n-1}(\frac{j}{2}+2) = \frac{1}{4}n(n-1) + 2n \approx \frac{1}{4}n^2$$

直接插入排序的时间复杂度为 $O(n^2)$，辅助空间为 $O(1)$。

直接插入排序是稳定的排序方法。

直接插入排序最适合待排序关键字基本有序的序列。

10.2.2 二分插入排序

1. 基本思想

直接插入算法虽然简单，但当记录数量 n 很大时，则比较次数将大大增加，对于有序表（限于顺序存储结构），为了减少关键字的比较次数，可采用二分插入排序。

二分插入排序的基本思想是：用二分查找法在有序表中找到正确的插入位置，然后移动记录，空出插入位置，再进行插入。

2. 举例

【例 10-2】若有 8 个记录已排序，插入新的关键字为 653。

序列：	1	2	3	4	5	6	7	8
	60	87	170	275	503	512	897	908
	low=1			①		②	③	high=8

$$m=(low+high)/2=(1+8)/2=4$$

（1）取关键字 653，与序列中间位置①的关键字比较，653>275，在后半区继续查找。

（2）再与后半区中间位置②的关键字比较，653>512，再继续在后半区找。

（3）再与后半区中间位置③的关键字比较，653<897，经 3 次比较找到插入位置③，然后插入 653。

3. 算法

```
void BInsSort()
{  for(i=2;i<=n;i++)
```

```
{ r[0]=r[i];                    // 将 r[i]暂存到 r[0]
    while(low<=high)            // 在 r[low..high]中折半查找有序插入的位置
    { m=(low+high)/2;           // 折半
        if(r[0].key<r[m].key)
            high=m-1;           // 插入点在低半区
        else  low=m+1;          // 插入点在高半区
    }
    for(j=i-1;j>=high+1;--j)
        r[j+1]=r[j];            // 记录后移
    r[high+1]=r[0];            // 插入
    }
}
```

二分插入排序辅助空间和直接插入相同，为 $O(1)$。从时间上比较，二分插入排序仅减少了比较次数，而记录的移动次数不变，时间复杂度仍为 $O(n^2)$。

二分插入排序是稳定的排序方法。

10.2.3　希尔排序

希尔排序又称"缩小增量排序"，它也是一种插入排序的方法，但在时间上较前两种排序方法有较大的改进。

1．基本思想

先将整个待排序记录序列分割成若干子序列分别进行直接插入排序，待整个序列中的记录"基本有序时"，再对全体记录进行一次直接插入排序。

特点：子序列不是简单的逐段分割，而是将相隔某个"增量"的记录组成一个子序列，所以关键字较小的记录不是一步一步地前移，而是跳跃式前移，从而使得在进行最后一趟增量为 1 的插入排序时，序列已基本有序，只要做少量比较和移动即可完成排序，时间复杂度较低。

2．举例

【例 10-3】待排序列为 40、30、60、80、70、10、20、40、50、5。

设增量分别取 5、3、1，则排序过程如图 10-3 所示。

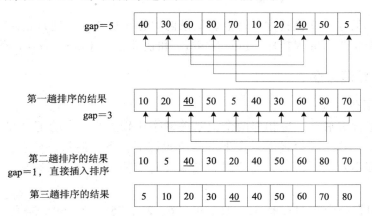

图 10-3　希尔排序过程

初始关键字：40　30　60　80　70　10　20

排序以后 40 排到了 40 的后面去了，改变了排序前的顺序，所以希尔排序是不稳定的排序。

3．算法

```
void Shellsort()
{   gap=n/2;                      // 初次增量取序列元素个数 n 的一半为步长
    while(gap>0)
    {  for(i=gap+1;i<=n;i++)
    {  j=i-gap;
       while(j>0)
       {   if(r[j]>r[j+gap])
           {  x=r[j];
              r[j]=r[j+gap];
              r[j+gap]=x;
              j=j-gap;
           }                      // 对子序列作直接插入排序
           else j=0;
       }
    }
    gap=gap/2;                     // 每次减半,直至步长为1
    }
}
```

4．效率分析

希尔排序的分析是一个复杂的问题，因为它的时间是所取"增量"序列的函数，这涉及一些数学上尚未解决的难题。到目前为止尚未求得一种最好的增量序列，有人在大量实验的的基础上推出：当 n 在某个特定范围内希尔排序所需的比较和移动次数约为 $n^{1.3}$，所以其平均时间复杂度约为 $O(n^{1.3})$。其辅助空间为 $O(1)$。

希尔排序是不稳定的排序方法。

📚 10.3　快速排序法

快速排序又称为交换排序，是根据记录的关键字的大小，通过记录交换来实现排序的。本节主要介绍冒泡排序（bubble sort）和快速排序（quick sort）两种基本方法。

10.3.1　冒泡排序

1．基本思想

冒泡法也称沉底法，每相邻两个记录关键字比较大小，大的记录往下沉（也可以小的往上浮）。每一遍把最后一个下沉的位置记下，下一遍只需检查比较到此为止；到所有记录都不发生下沉时，整个过程结束（每交换一次，记录减少一个反序数）。

2．举例

【例 10-4】一个数组存有 83、16、9、96、27、75、42、69、34 等 9 个值，在开始时 83 与 16 互相比较，因为 83>16，所以两元素互换，然后 83>9，83 与 9 互换，

接着 83<96，所以不变，然后互换的元素有(96, 27)、(96, 75)、(96, 42)、(96, 69)、(96, 34)，所以在第一趟排序结束时找到最大的值 96，把它放在最下面的位置，过程如表 10-1 所示。

表 10-1　冒泡排序

移动次数 比较次数	第1次	第2次	第3次	第4次	第5次	第6次	第7次	第8次	第9次
1	*83*	16	16	16	16	16	16	16	16
2	*16*	*83*	9	9	9	9	9	9	9
3	9	*9*	*83*	83	83	83	83	83	83
4	96	96	*96*	*27*	27	27	27	27	27
5	27	27	27	*96*	*75*	75	75	75	75
6	75	75	75	75	*96*	*42*	42	42	42
7	42	42	42	42	42	*96*	*69*	69	69
8	69	69	69	69	69	69	*96*	*34*	34
9	34	34	34	34	34	34	34	*96*	96

注：表格中斜体字表示正在比较。

重复每一趟排序都会将最大的一个元素放在工作区域的最低位置，且每趟排序的工作区域都比前一趟排序少一个元素，如此重复直至没有互换产生才停止，如表 10-2 所示。

表 10-2　最终结果

初 始 序 列	第1次	第2次	第3次	第4次	第5次
83	16	9	9	9	9
16	9	16	16	16	16
9	83	27	27	27	27
96	27	75	42	42	34
27	75	42	69	34	42
75	42	69	34	69	69
42	69	34	75	75	75
69	34	83	83	83	83
34	96	96	96	96	96

3. 算法

```
void Bubblesort()
{  for(i=1;i<L;i++)
   {  for(j=L;j>=i+1;j--)
        if(R[j].key<R[j-1].key)          // 小则交换
        {  R[0].key=R[j].key;
           R[j].key=R[j-1].key;
           R[j-1].key=R[0].key;
        }
```

```
        }
    }
```

4. 效率分析

空间效率：仅用了一个辅助单元，空间复杂度为 $O(1)$。

时间效率：总共要进行 $n-1$ 趟冒泡，对 j 个记录的表进行一趟冒泡需要 $j-1$ 次关键字的比较。

$$总比较次数 = \sum_{j=2}^{n}(j-1) = \frac{1}{2}n(n-1)$$

最好情况下：待排序列已有序，不需移动。

最坏情况下：每次比较后均要进行 3 次移动。

$$移动次数 = \sum_{j=2}^{n}3(j-1) = \frac{3}{2}n(n-1)$$

时间复杂度为 $O(n^2)$。

冒泡排序是一种稳定排序。

10.3.2 快速排序

1. 基本思想

就排序时间而言，快速排序被认为是一种最好的内部排序方法。其基本思想是：任取待排序序列中的某个元素作为基准，通过一趟快速排序将待排序的元素分割成左右两个子序列，其中左子序列元素的排序关键字均比基准（也称枢轴）元素的关键字值小；右子序列元素的关键字均比基准元素的关键字值大，基准元素得到了它在整个序列中的最终位置并被存放好，这个过程称为一趟快速排序。第二趟再分别对分割成左右两部分的子序列进行快速排序，这两部分子序列中的枢轴元素也得到了最终在序列中的位置而被存放好，并且它们又分别分割出左右独立的两个子序列……显然，这是一个递归的过程，不断进行下去，直到每个待排序的子序列中只有一个记录时为止，整个排序过程结束。快速排序是对冒泡排序的一种改进。

这里有个问题，就是如何把一个序列分成左右两部分？通常是以序列中第一个元素的关键字值作为基准（枢轴）元素记录。

2. 具体做法

设待排序列的下界和上界分别为 low 和 high，$R[low]$ 是枢轴元素，一趟快速排序的具体过程如下：

（1）首先将 $R[low]$ 中的记录保存到 pivot 变量中，用两个整型变量 i、j 分别指向 low 和 high 所在位置上的记录。

（2）先从 j 所指的记录起自右向左逐一将关键字和 pivot.key 进行比较，当找到第 1 个关键字小于 pivot.key 的记录时，将此记录复制到 i 所指的位置上。

（3）从 $i+1$ 所指的记录起自左向右逐一将关键字和 pivot.key 进行比较，当找到第 1 个关键字大于 pivot.key 的记录时，将该记录复制到 j 所指的位置上。

（4）从 $j-1$ 所指的记录重复以上的（2）、（3）两步，直到 $i=j$ 为止，此时将 pivot

中的记录放回到 i（或 j）的位置上，一趟快速排序完成。

3．举例

【例 10-5】对数据序列 70、75、69、32、88、18、16、58 进行快速排序。
快速排序过程如图 10-4 所示。

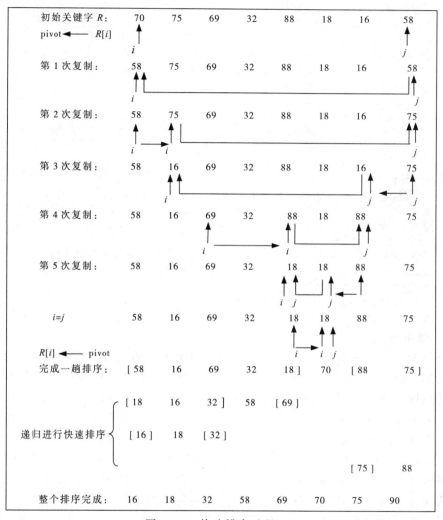

图 10-4　快速排序过程

4．算法

```
int Partition(int i,int j)              //i和j为形式参数,分别代表low和high
{ RecType pivot=R[i];
   while(i<j)                           // 从表的两端交替地向中间扫描
   { while(i<j&&R[j].key>=pivot.key)
      j--;
    if(i<j)   R[i++]=R[j];
    while(i<j&&R[i].key<=pivot.key)    i++;
    if(i<j)   R[j--]=R[i];
   }
```

```
    R[i]=pivot;
    return i;
}
void QuickSort(int low,int high)          // 递归形式的快速排序
{ int pirotpos,k;
  if(low<high)
  { pirotpos=Partition(low,high);         // 调用 Partition(low,high)函数
    num++;                                // 排序趟数加 1
    printf("\t 第%d 趟排序结果为(按【Enter】键继续): ",num);
    for(k=1;k<=L;k++)   printf("%5d",R[k].key);
    getchar();
    printf("\n");
    QuickSort(low,pirotpos-1);            // 对低子表递归排序
    QuickSort(pirotpos+1,high);           // 对高子表递归排序
  }
}
void main()
{ printf("\n\t 原始数据为 (按【Enter】键开始排序): ");
  for(k=1;k<=L;k++)   printf("%5d",R[k].key);
  getchar();
  printf("\n");
  int num=0;                             // num 为记录排序趟数变量
  QuickSort(1,L);                        // 调用快速排序函数
  printf("\n\t 排序的最终结果是: ");
  for(k=1;k<=L;k++)  printf("%5d",R[k].key);
```

5. 效率分析

空间效率：快速排序是递归的，每层递归调用时的指针和参数均要用栈来存放，递归调用层次数与上述二叉树的深度一致。因而，存储开销在理想情况下为 $O(\log_2 n)$，即树的高度；在最坏情况下，即二叉树是一个单链，为 $O(n)$。

时间效率：在 n 个记录的待排序列中，一次划分需要约 n 次关键字比较，时效为 $O(n)$。若设 $T(n)$ 为对 n 个记录的待排序列进行快速排序所需时间，理想情况下：每次划分，左、右区间长度大致相等，总的比较次数不超过 $(n+1)\log_2 n$，因此，快速排序的最好时间复杂度为 $O(n\log_2 n)$；最坏情况下：快速排序每次划分，只得到一个子序列，这时快速排序蜕化为冒泡排序的过程，其时间复杂度最差，为 $O(n^2)$。

快速排序是通常被认为在同数量级（$O(n\log_2 n)$）的排序方法中平均性能最好的。但若初始序列按关键字有序或基本有序时，快速排序反而蜕化为冒泡排序。为改进它，通常以"三者取中法"来选取支点记录，即将排序区间的两个端点与中点 3 个元素的关键字居中的调整为支点记录。

快速排序是一个不稳定的排序方法。

10.4 选择排序

选择排序（selection sort）是从待排序序列中选取一个关键字值最小的记录，把它与第一个记录交换存储位置，使之成为有序。然后，在余下的无序的记录中，再选

出关键字最小的记录与无序区中的第一个记录交换位置，又使它成为有序。依此类推，直至完成整个排序。

10.4.1　简单选择排序

1. 简单选择排序（simple selection sort）基本思想

（1）初始状态：整个数组 r 划分成两部分，即有序区（初始为空）和无序区。

（2）基本操作：从无序区中选择关键字值最小的记录，将其与无序区的第一个记录交换位置（实质是添加到有序区尾部）。

（3）从初态（有序区为空）开始，重复步骤（2），直到终态（无序区为空）。

2. 举例

【例 10-6】对数据序列 53、36、48、36、60、7、18、41 用简单选择排序法进行排序。排序过程如图 10-5 所示。

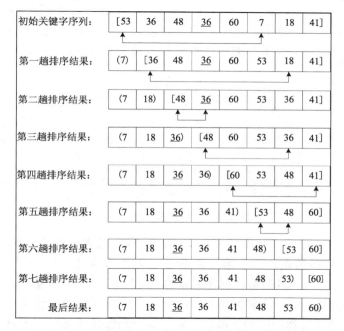

图 10-5　简单选择排序过程

3. 算法

```
void Selectsort()
{   for(i=1;i<n;i++)
    {   h=i;
        for(j=i+1;j<=n;j++)
            if(R[j].key<R[h].key)   h=j;         // 选择关键字值最小的记录
            if(h!=j)
            {   R[0]=R[i];R[i]=R[h];R[h]=R[0];}   // 交换记录
    }
}
```

4. 效率分析

简单选择排序比较次数与关键字初始排序无关。

找第一个最小记录需进行 $n-1$ 次比较，找第二个最小记录需要比较 $n-2$ 次，找第 i 个最小记录需要进行 $n-i$ 次比较。

总的比较次数为：$(n-1)+(n-2)+\cdots+(n-i)+\cdots+2+1=n(n-1)/2=n^2/2$

时间复杂度：$O(n^2)$

辅助空间：$O(1)$。

简单选择排序是不稳定的排序方法。

10.4.2　树形选择排序

树形选择排序（tree selection sort）按照锦标赛的思想进行。比赛开始，将 n 个参赛选手看成完全二叉树（或满二叉树）的叶结点，共有 $2n-2$ 或 $2n-1$ 个结点。首先，两两进行比赛（在树中是兄弟的进行，否则轮空，直接进入下一轮），胜出的兄弟之间再两两进行比较，直到产生第一名。接下来，将第一名的结点看成最差的，并从该结点开始，沿该结点到根的路径上，依次进行各分支结点子女间的比较，胜出的就是第二名。因为和他比赛的均是刚刚输给第一名的选手。如此，继续进行下去，直到所有选手的名次确定。

【例 10-7】有 16 个选手参加的比赛，其成绩如图 10-6 所示各叶结点的值。

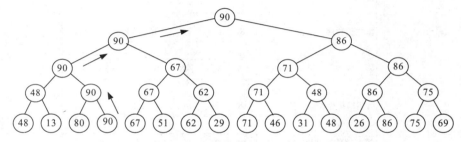

图 10-6　选手成绩的二叉树

图 10-6 中，从叶结点开始的兄弟间两两比赛，胜者上升到父结点；胜者兄弟间再两两比赛，直到根结点，产生第一名 90。比较次数为 $2^3+2^2+2^1+2^0=2^4-1=16-1$。

图 10-7 中，将第一名的结点置为最差的（设为 0），与其兄弟比较，胜者上升到父结点，胜者兄弟间再比较，直到根结点，产生第二名 86。比较次数为 4，即 $\log_2 n$ 次。其后各结点的名次均是这样产生的，所以，对于 n 个参赛选手来说，即对 n 个记录进行树形选择排序，总的关键字比较次数至多为 $(n-1)\log_2 n+n-1$，故时间复杂度为 $O(n\log_2 n)$。

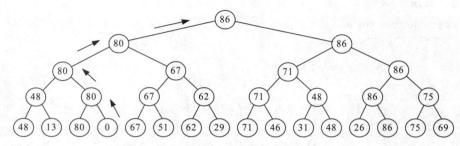

图 10-7　兄弟间两两比赛后的二叉树

该方法占用空间较多，除了需输出排序结果的 n 个单元外，还需要 $n-1$ 个辅助单元。

10.4.3 堆排序

堆排序（heap sort）法是利用堆树（heap tree）来进行排序的方法。堆树是一种特殊的完全二叉树，如果该完全二叉树中每一个结点的值均大于或等于它的两个子结点的值，则称其为大顶堆（或大根堆）；如果该完全二叉树中每一个结点的值均小于或等于它的两个子结点的值，则称其为小顶堆（或小根堆）。

如果需要作升序排列，则应建立大顶堆；反之，则应建立小顶堆。

如图 10-8 所示，图 10-8（a）是堆树，图 10-8（b）则不是堆树。

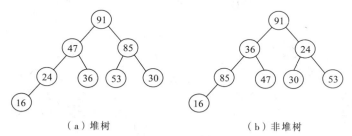

（a）堆树　　　　　　　　　（b）非堆树

图 10-8　堆树和非堆树

1. 基本思想

（1）建堆：把用数组存储的 n 个待排序数据，看作成一棵完全二叉树的顺序存储形式，并对这棵完全二叉树进行一系列的比较交换，将其建成一棵堆树。

（2）交换：将堆顶数据和当前待排序序列的最后那个数据相交换，堆顶数据即可排到其最终位置，待排序数据从而减少一个。

（3）调整：由于最后那个数据交换到堆顶，它破坏了原有的堆结构，应将其不断向下交换，直到剩余的待排序数据重新调整成一棵堆树。

（4）不断重复（2）、（3）两步，直到待排序数据只剩一个为止，此时所有数据即已排成有序。

2. 举例

【例 10-8】假设待排序序列为 80、13、6、88、27、75、42、69，分析其堆排序的过程。

（1）位置（i）　1　　2　　3　　　4　　　5　　　6　　　7　　　8

数组中的数据：80　13　6　　88　　27　　75　　42　　69

对于任一位置，若父结点的位置为 i，则它的两个子结点分别位于 $2i$ 和 $2i+1$。所以，根据数组中的数据画出如图 10-9 所示的完全二叉树。

（2）建堆过程。

① 从待排序中最后那个数据的父亲结点开始调整。

② 找出此父结点的两个子结点的较大者，将其与父结点比较，若父结点小，则将其与其父结点相交换。然后，

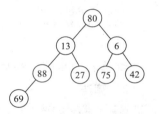

图 10-9　完全二叉树

以交换后的子结点作为新的父结点，重复此步骤直到没有子结点。

③ 把步骤②中原来的父结点的位置往前推一个位置，作为新的父结点。重复步骤②，直到树根为止。

整个过程如图 10-10 所示。

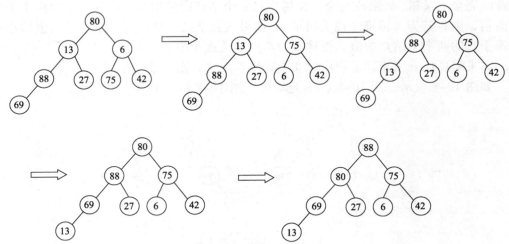

图 10-10　建堆树的过程

（3）实现堆排序。

实现堆排序要解决的一个问题：即输出堆顶元素后，怎样调整剩余 $n-1$ 个元素，使其按关键字成为一个新堆。

调整方法：设有 m 个元素的堆，输出堆顶元素后，剩下 $m-1$ 个元素。将堆底元素送入堆顶，堆被破坏，其原因仅是根结点不满足堆的性质。将根结点与左、右子女中较大的进行交换。若与左子女交换，则左子树堆被破坏，且仅左子树的根结点不满足堆的性质；若与右子女交换，则右子树堆被破坏，且仅右子树的根结点不满足堆的性质。继续对不满足堆性质的子树进行上述交换操作，直到叶子结点，堆被建成。称这个自根结点到叶子结点的调整过程为筛选。其过程如图 10-11 所示。

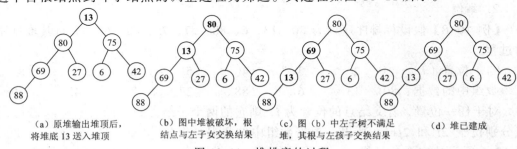

（a）原堆输出堆顶后，　　（b）图中堆被破坏，根　　（c）图（b）中左子树不满足　　（d）堆已建成
将堆底 13 送入堆顶　　　结点与左子女交换结果　　堆，其根与左孩子交换结果

图 10-11　堆排序的过程

继续相同步骤，最后只剩下树根，完成整个堆排序过程。

3. 算法

```
void HeapAdjust(S_TBL *h,int s,int m)
{ //a[s..m]中的记录关键字除a[s]外均满足堆的定义，本函数将对第 s 个结点为根的
```

```
                     //子树筛选，使其成为大顶堆
    ac=h->a[s];
    for(j=2*s;j<=m;j=j*2)              // 沿关键字较大的子女结点向下筛选
    { if(j<m&&h->a[j].key<h->a[j+1].key)
          j=j+1;                       // 为关键字较大的元素下标
      f(ac.key<h->a[j].key)  break;    // ac应插入在位置s上
      h->a[s]=h->a[j];s=j;             // 使s结点满足堆定义
    }
    h->a[s]=ac;                        // 插入
}
void HeapSort(S_TBL *h)
{ for(i=h->length/2;i>0;i--)           // 将a[1..length]建成堆
     HeapAdjust(h,i,h->length);
  for(i=h->length;i>1;i--)
  { h->a[1]<-->h->a[i] ;               // 堆顶与堆底元素交换
    HeapAdjust(h,1,i-1);               // 将a[1..i-1]重新调整为堆
  }
}
```

4．效率分析

设树高为 k，$k = \lfloor \log_2 n \rfloor + 1$。从根到叶的筛选，关键字比较次数至多 $2(k-1)$ 次，交换记录至多 k 次。所以，在建好堆后，排序过程中的筛选次数满足下式：

$$2(\lfloor \log_2(n-1) \rfloor + \lfloor \log_2(n-2) \rfloor + \cdots + \lfloor \log_2 2 \rfloor) < 2n\log_2 n$$

而建堆时的比较次数不超过 $4n$ 次，因此堆排序最坏情况下，时间复杂度也为 $O(n\log_2 n)$。

10.5 归并排序

归并排序是将两个或两个以上的有序子表合并成一个新的有序表。

1．基本思想

（1）将 n 个记录的待排序序列看成是由 n 个长度都为 1 的有序子表组成。

（2）将两两相邻的子表归并为一个有序子表。

（3）重复上述步骤，直至归并为一个长度为 n 的有序表。

2．举例

【例 10-9】设初始关键字序列为 49、38、65、97、76、13、27、20。

执行归并排序的过程如图 10-12 所示。

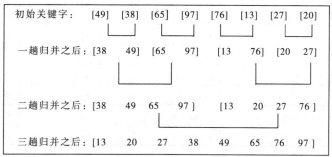

图 10-12 归并排序的过程

3．算法

```
void Merge(int low,int mm,int high)     // 两个相邻有序段的合并
{   RecType  *R1;
    while(i<=mm&&j<=high) R1[p++]=(R[i].key<=R[j].key)?R[i++]:R[j++];
    while(i<=mm)  R1[p++]=R[i++];
    while(j<=high) R1[p++]=R[j++];
    for(p=0,i=low;i<=high;p++,i++)    R[i]=R1[p];
}
void MergePass(int length)              // 完成一趟完整的合并
{   for(i=1;i+2*length-1<=L;i=i+2*length)
        Merge(i,i+length-1,i+2*length-1);
    if(i+length-1<L)   Merge(i,i+length-1,L);
}
void Mergesort()                 // 控制有序段的长度，每合并一趟，有序段长加倍
{   for(length=1;length<L;length*=2)
    {   MergePass(length);m++;  }
}
```

4．效率分析

对 n 个元素的序列，执行二路归并算法，则必须做 $\log_2 n$ 趟归并，每一趟归并的时间复杂度是 $O(n)$，所以二路归并的时间复杂度为 $O(n\log_2 n)$。

两路归并排序需要和待排序序列一样多的辅助空间。其空间复杂度为 $O(n)$。

两路归并排序也是一种稳定性的排序。

10.6　各种排序方法的比较

评估一个排序法的好坏，除了用排序的时间及空间外，尚需考虑稳定度、最坏状况和程序的编写难易程度，例如冒泡排序法，虽然效率不高，但却常常被使用，因为好写易懂。而归并排序法需要大量的额外空间，快速排序法虽然很快，但在某些时候效率却与插入排序法差不多。以下把常用的排序法按最坏情况下所需时间、平均所需时间、是否属于稳定排序、所需的额外空间等以表 10-3 来表示。

表 10-3　常用排序法

排 序 法	最坏所需时间	平均所需时间	稳 定 性	所需的额外空间
直接插入	$O(n^2)$	$O(n^2)$	Yes	$O(1)$
希尔排序	$O(n^2)$	$O(n^{1.3})$	No	$O(1)$
冒泡排序	$O(n^2)$	$O(n^2)$	Yes	$O(1)$
快速排序	$O(n^2)$	$O(n\log_2 n)$	No	$O(\log_2 n)$
简单选择排序	$O(n^2)$	$O(n^2)$	Yes	$O(1)$
堆排序	$O(n\log_2 n)$	$O(n\log_2 n)$	No	$O(1)$
归并排序	$O(n\log_2 n)$	$O(n\log_2 n)$	Yes	$O(n)$

小 结

（1）排序是将数据的任意序列，重新排列成一个按关键字有序排列的序列。

（2）整个排序过程全部在内存进行的排序称为内排序，直接插入排序、希尔排序、冒泡排序、快速排序、简单选择排序、堆排序一般适合内排序。归并排序既适合内排序，也适合外排序。

（3）若对任意的数据元素序列，使用某个排序方法，对它按关键字进行排序，若相同关键字元素间的位置关系，排序前与排序后保持一致，称此排序方法是稳定的；反之，则称为不稳定的。

（4）直接插入排序、冒泡排序、归并排序是稳定的排序方法；而简单选择排序、希尔排序、快速排序、堆排序是不稳定的排序方法。

（5）直接插入排序、冒泡排序、简单选择排序是简单型的排序，其时间复杂度都为 $O(n^2)$，空间复杂度为 $O(1)$。

（6）堆排序、快速排序和归并排序是改进型的排序方法，其时间复杂度均为 $O(n\log_2 n)$，空间复杂度分别为 $O(1)$、$O(\log_2 n)$、$O(n)$。

（7）希尔排序又称为缩小增量排序，也是插入类排序的方法，但在时间上有较大的改进。其时间复杂度约为 $O(n^{1.3})$，空间复杂度为 $O(1)$。

（8）各种不同的排序方法应根据不同的环境及条件分别选择。一般而言，对于排序元素少的，可以选用时间复杂度为 $O(n^2)$ 的算法；对于元素多的，可选用时间复杂度为 $O(n\log_2 n)$ 的算法。

实 验

验证性实验 10 排序子系统

1．实验目的

（1）掌握常用排序方法的基本思想。

（2）通过实验加深理解各种排序算法。

（3）通过实验掌握各种排序方法的时间复杂度分析。

（4）了解各种排序方法的优缺点及适用范围。

2．实验内容

（1）编写直接插入排序程序。

（2）编写希尔排序程序。

（3）编写冒泡排序程序。

（4）编写快速排序程序。

（5）编写选择排序程序。

（6）编写归并排序程序。

（7）编写堆排序程序。

（8）程序执行时，要求能显示每一趟的排序结果。

（9）设计一个选择式菜单，以菜单方式选择上述排序程序。

<pre>
                      排 序 子 系 统
    ****
    *   1------------更新排序数据   *
    *   2------------直接插入排序   *
    *   3------------希 尔 排 序   *
    *   4------------冒 泡 排 序   *
    *   5------------快 速 排 序   *
    *   6------------选 择 排 序   *
    *   7------------归 并 排 序   *
    *   8------------堆 排 序   *
    *   0------------返   回   *
    ****
            请选择菜单号（0--8）:
</pre>

3. 参考程序

```c
#include<stdio.h>
#include<stdlib.h>
#include<math.h>
#define L 8                              // 定义排序的元数个数
#define FALSE 0
#define TURE 1
typedef struct
{   int key;
    char otherinfo;
}RecType;
typedef RecType Seqlist[L+1];
int num;                                 // 定义排序趟数的全局变量
Seqlist R;
void Insertsort();
void Bubblesort();
void QuickSort(int low,int high);
void Shellsort();
void Selectsort();
void Mergesort();
int Partition(int i,int j);
void Heap();
void main()
{   Seqlist S;
    int i,k;
    char ch1,ch2,q;
    printf("\n\t 请输入 %d 个待排序数据(按【Enter】键分隔): \n\t",L);
    for(i=1;i<=L;i++)
{   scanf("%d",&S[i].key);
        getchar();
        printf("\t");
    }
    printf("\n\t 排序数据已经输入完毕!");
```

```
     ch1='y';
     while(ch1=='y'||ch1=='Y')
     {   printf("\n");
         printf("\n\t\t                       排序子系统                    ");
         printf("\n\t\t*********************************");
         printf("\n\t\t*         1-------更新排序数据            *");
         printf("\n\t\t*         2-------直接插入排序            *");
         printf("\n\t\t*         3-------希 尔 排 序            *");
         printf("\n\t\t*         4-------冒 泡 排 序            *");
         printf("\n\t\t*         5-------快 速 排 序            *");
         printf("\n\t\t*         6-------选 择 排 序            *");
         printf("\n\t\t*         7-------归 并 排 序            *");
         printf("\n\t\t*         8-------堆   排   序            *");
         printf("\n\t\t*         0-------返     回              *");
         printf("\n\t\t*********************************");
         printf("\n\t\t  请选择菜单号(0--8):                       ");
         scanf("%c",&ch2);
         getchar();
         for(i=1;i<=L;i++)  R[i].key=S[i].key;
         switch(ch2)
         {   case '1':
                 printf("\n\t 请输入 %d 个待排序数据(按【Enter】键分隔): \n\t",L);
                 for(i=1;i<=L;i++)
                 {   scanf("%d",&S[i].key);
                     getchar();
                     printf("\t");
                 }
                 printf("\n\t 排序数据已经输入完毕!");
             break;
          case '2':Insertsort();break;
          case '3':Shellsort();break;
          case '4':Bubblesort();break;
          case '5':printf("\n\t 原始数据为 (按【Enter】键开始排序): ");
             for(k=1;k<=L;k++)    printf("%5d",R[k].key);
             getchar();
             printf("\n");
             num=0;
             QuickSort(1,L);
             printf("\n\t 排序的最终结果是: ");
             for(k=1;k<=L;k++)    printf("%5d",R[k].key);
             printf("\n");
             break;
          case '6':Selectsort();break;
          case '7':Mergesort();break;
          case '8':Heap();break;
          case '0':ch1='n';break;
          default:printf("\n\t 输入出错! ");
          }
          if(ch2!='0')
          {   if(ch2=='2'||ch2=='3'||ch2=='4'||ch2=='5'||ch2=='6'||ch2==
              '7'||ch2=='8')
```

```
                    printf("\n\t 排序输出完毕!");
                    printf("\n\n\t 按回车键返回.");
                    q=getchar();
                    if(q!='\xA')
                    {   getchar();
                        ch1='n';
                    }
            }
        }
}
void Insertsort()                                // 直接插入排序
{   int i,j,k,m=0;
    printf("\n\t 原始数据为 (按【Enter】键开始排序): ");
    for(k=1;k<=L;k++)  printf("%5d",R[k].key);
    getchar();
    printf("\n");
    for(i=2;i<=L;i++)
    {   if(R[i].key<R[i-1].key)
        {   R[0]=R[i];j=i-1;
            while(R[0].key<R[j].key)
            {   R[j+1]=R[j];
                j--;
            }
            R[j+1]=R[0];
        }
        m++;
        printf("\t 第%d 趟排序结果为(按【Enter】键继续): ",m);
        for(k=1;k<=L;k++)  printf("%5d",R[k].key);
        getchar();
        printf("\n");
    }
    printf("\n\t 排序的最终结果是: ");
    for(i=1;i<=L;i++)  printf("%5d",R[i].key);
    printf("\n");
}
void Shellsort()                                 // 希尔排序
{   int i,j,gap,x,m=0,k;
    printf("\n\t 原始数据为 (按【Enter】键开始排序): ");
    for(k=1;k<=L;k++)  printf("%5d",R[k].key);
    getchar();
    printf("\n");
    gap=L/2;
    while(gap>0)
    {   for(i=gap+1;i<=L;i++)
        {   j=i-gap;
            while(j>0)
            {   if(R[j].key>R[j+gap].key)
                {   x=R[j].key;R[j].key=R[j+gap].key;
                    R[j+gap].key=x;
                    j=j-gap;
```

```
                    }
                else j=0;
            }
        }
        gap=gap/2;
        m++;
        printf("\t第%d趟排序结果为(按【Enter】键继续): ",m);
        for(k=1;k<=L;k++)  printf("%5d",R[k].key);
        getchar();
        printf("\n");
    }
    printf("\n\t排序的最终结果是: ");
    for(k=1;k<=L;k++)  printf("%5d",R[k].key);
    printf("\n");
}
void Bubblesort()                            // 冒泡排序
{   int i,j,k;
    int exchange;
    printf("\n\t原始数据为 (按【Enter】键开始排序): ");
    for(k=1;k<=L;k++)  printf("%5d",R[k].key);
    getchar();
    printf("\n");
    for(i=1;i<L;i++)
    {   exchange=FALSE;
        for(j=L;j>=i+1;j--)
            if(R[j].key<R[j-1].key)
            {   R[0].key=R[j].key;
                R[j].key=R[j-1].key;
                R[j-1].key=R[0].key;
                exchange=TURE;
            }
        if(exchange)
        {   printf("\t第%d趟排序结果为(按【Enter】键继续): ",i);
            for(k=1;k<=L;k++)  printf("%5d",R[k].key);
            getchar();
            printf("\n");
        }
    }
    printf("\n\t排序的最终结果是: ");
    for(i=1;i<=L;i++)  printf("%5d",R[i].key);
    printf("\n");
}
int Partition(int i,int j)           //i和j为形式参数,分别代表low和high
{   RecType pivot=R[i];
    while(i<j)                       // 从表的两端交替地向中间扫描
    {   while(i<j&&R[j].key>=pivot.key)  j--;
        if(i<j)  R[i++]=R[j];
        while(i<j&&R[i].key<=pivot.key)  i++;
        if(i<j)  R[j--]=R[i];
    }
```

```
            R[i]=pivot;
            return i;
    }
    void QuickSort(int low,int high)          // 递归形式的快速排序
    {    int pirotpos,k;
         if(low<high)
         {    pirotpos=Partition(low,high);   // 调用 Partition(low,high)函数
              num++;                          // 排序趟数加 1
              printf("\t 第%d 趟排序结果为(按【Enter】键继续): ",num);
              for(k=1;k<=L;k++)  printf("%5d",R[k].key);
              getchar();
              printf("\n");
              QuickSort(low,pirotpos-1);      // 对低子表递归排序
              QuickSort(pirotpos+1,high);     // 对高子表递归排序
         }
    }
    void Selectsort()                         // 选择排序
    {    int i,j,k,h;
         printf("\n\t 原始数据为 (按【Enter】键开始排序): ");
         for(k=1;k<=L;k++)  printf("%5d",R[k].key);
         getchar();
         printf("\n");
         for(i=1;i<L;i++)
         {    h=i;
              for(j=i+1;j<=L;j++)
                  if(R[j].key<R[h].key)          h=j;
              if(h!=j)
              {    R[0]=R[i];
                   R[i]=R[h];
                   R[h]=R[0];
              }
              printf("\t 第%d 趟排序结果为(按【Enter】键继续): ",i);
              for(k=1;k<=L;k++)  printf("%5d",R[k].key);
              getchar();
              printf("\n");
         }
         printf("\n\t 排序的最终结果是: ");
         for(i=1;i<=L;i++)  printf("%5d",R[i].key);
         printf("\n");
    }
    void Merge(int low,int mm,int high)
    {    int i=low,j=mm+1,p=0;
         RecType  *R1;
         R1=new RecType[high-low+1];
         if(!R1)     printf("\n\t 内存容量不够!");
         while(i<=mm&&j<=high)
             R1[p++]=(R[i].key<=R[j].key)?R[i++]:R[j++];
         while(i<=mm)    R1[p++]=R[i++];
         while(j<=high)      R1[p++]=R[j++];
         for(p=0,i=low;i<=high;p++,i++)    R[i]=R1[p];
```

```
}
void MergePass(int length)
{   int i;
    for(i=1;i+2*length-1<=L;i=i+2*length)
        Merge(i,i+length-1,i+2*length-1);
    if(i+length-1<L)    Merge(i,i+length-1,L);
}
void Mergesort()                          // 归并排序
{   int length,k,m=0;
    printf("\n\t 原始数据为 (按【Enter】键开始排序): ");
    for(k=1;k<=L;k++)  printf("%5d",R[k].key);
    getchar();
    printf("\n");
    for(length=1;length<L;length*=2)
    {   MergePass(length);
        m++;
        printf("\t 第%d 趟排序结果为(按【Enter】键继续): ",m);
        for(k=1;k<=L;k++)  printf("%5d",R[k].key);
        getchar();
        printf("\n");
    }
    printf("\n\t 排序的最终结果是: ");
    for(k=1;k<=L;k++)  printf("%5d",R[k].key);
    printf("\n");
}
void CreateHeap(int root,int index)    // 堆建立
{   int j,temp,finish;
    j=2*root;
    temp=R[root].key;
    finish=0;                            // 初始化堆未建立完成
    while(j<=index && finish==0)
    {   if(j<index)                      // 找最大的子结点
            if(R[j].key<R[j+1].key)    j++;
        if(temp>=R[j].key)  finish=1;    // 堆建立完成
        else
        {   R[j/2].key=R[j].key;         // 父结点＝当前结点
            j=j*2;
        }
    }
    R[j/2].key=temp;                     // 父结点＝root 值
}
void HeapSort()                          // 堆排序
{   int i,j,temp,k;
    for(i=(L/2);i>=1;i--)                // 将二叉树转换成堆
        CreateHeap(i,L);                 // 调用建堆函数
    for(i=L-1,k=1;i>=1;i--,k++)
    {   temp=R[i+1].key;                 // 堆的 root 值和最后一个值交换
```

```
            R[i+1].key=R[1].key;
            R[1].key=temp;
            CreateHeap(1,i);
            printf("\t 第%d 趟排序结果为(按【Enter】键继续): ",k);
            for(j=1;j<=L;j++)  printf("%5d",R[j].key);
            getchar();
            printf("\n");
        }
}
void Heap()
{   int i;
    printf("\n\t 原始数据为 (按【Enter】键开始排序): ");;
    for(i=1;i<=L;i++)  printf("%5d",R[i].key);
    printf("\n\t");
    getchar();
    HeapSort();
    printf("\n\t 排序的最终结果是: ");
    for(i=1;i<=L;i++)  printf("%5d",R[i].key);
    printf("\n");
}
```

自主设计实验 10　双向冒泡排序

1．实验目的

（1）复习各种排序方法及适用场合，并能在解决实际问题时灵活应用。

（2）重点分析冒泡排序的基本算法。

（3）对冒泡排序的算法进行改进，以实现双向冒泡排序。

2．实验内容

（1）设计双向冒泡排序算法（每一趟排序通过相邻的关键字的比较，产生最小和最大的两个元素）。

（2）待排序数据可以人机交互输入或用随机函数 rand()产生。

（3）输出每一趟排序结果。

3．实验要求

（1）利用 C 或 C++语言完成算法设计和程序设计。

（2）上机调试通过实验程序。

（3）输入数据（或由随机函数 rand()自动产生），记录每一趟排序结果。

（4）把实验结果与理论分析的结果进行对照比较。

（5）给出具体的算法分析，包括时间复杂度和空间复杂度等。

（6）撰写实验报告。

习题 10

一、判断题（下列各题，正确的请在后面的括号内打√；错误的打×）

（1）如果某种排序算法不稳定，则该排序方法就没有实用价值。　　　　　　（　　　）

（2）希尔排序是不稳定的排序。 （　　　）

（3）堆排序所需的时间与待排序的记录个数无关。 （　　　）

（4）快速排序在任何情况下都比其他排序方法速度快。 （　　　）

（5）采用归并排序可以实现外排序。 （　　　）

二、填空题

（1）大多数排序算法都有两个基本的操作：_____和移动。

（2）评价排序算法优劣的主要标准是_____和算法所需的附加空间。

（3）根据被处理的数据在计算机中使用不同的存储设备，排序可分为_____和外排序。

（4）外排序是指在排序过程中，数据的主要部分存放在计算机的_____中。

（5）在排序前，关键字值相等的不同记录，排序后相对位置保持不变的排序方法，称为：_____排序方法。

（6）希尔排序是一种_____排序方法。

（7）在堆排序和快速排序中，若初始记录无序，则最好选用_____排序方法。

（8）在插入排序和选择排序中，若初始数据基本正序，则选用_____较好。

（9）第一趟排序后，序列中键值最大的记录交换到最后的排序算法是_____排序。

（10）对 n 个关键字进行冒泡排序，其可能的最小比较次数为_____次。

（11）对 n 个关键字进行冒泡排序，时间复杂度为_____。

（12）在插入排序、选择排序和归并排序中，不稳定的排序为_____排序。

（13）在最坏情况下，在第 i 趟直接插入排序中，要进行_____次关键字的比较。

（14）对 n 个记录的进行快速排序，理想情况下，每次划分正好分成两个等长的子序列，其时间复杂度是_____。

（15）对 n 个记录快速排序在最坏情况下的时间复杂度是_____。

（16）对于 n 个记录的集合进行归并排序，所需要的平均时间是_____。

（17）对于 n 个记录的集合进行归并排序，所需要的附加空间是_____。

（18）在对一组记录(54, 38, 96, 23, 15, 72, 60, 45, 83)进行直接插入排序时，当把第 7 个记录 60 插入到有序表时，为寻找插入位置需比较_____次。

（19）两个序列分别为：L_1={25, 57, 48, 37, 92, 86, 12 和 33}和 L_2={25, 37, 33, 12, 48, 57, 86, 92}。用冒泡排序法对 L_1 和 L_2 进行排序，交换次数较少的是序列_____。

（20）对一组记录(54, 35, 96, 21, 12, 72, 60, 44, 80)进行直接选择排序时，第 4 次选择和交换后，未排序记录是_____。

三、选择题

（1）排序是根据（　　　）的大小重新安排各元素的顺序。

    A. 关键字　　　　B. 数组　　　　C. 元素　　　　D. 结点

（2）评价排序算法好坏的标准主要是（　　　）。

    A. 执行时间

    B. 辅助空间

    C. 算法本身的复杂度

    D. 执行时间和所需的辅助空间

（3）内排序是指在排序的整个过程中，全部数据都在计算机的（　　）中完成的排序。

    A．内存　　　　　B．外存　　　　　C．内存和外存　　　　D．寄存器

（4）直接插入排序的方法是（　　）的排序方法。

    A．不稳定　　　　B．稳定　　　　　C．外部　　　　　　　D．选择

（5）直接插入排序的方法要求被排序的数据（　　）存储。

    A．必须链表　　　B．必须顺序　　　C．顺序或链表　　　　D．可以任意

（6）直接插入排序的方法是从第（　　）个元素开始，插入到前边适当位置的排序方法。

    A．1　　　　　　　B．2　　　　　　　C．3　　　　　　　　D．n

（7）从待排序序列中依次取出元素与已排序序列（初始时为空）中的元素进行比较，并将其放入已排序的正确位置上的方法，称为（　　）。

    A．希尔排序　　　B．冒泡排序　　　C．插入排序　　　　　D．选择排序

（8）排序方法中，从未排序序列中挑选元素，并将其依次放入已排序序列（初始时为空）的一端的方法，称为（　　）。

    A．希尔排序　　　B．归并排序　　　C．插入排序　　　　　D．选择排序

（9）按排序策略分类，冒泡排序属于（　　）。

    A．分配排序　　　B．交换排序　　　C．插入排序　　　　　D．选择排序

（10）每次把待排序的数据划分为左、右两个区间，其中左区间中元素的值不大于基准元素的值，右区间中元素的值不小于基准元素的值，此种排序方法称为（　　）。

    A．冒泡排序　　　B．堆排序　　　　C．快速排序　　　　　D．归并排序

（11）快速排序在（　　）情况下最不利于易发挥其长处。

    A．待排序的数据量太大　　　　　　B．待排序的数据已基本有序

    C．待排序的数据完全无序　　　　　D．待排序的数据个数为奇数

（12）下述几种排序方法中，要求内存量最大的是（　　）。

    A．插入排序　　　B．选择排序　　　C．快速排序　　　　　D．归并排序

（13）堆的形状是一棵（　　）。

    A．二叉排序树　　B．满二叉树　　　C．完全二叉树　　　　D．平衡二叉树

（14）快速排序的方法是（　　）的排序方法。

    A．不稳定　　　　B．稳定　　　　　C．外部　　　　　　　D．选择

（15）下列排序方法中，关键字比较次数与记录的初始排列次序无关的是（　　）。

    A．选择排序　　　B．希尔排序　　　C．插入排序　　　　　D．冒泡排序

（16）下述几种排序方法中，平均时间复杂度最小的是（　　）。

    A．希尔排序　　　B．插入排序　　　C．冒泡排序　　　　　D．选择排序

（17）对 n 个不同的排序码进行冒泡（递增）排序，在下列（　　）情况比较的次数最多。

    A．从小到大排列好的　　　　　　　B．从大到小排列好的

    C．元素无序　　　　　　　　　　　D．元素基本有序

（18）用直接插入排序法对下面的 4 个序列进行由小到大的排序，元素比较次数最少的是（　　）。

    A．94、32、40、90、80、46、21、69　B．21、32、46、40、80、69、90、94

C. 32、40、21、46、69、94、90、80 D. 90、69、80、46、21、32、94、40

（19）一组记录的排序码为(25,48,16,35,79,82,23,40)，其中含有 4 个长度为 2 的有序表，按归并排序的方法对该序列进行一趟归并后的结果为（　　　）。

    A. 16、25、35、48、23、40、79、82、36、72

    B. 16、25、35、48、79、82、23、36、40、72

    C. 16、25、48、35、79、82、23、36、40、72

    D. 16、25、35、48、79、23、36、40、72、82

（20）一个数据序列的关键字为(46,79,56,38,40,84)，采用快速排序，并以第一个数为基准得到第一次划分的结果为（　　　）。

    A. (38, 40, 46, 56, 79, 84)   B. (40, 38, 46, 79, 56, 84)

    C. (40, 38, 46, 56, 79, 84)   D. (40, 38, 46, 79, 56, 84)

四、排序过程分析

（1）已知数据序列 {18, 17, 60, 40, 07, 32, 73, 65}，写出采用直接插入算法排序时，每一趟排序的结果。

（2）已知数据序列 {80, 18, 9, 90, 27, 75, 42, 69, 34}，请写出采用冒泡排序法对该序列作升序排序时每一趟的结果。

（3）已知数据序列 {12, 02, 16, 30, 28, 10, 17, 20, 06, 18}，写出希尔排序每一趟排序的结果。（设 d=5、2、1）

（4）已知数据序列 {10, 18, 4, 3, 6, 12, 9, 15}，写出二路归并排序的每一趟排序结果。

（5）已知数据序列 {53, 36, 48, 36, 60, 7, 18, 41}，写出采用简单选择排序的每一趟排序结果。

（6）已知数据序列 {10, 1, 15, 18, 7, 15}，试画出采用快速排序法，第一趟排序的结果。

五、程序填空

```
void BInsSort( )                    // 按递增序对 R[1]~R[n]进行二分插入排序
{ int i,j,low,high,m;
  for(i=2;i<=_____;i++)
  { R[0]=R[i];                      // 设定 R[0]为监视哨
    low=1;
    high=_____;
    while(low _____ high)
    { _____;
       if(R[0]<R[m])    high=m-1;
       else low=m+1;
    }
    for(j=i-1;j>=high+1;j--)
       R[j+1]=_____;   // 元素后移
    R[high]=R[0];              // 插入
  }
}
```

六、算法题

（1）以单向链表为存储结构，写一个直接选择排序算法。

（2）以单向链表作为存储结构实现直接插入排序算法。

（3）设计一个算法，使得在尽可能少的时间内重排数组，将所有取负值的关键字放在所有取非负值的关键字之前。

（4）设已排序的文件用单向链表表示，再插入一个新记录，仍然按关键字从小到大的次序排序，试写出该算法。

（5）设二叉排序树结点的结构由下述 3 个域构成：data 为结点的值域（字符型）；left 为结点的左指针；right 为结点的右指针。请编写算法，实现将 data 域值小于等于于 x 的结点全部删除掉。

数据结构课程设计 ‹‹‹

为了学好数据结构，在充分理解逻辑结构的基础上，必须编写一些基于具体存储结构的程序，实现一些常规的算法，通过上机编程调试解决一些实际问题，才能更好地掌握各种数据结构及其特点。通过灵活运用数据结构及其相关知识，切实提高解决实际应用问题的能力，是数据结构课程的主要目的。数据结构课程设计就是为了达到这个目的而安排的一个实践性环节，它是数据结构课程的一个重要组成部分。

本章精选了 28 个与数据结构相关的典型应用题目，并大致按照全书编排章节所涉知识点的顺序依次列出。希望在理论教学过程结束后，计划用一到两周的时间由学生独立完成本章的一个题目，并写出相应的课程设计报告。对于学有余力的同学，也可以选做本章列出的多个课题，这对于编程实践能力的提高、数据结构各知识点的融会贯通，以及算法分析与设计能力的培养，无疑是大有裨益的。要顺利完成本章课题所规定的任务，需要复习前面各章节介绍的各种逻辑结构、存储结构及基本算法，熟练掌握并理解前面各章节的知识要点，并对部分知识点进行相互串联。由于部分课题对"计算机组成原理"和"算法分析与设计"等课程的内容稍有涉及，认真完成本章的课题任务对后续课程的学习也将有所帮助。

通过本章学习，可以大大提高学生自主分析和解决问题的能力，使学生的编程能力得到有效巩固和提高。

11.1　课程设计的目的与内容

本节内容包括课程设计的目的和内容、设计报告内容的规定，以及课程设计的考核。

11.1.1　课程设计的目的

通过数据结构课程设计主要达到如下目的：

（1）了解并掌握数据结构与算法的设计方法，培养独立分析问题的能力。

（2）综合运用所学的数据结构基本理论和方法，提高在计算机应用中解决实际问题的能力。

（3）初步掌握软件开发过程的问题分析、系统设计、程序编码、程序调试、数据测试等基本方法和技能。

（4）训练用系统的观点和软件开发一般规范进行软件开发，培养软件工作者应该具备的科学的工作方法和作风。

（5）通过课程设计完成具有一定深度和难度的题目。

（6）编写课程设计报告，锻炼软件开发文档撰写的基本方法。

11.1.2　课程设计的内容

1．问题分析和任务定义

根据设计题目的要求，充分分析和理解问题，明确问题要求做什么，限制条件是什么。

2．逻辑设计

为问题描述中涉及的操作对象定义相应的数据类型，并按照以数据结构为中心的原则划分模块。逻辑设计的结果应写出每个抽象数据类型的定义（包括数据结构的描述和每个功能操作的说明），划分功能模块并描述各个主要模块的算法，若各功能模块之间存在调用关系，还应画出各个模块之间的调用关系图。

3．详细设计

定义存储结构，并写出各函数算法或伪码算法。在这个过程中，要综合考虑系统功能，使得系统结构清晰、合理、简单和易于调试，抽象数据类型的实现尽可能做到数据封装，基本操作的规格说明尽可能明确具体。详细设计的结果是对数据结构和基本操作做出进一步的求精，写出数据存储结构的类型定义和函数形式的算法框架。

4．程序编码

把详细设计的结果进一步转换为程序设计语言程序。同时加入一些注解，使程序逻辑概念清楚、维护方便。

5．程序调试与测试

程序调试采用自底向上，分模块进行。即先调试底层被调函数，再逐级调试上层主调的函数。通过程序调试熟练掌握调试工具的各种功能；设计测试数据确定疑点，通过修改程序来证实它或绕过它。程序调试正确后，认真整理源程序及其注释，形成格式和风格良好的源程序清单。

6．结果分析

程序运行结果不但要包括正确的输入及其输出结果，而且还要人为地输入一些含有错误的数据以考察其输出结果的正确性，同时进行算法的时间复杂度和空间复杂度分析。

7．编写课程设计报告

根据课程设计的情况编写设计报告。

11.1.3　课程设计报告

课题设计结束时要写出课程设计报告，以作为整个课程设计评分的书面依据和存档材料。设计报告以规定格式的电子文档书写、打印并装订，排版及图、表要清楚、工整。

课程设计的封面包括：题目、班级、学号、姓名、指导教师和完成日期。

课程设计报告的正文应包括以下几方面的内容（可以根据所选课题的实际情况作适当调整或更改）。

1．课题分析

以无歧义的陈述说明程序设计的任务，强调的是程序要做什么，并明确规定：

（1）输入形式和输入值的范围。

（2）输出形式。

（3）程序所能达到的功能。

（4）测试数据：包括正确的输入及其输出结果和含有错误的输入及其输出结果。

2．总体设计

说明本程序中用到的所有数据类型的定义、主程序的流程，以及各程序模块之间的层次（调用）关系。

3．详细设计

系统详细设计包括：人机接口界面、输入界面、输出界面在内的用户界面设计；逻辑结构、存储结构设计；算法（或伪码算法）设计也可以采用流程图、N-S 图或PAD 图进行描述，画出函数或过程的调用关系图。

4．调试分析

调试分析的内容包括：

（1）调试过程中遇到的问题是如何解决的，以及对程序设计与实现的讨论和分析。

（2）算法的时间复杂度和空间复杂度的分析。

（3）对算法的改进设想。

（4）程序调试的收获和体会。

5．用户使用说明

用户使用说明是为了告诉用户如何使用编写的程序，并举例列出每一步的操作步骤。

6．测试结果

列出测试的输入数据和程序运行以后的输出结果，测试数据应该保证完整和严格。

7．参考文献

列出参考资料和书籍。

11.1.4 课程设计的考核

课题相关程序设计结束时，要求学生写出课程设计报告（源代码最好以电子版的文件形式单独提交存档，不用附在报告中），并对学生的设计过程进行答辩。

由于数据结构课程设计所涉及的算法大多都为经典算法，课外书籍以及网上的参考资料都很多，为保证教学质量，建议本门课程的成绩以设计过程的答辩表现为主。这样一方面可以避免有些同学只是单纯地为了得出运行结果，而不去深入理解程序的实现细节，最大限度地杜绝请人代做的现象；另一方面答辩过程也有助于提高学生的语言表达能力，锻炼其与人沟通的技巧。

鉴于此，建议本课程设计的成绩分三部分给定。其中设计过程的答辩占 60%，设计作品的质量（源代码）占 20%，课程设计报告占 20%。

成绩评定按照优秀、良好、中、及格、不及格五级或者按百分制实施。

本课程需要提交归档的材料清单如下：

（1）课程设计报告（电子稿和打印稿各一份）。

（2）程序源代码文件夹（文件夹中只保留.c 或.cpp、.dll、.lib 等必须文件，编译过程中产生的各种参考文件、工程文件和 Debug 文件夹等提交时一律删除）。

11.2 课程设计的要求

1. 课题的分类与选择

为了使不同编程基础的学生通过课程设计都能有所提高，使所有学生都学有所获，教师可以根据学生的学习基础，结合学生本人的意愿来确定具体的课程设计题目。建议的做法是根据程序设计和数据结构课程成绩，让编程基础较差的学生先选题，让他们可以在自己的能力范围内量力而行，基础较好的学生虽然后选题，但是在同样完成质量的情况下，指导老师应给予完成较难题目的学生稍高的分数。

学生也可以根据个人的能力自行选择有一定难度的其他数据结构课程设计课题，但是自选课题必须预先向指导老师提出申请，说明课题的内容、难度，以及实现的目标，经老师同意之后方可进行。

2. 课程设计的要求

学生要发挥自主学习的能力，充分、合理地利用时间，安排好课程设计的计划，并在课程设计过程中不断检测计划的完成情况。对于课题要求理解不清的地方，以及实现过程中出现的问题，在独立思考、查阅资料、与同学讨论之后仍无法确定或解决的，应及时向指导老师汇报。

对题目中要求的功能进行分析，并且设计解决此问题的数据存储结构（有些课题中部分存储结构已经指定，则应采用指定的存储结构）和算法。给出实现算法功能的一组或多组测试数据，程序调试通过以后，按照此测试数据进行程序运行的数据测试。

程序要有基本的容错功能。不但能够在数据正常情况下运行，而且当数据出现错误时，应避免出现死循环。

课程设计课题的总体要求如下：

（1）利用 C 或 C++实现课题相应的程序，源程序要按照课程设计规定的规则来编写。程序结构要清晰，重点函数、重点变量、重点功能部分要加上程序注释，以便程序的维护。

（2）系统功能全部采用菜单控制，所有程序应上机调试通过并运行正确。如果程序部分功能不能正常运行或存在缺陷，则必须在报告中写出算法在实现过程中存在的问题，以及解决这些问题的基本思路。

（3）课程设计程序全部调试通过以后，也可以对课题的算法提出改进方案，并比较不同算法的优缺点。

（4）课程设计报告中应给出课题的总体分析、详细设计、算法过程的具体分析、系统所涉及的逻辑结构图、数据所采用的存储结构图、程序流程图、采用的测试数据及其结果分析、算法时间和空间复杂度的分析等。

（5）课程设计报告的正文一般应以文字描述或论述为主，绘图、表格、代码、程序运行界面截图等只是辅助说明部分。因此，正文文字部分的篇幅一般不得少于其他各个部分的篇幅。

（6）如果程序采用 C#或 Java 等其他课堂上尚未开设的编程语言实现，必须预先向指导老师提出申请。若确为学生自学掌握的程序设计语言，并且课题涉及的数据结构都是自己实现的情况下，则可酌情加分；若课题的主要功能函数是采用静态或动态链接库形式实现的，也可酌情加分。

11.3 课程设计题目

课题1 多项式运算

1．设计目的
（1）掌握线性表的顺序存储结构和链式存储结构。
（2）掌握线性表的插入、删除等基本运算。
（3）掌握线性表的典型应用——多项式运算[加、减、乘、除（选做）]。

2．主要内容
实现顺序结构或链式结构的多项式加减乘除运算，其中加法、减法和乘法功能为必做，除法功能为选做。例如，已知：$f(x)=8x^6+4x^5-2x^4-123x^3-x+10$
$$g(x)=2x^3-5x^2+x$$
（1）相加：$f(x)+g(x)=8x^6+4x^5-2x^4-121x^3-5x^2+10$。
（2）相减：$f(x)-g(x)=8x^6+4x^5-2x^4-125x^3+5x^2-2x+10$。
（3）相乘：$f(x)*g(x)=16x^9-32x^8-16x^7-232x^6+613x^5-125x^4+25x^3-51x^2+10x$。
（4）相除：商 $=4x^3+12x^2+27x$；余数 $=-32x^2-x+10$。
如果采用顺序存储结构，则顺序表结点的数据类型定义如下：

```
#define M 20
typedefstruct
{ float coe;        // 系数
  int index;        // 指数
}Node;
typedefstruct
{ Node data[M];     // 结点数组
  int last;         // 结点数组中最后一个被使用单元的下标
}SeqList;
```

函数 $f(x)$ 的顺序存储结构如图 11-1 所示。
如果采用链式存储结构，则链表结点的数据类型定义如下：

```
typedefstruct _node
{ float coe;        // 系数
  int index;        // 指数
struct _node *next;
}Node;
```

函数 $f(x)$ 的链式存储结构如图 11-2 所示。

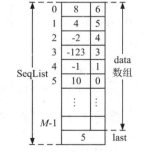

图 11-1 函数 $f(x)$ 的顺序表存储结构

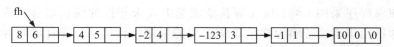

图 11-2 函数 f(x)的单链表存储结构

3．设计要求

（1）如果有两个学生同时完成该课题，要求分别采用顺序和链式两种存储结构。

（2）如果多项式采用顺序结构存储，则多项式运算的最高次应能达到 x^{99}。

（3）通过菜单选择项输入两个多项式，通过菜单依次求得这两个多项式加、减、乘、除（选做）的运行结果，并比较程序运行结果和手工计算结果是否一致。

课题 2 浮点数的 IEEE 754 标准格式转换

1．设计目的

（1）掌握 float 型浮点数的存储结构和特点。

（2）掌握 C 系列语言中的位运算和数组的灵活操作方法。

（3）深入了解 IEEE 754 标准，学会查阅相关国际标准。

2．主要内容

（1）输入一个十进制形式的 float 型浮点数，将其在内存中的 32 位 IEEE 754 存储结构以一个 8 位的十六进制数形式输出。

（2）以 8 位十六进制数形式给定一个 IEEE 754 结构的浮点数，将其代表的 float 型十进制浮点数输出。

float 型数据的 IEEE 754 标准格式如图 11-3 所示。

图 11-3 float 型数据的 IEEE 754 标准格式

需要实现的功能①：假设输入浮点数 2.78，其在内存中对应的 32 位 IEEE 754 存储结构为 0100 0000 0011 0001 1110 1011 1000 0101，按十六进制输出则为：4031EB85。

需要实现的功能②：假设输入 40490FCF，转化为对应的二进制形式为 0100 0000 0100 1001 0000 1111 1100 1111，按 IEEE 754 标准解释后则输出：3.14159。

3．设计要求

（1）课题分析阶段，请通过网络和书籍确定并深入了解 IEEE 754 标准。

（2）IEEE 754 存储结构的 32 位二进制形式是否输出均可。

课题 3 稀疏矩阵的运算

1．设计目的

（1）掌握稀疏矩阵的特点及其存储形式（每个非零元素用一个三元组结点存储，

为零的元素隐含表示不用存储）。

（2）掌握稀疏矩阵的顺序存储及链式存储方法。

（3）掌握稀疏矩阵的简单运算（转置、加、减、乘、除/求逆（选做））。

2．主要内容

（1）输入矩阵 **A**、**B**、**C**、**D**，分别进行矩阵的加减乘除操作。

$$A = \begin{pmatrix} 1 & 0 & -1 \\ 0 & 0 & 0 \\ 0 & 2 & 0 \\ 3 & 0 & 0 \end{pmatrix} \quad B = \begin{pmatrix} -1 & 0 & 1 \\ 0 & 5 & 0 \\ 1 & 2 & 0 \\ 0 & 0 & 7 \end{pmatrix} \quad C = \begin{pmatrix} 1 & -1 \\ 0 & 3 \\ 1 & 0 \end{pmatrix} \quad D = \begin{pmatrix} 0 & 2 & 0 \\ 1 & 0 & 0 \\ 0 & 0 & 3 \end{pmatrix}$$

$$A^{\mathrm{T}} = \begin{pmatrix} 1 & 0 & 0 & 3 \\ 0 & 0 & 2 & 0 \\ -1 & 0 & 0 & 0 \end{pmatrix} \quad A+B = \begin{pmatrix} 0 & 0 & 0 \\ 0 & 5 & 0 \\ 1 & 4 & 0 \\ 3 & 0 & 7 \end{pmatrix} \quad A-B = \begin{pmatrix} 2 & 0 & -2 \\ 0 & -5 & 0 \\ -1 & 0 & 0 \\ 3 & 0 & -7 \end{pmatrix}$$

$$A \cdot C = \begin{pmatrix} 0 & -1 \\ 0 & 0 \\ 0 & 6 \\ 3 & -3 \end{pmatrix} \quad \frac{A}{D} = A \cdot D^{-1} = \begin{pmatrix} 1 & 0 & -1 \\ 0 & 0 & 0 \\ 0 & 2 & 0 \\ 3 & 0 & 0 \end{pmatrix} \cdot \begin{pmatrix} 0 & 1 & 0 \\ 1/2 & 0 & 0 \\ 0 & 0 & 1/3 \end{pmatrix} = \begin{pmatrix} 0 & 1 & -1/3 \\ 0 & 0 & 0 \\ 1 & 0 & 0 \\ 0 & 3 & 0 \end{pmatrix}$$

（2）如果采用单链表形式存储稀疏矩阵中各个非零元素的值，则单链表的结点结构定义如下：

```
typedefstruct  _node
{ int  rowNo;              // 行号
  int  colNo;              // 列号
  int  value;              // 矩阵中该行列位置的非零元素值
  struct  _node *next;     // 指示下一个非零元结点的地址
}Node;
```

此时，矩阵 **A** 的单链表存储结构如图 11-4 所示，其他矩阵的存储结构与之类似。

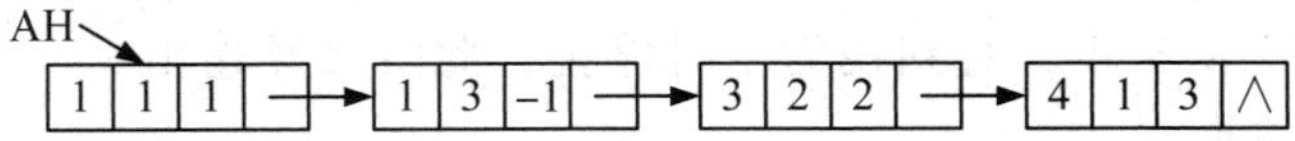

图 11-4　矩阵 **A** 的单链表存储结构

（3）如果采用顺序表形式存储稀疏矩阵中各个非零元素的值，则顺序表的结点结构及顺序表定义如下：

```
#define  MAXLEN  10
typedefstruct
{ int  rowNo;              // 行号
  int  colNo;              // 列号
  int  value;              // 该行列位置的非零元素值
}Node;
typedefstruct
{Node  data[MAXLEN];       // 三元组数组
```

```
    int  last;                  // 数组中最后使用单元的下标
    }SeqList;
```

此时，矩阵 *A* 的顺序表存储结构如图 11-5 所示，其他矩阵的存储结构与之类似。

（4）将矩阵的转置、加、减、乘、求逆分别用函数实现，在主函数中分别调用以上函数进行验证。

3. 设计要求

（1）预设两个矩阵，通过执行不同的菜单选项可以得到相应的运算结果，比较程序运行结果和手工计算结果是否一致；如果两个矩阵不能进行某种运算，需给出相应提示。

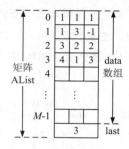

图 11-5　矩阵 *A* 的顺序存储结构

（2）两个预设矩阵的行列数，及其所有元素值，均能够通过执行相应菜单项而重新输入。

（3）转置、加、减、乘等功能为必做，矩阵相除/求逆的功能为选做。

课题 4 非递归求解 Hanoi 问题

1. 设计目的

（1）掌握栈的典型应用——明确栈"后进先出"的特点。

（2）灵活掌握各类递归问题的非递归求解方法。

（3）学会区分尾递归和非尾递归，并总结递归解决问题的特点。

2. 主要内容

（1）输入 Hanoi 问题的盘子个数 *n*。

（2）建立一个栈，将 *n* 个盘子的移动问题抽象为一个数据结点，然后进栈。

（3）出栈一个结点，查看该结点中的盘子数。

如果该结点中的盘子个数大于 1，则将该结点按一般求解 Hanoi 问题的步骤分解为 3 个子结点，然后这 3 个子结点按求解步骤的逆序入栈；如果盘子个数不大于 1，则直接输出该结点对应的移动操作。

（4）循环执行第 3 步，直到栈为空时停止，此时已经输出了所有的盘子移动步骤。

如果需要将 3 个盘子，从源杆 A 上，借助中间杆 B，移动到目标杆 C 上去，则该问题对应的结点结构如图 11-6 所示。

3	A	B	C

图 11-6　3 个盘子移动

如果采用链式栈，则链栈结构的定义代码如下：

```
typedefstruct  _node
{ int  n;  // 盘子数
    char  source;               // 源杆
    char  temp;                 // 中间杆
    char  target;               // 目标杆
struct  _node *next;            // 下一个栈结点的地址
}LinkedNode;
typedefstruct
```

```
{  LinkedNode  *top;              // 栈顶指针
}LinkedStack;                     // 链式栈
```

非递归求解 3 个盘子 Hanoi 问题的部分过程如图 11-7 所示。

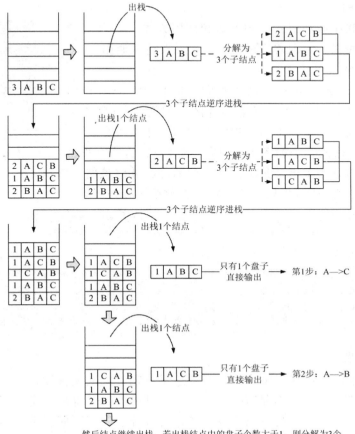

图 11-7　非递归求解 Hanoi 问题的过程示例

如果采用顺序栈，则顺序栈结构的定义代码如下：

```
#define  MAXLEN  1028
typedefstruct
{  int  n;                        // 盘子数
   char  source;                  // 源杆
   char  temp;                    // 中间杆
   char  target;                  // 目标杆
}SeqNode;
typedefstruct
{  SeqNode data[MAXLEN];          // 存放栈元素的数组
   int  top;                      // 栈顶指针
}SeqStack;                        // 顺序栈
```

3. 设计要求

（1）输入的盘子个数一般应小于 10，否则运算时间会较长，甚至可能引起栈溢出。

（2）如果有两个同学同时完成该课题，要求分别采用顺序栈和链式栈结构实现。

课题 5　迷宫问题

1．设计目的
（1）掌握顺序栈和链式栈的构造和使用方法。
（2）掌握栈在实际问题中的应用——寻找迷宫通路。

2．主要内容

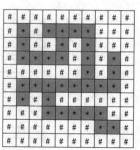

图 11-8 所示为一个 10×10 的迷宫，其中 "*" 所标识的位置是通路， "#" 标识的位置是不通的，四周的 "#" 代表边界。迷宫的入口位于左上角，迷宫的出口位于右下角。

图 11-8　迷宫

编写程序，输入一个如图 11-8 所示的迷宫，然后用非递归（即用栈）的方法求出一条走出迷宫的路径，并将该路径输出。

图 11-8 所示的迷宫用如下的二维字符数组 maze 存储。

```
#define MAXLEN 10
char maze[MAXLEN][MAXLEN];
```

本课题所用栈结点的结构可定义如下：

```
typedef struct
{ int  rowNo;    //行下标
  intcolNo;      //列下标
  intdirection;//当前探测方向（取值为 0、1、2、3 分别代表右、下、左、上四个方向）
}Node;
```

3．设计要求
（1）迷宫不能在源代码中设定，必须从键盘输入或从文件读入。
（2）迷宫的边界可以不存储在矩阵中，迷宫的出入口也不一定位于两个角上。
（3）如果有两个同学同时完成该课题，要求分别采用顺序和链式结构实现其栈。

课题 6　非递归方式遍历二叉树

1．设计目的
（1）灵活掌握栈的实际应用。
（2）熟练掌握二叉树的前序、中序和后序遍历过程。
（3）巩固非递归方法解决实际问题的技巧。

2．主要内容
（1）构建一个栈用来保存尚未遍历的子树或结点。
（2）输入一棵二叉树，借助栈采用循环的方式对二叉树进行前序、中序及后序遍历。
（3）输出二叉树的 3 个遍历序列。假设给定的二叉树如图 11-9 所示。
提示（以非递归方式求后序序列为例）：
（1）本课题需要利用栈来实现，可以定义两个栈（如果利用 C++中的模板，则只需要定义一个栈），一个是结点指针型栈（二叉链表结点的指针类型），另一个为输出数据栈（字符型）。

（2）结点指针型栈用于保存左右子树的根结点地址，输出数据栈则用于保存需要输出的根结点数据。当结点指针型栈为空时，直接将输出数据栈中的所有数据弹出即为遍历该二叉树得到的后序序列。

（3）因为始终是先得到根结点数据，通过根结点再得到左右子树的数据，所以将每次得到的结点数据压入输出数据栈，经过输出数据栈反转后一并弹出，这样即可得到所求的后序序列。

（4）本课题和非递归求解 Hanoi 问题有类似之处，但是这里左右子树的根结点地址入栈时应该是左子树的根先进栈，然后是右子树的根进栈，如果没有左右子树，则直接将根结点的数据输出到输出数据栈。

3．设计要求

（1）3 种遍历过程中均不能使用递归。

（2）可以根据实际需要对二叉链表的结点结构作适当改变。

课题 7　中缀表达式转后缀并求值

1．设计目的

（1）掌握栈"后进先出"的特点。

（2）掌握栈的典型应用——中缀表达式转后缀表达式，并利用后缀表达式求值。

（3）掌握串或者数组的相关操作。

2．主要内容

（1）中缀表达式转换为后缀表达式。

① 定义一个运算符栈，并输入一个中缀表达式（运算对象存在多位整数，运算符为+、−、*、/、%及括号），然后从中缀表达式中自左至右依次读入各个字符。

② 如果是第一次读入运算对象，则直接输出到后缀表达式；如果不是第一次读入运算对象，并且前一个读入的字符是运算对象，也是直接输出到后缀表达式；如果不是第一次读入运算对象，并且前一个读入的字符是运算符，则先输出逗号作为分隔符，然后再将该运算对象输出到后缀表达式。

③ 如果读入的是运算符，并且运算符栈为空，则将该运算符直接进栈；如果栈不为空，则比较该运算符和栈顶运算符的优先级。

若该运算符高于栈顶运算符的优先级，则将该运算符直接进栈；若该运算符低于或等于栈顶运算符的优先级，则将栈中高于或等于该运算符优先级的元素依次出栈，然后再将该运算符进栈。每出栈一个运算符时，先输出一个逗号到后缀表达式作为分隔符，然后再将出栈运算符输出到后缀表达式。

④ 如果读入的是开括号"（"，则直接进栈；如果读入的是闭括号"）"，则一直出栈并输出到后缀表达式，直到遇到一个开括号"（"为止。开括号"（"和闭括号"）"均不输出到后缀表达式。

⑤ 重复②、③、④步，直到中缀表达式结束，然后将栈中剩余的所有运算符依次出栈。每出栈一个运算符时，先输出一个逗号到后缀表达式作为分隔符，然后再将出栈运算符输出到后缀表达式。

⑥ 给后缀表达式加上"\0"作为字符串结束标志。

（2）后缀表达式求值。

① 定义一个 double 型的运算数栈，将中缀表达式转换得到的后缀表达式字符串自左向右依次读入。

② 如果读入的是运算对象，则将该运算对象串（下一个逗号分隔符前的部分所构成的数字字符串）转换为对应的多位整数值，然后将该整数值（将自动类型转换为 double 型）直接进入运算数栈。

③ 如果读入的是运算符，则立即从运算数栈中弹出两个运算数，计算两个运算数运算后的值（运算时先出栈的元素放在运算符后面，后出栈的元素放在运算符前面），并将计算结果存回运算数栈。

④ 重复②、③步，直到后缀表达式结束，最后栈中保存的那个数即为该后缀表达式的计算结果。

⑤ 和手工计算的结果进行比较，检验程序运行结果的正确性。

假设输入中缀表达式为：$(123+32)/5*2-15*18/(2+4)/15-7$。

转换后的后缀表达式为：$123,32,+,5,/,2,*,15,18,*,2,4,+,/,15,/,-,7,-$。

后缀表达式求得的值为：52。

3．设计要求

（1）运算对象应可以是多位整数。

（2）遇到除数为 0 的情况，应能给出相应提示，并提醒重新输入中缀表达式。

（3）%运算符左右遇到非整数时，应能自动对其进行取整；%运算符左右遇到负数时，应能给出相应提示，并提醒重新输入中缀表达式。

（4）如果有两个同学同时完成该课题，要求分别采用顺序和链式结构实现其栈。

课题 8 求字符串中最大长度的对称子串

1．设计目的

（1）掌握字符串的特点和相关操作。

（2）掌握字符串相关算法的分析和设计。

2．主要内容

输入一个字符串，输出该字符串中最长的对称子串，及该对称子串的长度。

若输入字符串"google"，由于该字符串里最长的对称子字符串是"goog"，因此输出 goog 和 4；又如输入字符串"level"，由于该字符串全部对称，因此输出 level 和 5。

提示：

可以从字符串中的每一个字符开始，向两边扩展，依次查看两边的各个字符是否构成对称，此时可分如下两种情况：

（1）对称子串长度是奇数时，以当前字符为对称轴向两边扩展比较。

（2）对称子串长度是偶数时，以当前字符和它右边的字符为对称轴向两边扩展。

3．设计要求

（1）如果输入字符串中存在多个长度相同的最长对称子串，则应输出所有的最长对称子串。

（2）分析算法的时间复杂度。

课题 9 二叉树的中序线索化及其非栈非递归遍历

1．设计目的

（1）了解整棵二叉树的直接前驱和直接后继的概念。

（2）熟悉线索二叉树的概念、线索二叉树结点结构的定义。

（3）掌握在二叉树进行中序线索化的递归函数代码。

（4）掌握递归函数设计的特点。

2．主要内容

中序线索二叉树的逻辑结构如图 11-9 所示，其中虚线箭头表示指向中序序列的直接前驱或后继，实线箭头表示指向其左孩子或右孩子。

（1）输入如图 11-9 所示的二叉树，并采用递归方式对该二叉树进行中序线索化。

（2）对如图 11-9 所示中序线索二叉树进行中序遍历，输出其中序序列。

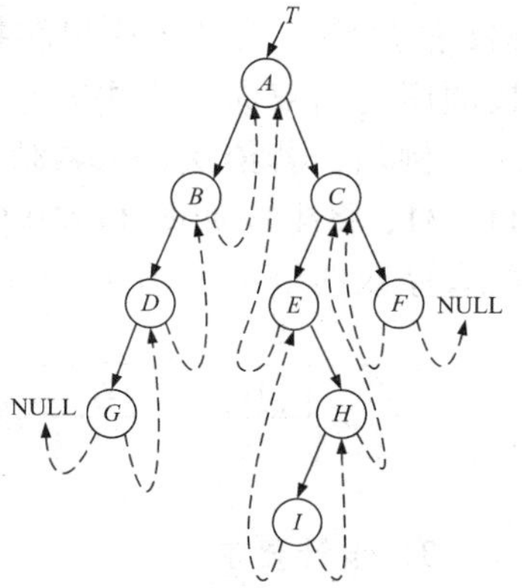

图 11-9　线索二叉树

提示：

（1）二叉树中序序列的第一个结点为该二叉树最左下角的结点，如图 11-9 所示二叉树的中序序列第一个被访问结点为 G。

（2）中序线索二叉树中任一结点的后继求法。当该结点无右孩子时，其右孩子指针所指即为该结点后继；当该结点右孩子存在时，其右子树中第一个被访问的结点（即右子树中最左下角的结点）为该结点后继。

3．设计要求

（1）中序遍历线索二叉树的过程中，不能使用栈，也不能使用递归。

（2）如果有两个同学同时完成该课题，要求分别采用顺序和链式结构实现其栈。

课题 10 求二叉树中任意两个结点间的距离

1．设计目的

（1）掌握二叉树的存储结构和生成方式。

（2）掌握二叉树中结点之间距离的概念及求解方法。

2．主要内容

建立一棵二叉树，求该二叉树中任意两个指定结点间的最大距离。二叉树中两个结点之间距离的定义是：这两个结点之间边的个数。比如，某个孩子结点和父结点，它们之间的距离是 1；相邻的两个兄弟结点，它们之间的距离是 2。

3．设计要求

（1）从文件读入两个遍历序列，递归建立二叉树的存储结构。

（2）如果有两个同学同时完成该课题，要求分别采用递归和非递归方式来求任意两个结点之间的距离。

课题 11 把二叉排序树转换成有序的双向链表

1. 设计目的

（1）了解整个二叉树的直接前驱和直接后继的相关概念。

（2）掌握双向链表的存储结构，二叉排序树的特点、存储结构和构造过程。

（3）掌握二叉排序树转换为有序双向链表的方法。

2. 主要内容

从键盘或文件输入若干个结点，构造一棵二叉排序树，然后将该二叉排序树转换成一个有序的双向链表，并按顺序输出双向链表中各个结点的值。

例如，若依次输入数值：52、59、73、28、35、77、11、31，将生成如图 11-10 所示的二叉排序树，转换得到的有序双向链表如图 11-11 所示。

图 11-10　二叉排序树

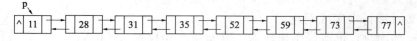

图 11-11　转换得到的双向链表

3. 设计要求

（1）依次输入各个结点的值，建立二叉排序树的二叉链表存储结构。

（2）转换过程中，不能创建任何新的结点，只能调整各个结点中指针的指向。

课题 12 在二叉树中找出和为某一值的所有路径

1. 设计目的

（1）掌握根据两个遍历序列恢复二叉树，并建立二叉链表存储结构的方法。

（2）掌握二叉树中路径权值的概念及计算过程。

（3）掌握遍历二叉树所有路径的方法。

2. 主要内容

从键盘或文件输入一棵二叉树的两个遍历序列（先序和中序，或者中序和后序），依据这两个序列生成一棵二叉树的二叉链表存储结构，再输入一个整数。从二叉树的根结点开始往下访问一直到叶结点，所经过的所有结点形成一条路径，该路径上所有结点的权值之和称为路径权值。找出路径权值与输入整数相等的所有路径并输出；若没有任何路径和输入整数相等，则输出相应的提示。

例如，假设建立的二叉树如图 11-12 所示，输入的整数值为 33。

则应输出两条路径：10、7、16 和 10、8、9、6。

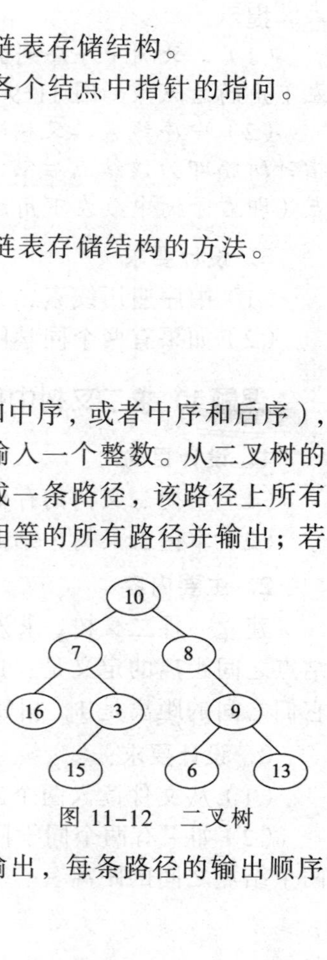

图 11-12　二叉树

3. 设计要求

（1）通过两个遍历序列恢复二叉树的过程可以采用递归方式。

（2）程序需遍历所有路径，所有满足条件的路径都应输出，每条路径的输出顺序均为从根结点到叶子。

课题 13 判断整数序列是否为二叉排序树的后序遍历序列

1．设计目的

（1）了解二叉排序树中序遍历的特点。

（2）掌握根据中序和后序遍历序列恢复二叉树的方法，以及二叉树的先序遍历方法。

（3）掌握后序遍历序列错误的分析和判定方法。

2．主要内容

输入一个整数序列，判断该序列是不是某二叉排序树的后序遍历序列。如果是，则输出该二叉排序树的先序序列，否则输出不是后序序列的提示。

例如，如果输入 3、8、14、11、5、22、19、16，由于这一整数序列是如图 11-13 所示的二叉排序树的后序遍历序列。

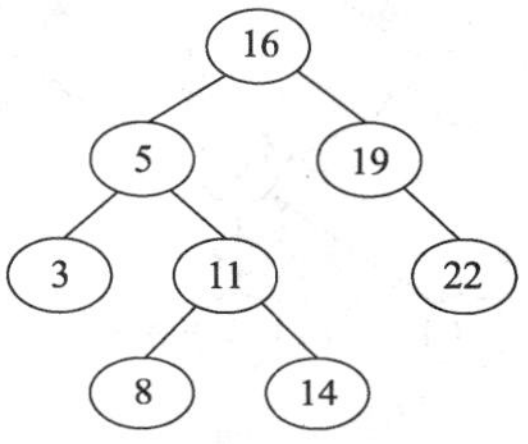

因此，输出该二叉树的先序序列：16、5、3、11、8、14、19、22。

如果输入 7、4、6、5，没有哪棵树的后序遍历结果是这个序列，因此输出提示：该序列不可能是任何二叉排序树的后序序列。

图 11-13 二叉树

3．设计要求

（1）尝试恢复二叉树的过程可以采用递归来实现。

（2）要求给出不能构成后序遍历序列情况的分析。

课题 14 有向无环图的判定及拓扑排序

1．设计目的

（1）掌握有向图的邻接表和十字链表存储结构。

（2）掌握有向图中有无环的判定方法。

（3）掌握有向无环图的拓扑排序方法，及有向有环图中环中结点的确定方法。

2．主要内容

（1）输入给定有向图的顶点总数和所有顶点标志。

（2）输入有向图中弧的总数，并利用循环依次输入各条弧，建立该有向图的邻接表或十字链表存储结构。

（3）从图中选取一个入度为零的顶点（如果存在多个顶点入度为零，则任选其中之一即可），标记输出该顶点并删除以该顶点为弧尾的所有弧，删除每条弧的同时更新相应弧头顶点的入度值。

（4）不断重复步骤（3），直到找不到入度为零的顶点或者已经删除所有弧为止，此时输出的所有顶点序列即为拓扑序列。

（5）如果第（4）步之后还有顶点尚未标记（尚未标记顶点的入度肯定都不为零），或者还有弧结点未被删除，则可判定该图中存在环。

（6）从图中选取一个出度为零的顶点（如果存在多个顶点出度为零，则任选其中之一即可），标记输出该顶点并删除以该顶点为弧头的所有弧，删除每条弧的同时更新相应弧尾的出度值。

（7）不断重复步骤（6），直到找不到出度为零的顶点为止，此时图中剩余的尚未标记的所有顶点即为构成环的顶点。

（8）给出该图有无环的判定结果。若为有向无环图，则输出其拓扑序列；若图中存在环，则列出环中的所有顶点。

编写程序并运行两次，若输入如图 11-14 所示的无环图，则应提示该有向图中不存在环，并输出其拓扑序列为：*ABCDEJFGHI*（不唯一，只要输出其中一个即可）；若输入如图 11-15 所示的有环图，则应提示存在环，并列出环中的所有顶点：CDFJ。

检验程序的输出结果是否正确。

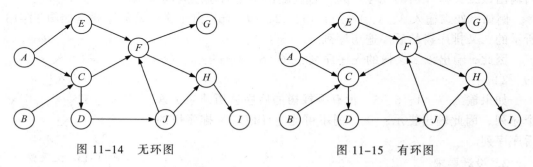

图 11-14　无环图　　　　　　　　　　图 11-15　有环图

3．设计要求

（1）测试时分别输入存在环和不存在环的两个图，输出是否存在环的判定结果。

（2）为方便编程，每个顶点均用一个英文字母作为标志。

课题 15　求 AOE 网的关键路径

1．设计目的

（1）了解事件（顶点）和活动（弧）的相关概念。

（2）掌握 AOE 网（即边带权值的图）的存储方法。

（3）掌握用回溯法求 AOE 网的关键路径。

（4）理解关键路径的相关含义。

2．主要内容

结合 8.6.2 节中关键路径的知识，求图 8-28 中 AOE 网的关键路径。

算法步骤如下：

（1）输入 AOE 网的顶点总数和所有顶点标志。

（2）输入 AOE 网的弧数，并利用循环输入所有弧的信息（弧尾顶点标志、弧头顶点标志，以及该弧的权值），建立该 AOE 网的十字链表存储结构。

（3）从 AOE 网的起始顶点 *A* 开始（规定其最早发生时间为 0），沿弧的指向顺序依次求出各个事件（即顶点）的最早发生时刻，直到终止顶点 *I*。

（4）规定终止顶点 *I* 的最晚发生时刻等于其最早发生时刻，然后再从终止顶点 *I* 开始，沿弧的逆向顺序依次求出各个顶点的最晚发生时刻，直到开始顶点 *A* 为止（顶点 *A* 的最早和最晚发生时刻应该都为 0）。

（5）弧尾顶点的最早发生时刻即为该弧（即活动）的最早开始时刻，弧尾顶点的最晚发生时刻即为该弧的最晚开始时刻；弧头顶点的最早发生时刻即为该弧的最早完成时刻，弧头顶点的最晚发生时刻即为该弧的最晚完成时刻。

（6）弧的富余时间=弧的最晚完成时刻 - 弧的最早开始时刻 - 该弧的权值，依此计算出所有弧的富余时间；然后从起始顶点 A 开始，依次找出该 AOE 网中的所有关键活动（即富余时间为零的弧），这些弧（活动）即构成该 AOE 网的关键路径（可能不止一条）。

（7）输出该网的所有关键活动即为 AOE 网的关键路径。

注意：该 AOE 网为仅有一个起始顶点且仅有一个终止顶点的有向无环网。

提示：该 AOE 网的弧代表活动，顶点代表事件。事件发生，以该顶点为弧尾的所有活动即可开始；只有指向某顶点的所有弧（活动）都完成，该顶点代表的事件才会发生。每个事件都有最早发生时刻和最晚发生时刻；每个活动都有相应的最早开始时间、最晚开始时间、最早完成时间和最晚完成时间。弧的富余时间即为该弧在不影响整个工程工期的前提下允许其拖延的最大时间，富余时间为零的所有弧即构成关键路径。

3．设计要求

（1）该网的存储方法要求采用十字链表存储法。

（2）输入数据，构造 AOE 网的十字链表存储结构，求其关键路径并输出。

（3）为方便编程，每个顶点均用一个英文字母作为标志。

课题 16　求有向图的强连通分量

1．设计目的

（1）掌握有向图（或网）的十字链表存储结构及其遍历方法。

（2）了解有向图强连通和弱连通的概念。

（3）掌握有向图强连通分量的求法。

2．主要内容

（1）输入有向图的顶点总数和所有顶点标志。

（2）输入图的弧数，并依次输入各条弧的信息，建立该图的十字链表存储结构。

（3）输入一个顶点，求出图中该顶点所在的强连通分量，并输出。

将图 11-16 所示的有向网存入十字链表中，若输入顶点标志 A，则输出 A 所在的强连通分量 A、B、C；若输入 F，则输出 F 所在的强连通分量 F、G。

3．设计要求

（1）该图要求采用邻接表或十字链表作为存储结构。

（2）为方便编程，每个顶点均用一个英文字母作为标志。

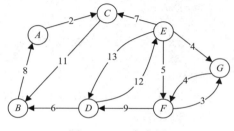

图 11-16　有向网

课题 17 基于十字链表有向图的遍历

1．设计目的

（1）掌握有向图十字链表存储结构的构造方法。

（2）掌握十字链表结构中弧结点的插入和删除方法。

（3）掌握基于十字链表存储结构有向图的两种遍历方法。

2．主要内容

（1）输入如图 11-17 所示有向图的顶点总数和所有顶点标志。

（2）输入图中弧的总数，并利用循环依次输入各条弧，建立该图的十字链表存储结构。

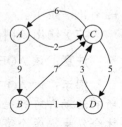

图 11-17　有向图

（3）弧的插入。输入一条弧的信息，开辟空间，构造弧结点，并将该弧结点插入到十字链表结构中。如果该弧已经存在，则提示是否需要覆盖原弧结点（仅修改原弧结点权值，或插入新弧结点后将原弧结点删除）。

（4）弧的删除。输入一条弧的信息，将其从十字链表中找到并删除，如果找不到该弧，则给出不能删除的相应提示。

（5）输出图中的所有顶点和所有弧。

（6）实现 BFS 或 DFS 算法，基于十字链表存储结构对有向图进行遍历，输出所有顶点的深度优先或广度优先遍历序列。

有向图十字链表存储结构的定义代码如下：

```
#define  MAXLEN  15              //有向图中最多可以有 15 个顶点
typedefstruct  _arcnode
{ int  headPoi;                  //弧头顶点在顶点数组中的下标
  struct _arcnode nextSameHead;  //同弧头顶点的下一个弧结点地址
  int  weight;                   //弧的权值
  int  tailPoi;                  //弧尾顶点在顶点数组中的下标
struct _arcnode nextSameTail;    //同弧尾顶点的下一个弧结点地址
}ArcNode;                        //弧结点类型
typedefstruct
{ char  vex;                     //顶点标志
  ArcNode  *firstIn;             //指向第一个以该顶点为弧头的弧结点
  ArcNode  *firstOut;            //指向第一个以该顶点为弧尾的弧结点
}VexNode;                        //顶点结点类型
typedefstruct
{ VexNode  data[MAXLEN];         //顶点数组
  int  vexNum;                   //顶点数
}OrthList;                       //十字链表类型
```

图 11-17 所示有向图的十字链表存储结构如图 11-18 所示。

3．设计要求

（1）输入数据，并验证操作后的输出结果。

（2）为方便编程，每个顶点均用一个英文字母作为标志。

（3）主要内容中的第 3 项至第 6 项功能均以菜单形式列出，并可多次执行。

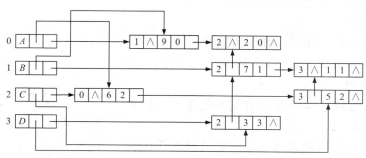

图 11-18　十字链表

课题 18　求最小生成树

1. 设计目的

（1）掌握无向图（或网）的邻接表存储结构。

（2）掌握基于邻接表存储结构无向图（或网）的遍历方法。

（3）进一步掌握利用 Prim 或 Kruskal 算法求解最小生成树的过程。

2. 主要内容

（1）输入给定无向网的顶点总数和所有顶点标志。

（2）输入无向网中边的总数，并利用循环依次输入各条边的端点标志及权值，建立该无向网的邻接表存储结构。

（3）用 Prim 或者 Kruskal 算法求该无向网的最小生成树。

无向网的邻接表存储结构代码定义如下：

```
#define  MAXLEN  15              // 图中最多可以有 15 个顶点
typedefstruct _edgenode
{ int  weight;                   // 边的权值
  int  adjvex;                   // 邻接顶点在顶点数组中的下标
  struct _arcnode  next;         // 具有相同端点的下一个边结点地址
}EdgeNode;                       // 边结点类型
typedefstruct
{ char  vex;                     // 顶点标志
  ArcNode *firstEdge;            // 指向第一个以该顶点为端点的边结点
}VexNode;                        // 顶点结点类型
typedefstruct
{ VexNode  data[MAXLEN];         // 顶点数组
  int  vexNum;                   // 顶点数
}AdjList;                        // 邻接表类型
```

3. 设计要求

（1）若有两个学生同时完成该课题，要求分别采用 Prim 和 Kruskal 算法求得该无向网的最小生成树。

（2）按算法中选取边的顺序输出最小生成树的各条边。

（3）为方便编程，每个顶点均用一个英文字母作为标志。

课题 19 Dijkstra 算法求最短路径

1. 设计目的

（1）复习图的存储结构和遍历方法。

（2）掌握并实现 Dijkstra 算法。

2. 主要内容

（1）输入如图 11-19 所示有向网的顶点总数和所有顶点标志。

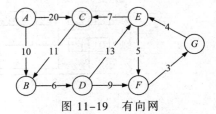

图 11-19　有向网

（2）输入有向网的各条边，建立该网的邻接表或邻接矩阵存储结构。

（3）输入网中任意一个顶点的标志。

（4）利用 Dijkstra 算法求出该顶点到其他所有顶点的最短路径和最短路径长度，并输出。

3. 设计要求

（1）该课题中网的存储结构可以采用邻接矩阵，图中顶点的个数最多可以达到 15 个。

（2）为方便编程，每个顶点均用一个英文字母作为标志。

课题 20 双拼输入法的快速定位

1. 设计目的

（1）了解常用的汉字编码方式。

（2）掌握汉字编码的位操作技巧和判定方法。

（3）学会根据实际问题的需要选用合适的逻辑结构和存储结构。

2. 主要内容

在很多软件中，输入拼音的首写字母就可以快速定位到某个词条。比如，在铁路售票软件中，输入"bj"就可以定位到"北京"；在股票行情软件中，输入"NYYH"就可以定位到"农业银行"。想要在软件中实现这个功能的关键在于：对每个汉字必须能计算出它的拼音首字母。

GB 2312 编码又称为国标码，GB 取的就是"国标"这两个字的汉语拼音的首字母。GB 2312 是较早被使用的最常用的汉字编码方式，在此汉字编码方式中，3 755 个一级汉字是按照拼音顺序排列的。我们可以利用这个特征，对常用汉字求拼音首字母。

GB 2312 编码方案对每个汉字采用两个字节表示。第一个字节为区号，第二个字节为区中的偏移号。为了能与已有的 ASCII 编码兼容（实现中西文混排），区号和偏移编号都从 0xA1 开始。

因此，只要找到拼音 a,b,c,...x,y,z 每个字母所对应的 GB 2312 编码的第一个汉字，就可以定位所有一级汉字的拼音首字母了（不考虑多音字的情况）。表 11-1 中给出了前述信息，请根据该表提供的数据编写程序，求出常用汉字的拼音首字母。

表 11-1　GB 2312 中拼音首字母对应的起始汉字编码

拼音首字母	起始汉字	汉字编码	拼音首字母	起始汉字	汉字编码
a	啊	B0A1	n	拿	C4C3
b	芭	B0C5	o	哦	C5B6
c	擦	B2C1	p	啪	C5BE
d	搭	B4EE	q	期	C6DA
e	蛾	B6EA	r	然	C8BB
f	发	B7A2	s	撒	C8F6
g	噶	B8C1	t	塌	CBFA
h	哈	B9FE	w	挖	CDDA
j	击	BBF7	x	昔	CEF4
k	喀	BFA6	y	压	D1B9
l	垃	C0AC	z	匝	D4D1
m	妈	C2E8			

注：因为常用汉字拼音中没有以 i、u、v 这 3 个字母起始的汉字，所以上表中未将其列出。

程序的输入、输出格式要求如下。

用户先输入一个整数 n（$n<100$），表示接下来将有 n 行文本。接着输入 n 行中文串（每个串不超过 50 个汉字）。

程序则输出 n 行，每行内容为用户输入的对应行的汉字的拼音首字母。

字母间不留空格，全部使用大写字母。

例如，若用户输入：

3
大家爱科学
北京天安门广场
软件大赛

则程序应输出：

DJAKX
BJTAMGC
RJDS

3. 设计要求

（1）根据问题的实际需求选用合适的数据结构。

（2）答辩时使用的输入数据与上面给出的实例数据可能是不同的。

（3）允许使用 STL 类库，但不能使用 MFC 或 ATL 等非 ANSI C++标准的类库。

课题 21 连通问题

1. 设计目的

（1）复习图的相关概念，掌握图的存储结构。

（2）学会从现实案例中合理地抽象出图的结构。

（3）掌握经典的求最短路径的迪杰斯特拉算法，并能将该算法变形后应用于解决实际问题。

2．主要内容

BMP 是常见的图像存储格式。如果用来存黑白图像（颜色深度=1，即每个颜色点用一个二进制位来表示），则其信息比较容易读取。

BMP 文件格式的具体规定如下（以下偏移的参照均是从文件头开始）：

（1）图像数据真正开始的位置——从偏移量 10 字节处开始，长度 4 字节。

（2）位图的宽度（单位是像素）——从偏移量 18 字节处开始，长度 4 字节。

（3）位图的高度（单位是像素）——从偏移量 22 字节处开始，长度 4 字节。

（4）从图像数据开始处，每个像素用 1 个二进制位表示。从图片的底行开始，逐行向上存储。

Windows 规定图像文件中一个扫描行所占的字节数必须是 4 字节的倍数，不足的位均以 0 填充。例如，图片宽度为 45 像素，实际上每行会占用 8 个字节。

可以通过 Windows 自带的画图工具生成和编辑二进制图像。需要在"属性"中选择"黑白"，指定为二值图像。可能需要通过"查看"|"缩放"|"自定义"把图像变大比例一些，更易于操作。将图片文件 in.bmp 用画图板打开，放大到 800 倍后的显示效果如图 11-20 所示。

图像的左下角为图像数据的开始位置，白色对应 1，黑色对应 0。

我们可以定义：两个点距离如果小于 2 个像素，则认为这两个点连通。也就是说，以一个点为中心的九宫格中，围绕它的 8 个点与它都是连通的。

用画图板打开的 pp.bmp 如图 11-21 所示，它左下角的点组成一个连通的群体；而右上角的点都是孤立的。

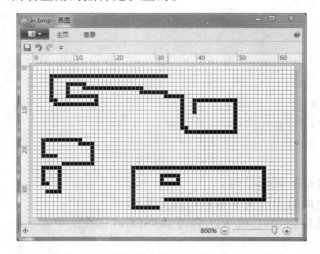
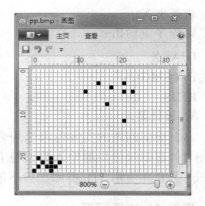

图 11-20　画图板中放大后的 in.bmp 文件　　图 11-21　画图板中放大后的 pp.bmp 文件

请根据给定的黑白位图，分析出所有独立连通的群体，输出每个连通群体的面积。所谓面积，就是它含有的像素的个数。

输入数据固定存在 in.bmp 中。例如，示例的 in.bmp，程序应该输出：

12、81、52、133

该输出表示在 in.bmp 中共有 4 个连通群体,每个连通群体的面积分别为 12、81、52、133。

3．设计要求

（1）该课题程序测试时，会使用不同的 in.bmp 文件，可以自己用画图程序在新建的 bmp 文件上随意画一些点作为测试数据来验证程序。

（2）输出的连通体面积的顺序可以随意。

课题 22　哈希查找的实现与分析

1．设计目的

（1）掌握哈希函数的构造原则及哈希表的生成方法，并能在解决实际问题时灵活应用。

（2）掌握哈希查找的基本过程及其适用场合。

（3）巩固散列查找时解决冲突的方法，并比较各种方法的特点。

2．主要内容

（1）以某选修课班级所有同学的学号为关键字构造一个合适的哈希函数。

（2）所有同学信息均从文本文件 Hash.txt 中读取（文本文件中的各字段用【Tab】键分隔）后插入到哈希表。

（3）用拉链法解决冲突。

图 11-22 中每个同学的学号中，第 1 位字母为专业编码，第 2～4 位数字为年级编码，第 5～6 位数字为班级内部的入学序号。

图 11-22　Hash.txt 的文件内容

假设采用如下公式作为哈希函数（其中 k_i 表示学号中第 i 位的字符或数字）。

$$\text{Hash(key)} = [(k_1-'A')^2 + k_2^2 + k_3^2 + k_4^2 + k_5^2 + k_6^2]\%19$$

则根据该哈希函数构造出的哈希表存储结构如图 11-23 所示。

例如：学号为 E06234 的黄佳梦同学，该同学学号的哈希值计算过程如下。

$$\text{Hash(E06234)} = [('E'-'A')^2 + 0^2 + 6^2 + 2^2 + 3^2 + 4^2]\%19 = 5$$

因此，存放该同学信息结点的地址被放置到哈希数组的 5 号单元。

查找某同学时，仍然通过该哈希函数计算该同学数据结点地址的存放位置，如果计算出的单元号后面的单链表中找到了该同学，则输出该同学的详细信息；否则，给出未找到该同学的提示。

例如，需要查找学号为 J06128 的同学，则先通过下面的式子计算其哈希值。

$$\text{Hash(J06128)} = [('J'-'A')^2 + 0^2 + 6^2 + 1^2 + 2^2 + 8^2]\%19 = 0$$

根据上式计算出该同学学号的哈希值为 0,也就是说该同学如果在哈希表中存在，则其数据结点的地址一定存放在 0 号单元,但是通过比较发现 0 号单元所指示的单链表中的两个结点的学号均不为 J06128，因此马上得出该同学不存在图 11-23 所示哈希表中的结论。

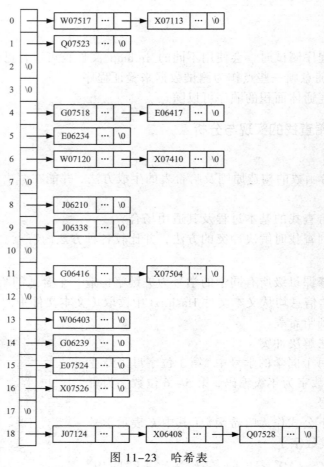

图 11-23　哈希表

3．设计要求

（1）所有数据从文本文件 Hash.txt 中读取。

（2）根据实际问题自行构造合理的哈希函数，要求采用拉链法解决 Hash 表的冲突。

（3）严格按照哈希表构造的一般原则进行编程（不能简单地将文件中的数据读到一个数组里，再从数组里完成相应的查找功能）。

课题 23　文件记录读取并排序

1．设计目的

（1）掌握常用排序算法的过程及特点。

（2）掌握文件读写的基本方法。

2．主要内容

编写程序，将 Hash.txt 文件中的数据记录读出，并按每个同学的总评分数排序后写入 Result.txt 文件。Hash.txt 文件的内容如图 11-22 所示。

3．设计要求

（1）排序方法要求采用快速排序、堆排序、希尔排序中的一种。如果采用希尔排序，则每趟的增量值依次为（5，3，1）。

（2）如果有多个同学同时完成该课题，要求每个同学均采用不同的排序方法。

课题 24 平衡二叉树的构造及输出

1．设计目的

（1）复习二叉树的三叉链表存储结构和遍历方法。

（2）掌握二叉排序树的特点和生成方法。

（3）掌握平衡二叉树 4 种不平衡形态的判定和旋转为平衡的方法。

（4）按 9.3.2 节平衡二叉树的内容，建立一棵平衡二叉树，并对其进行输出和验证。

2．主要内容

（1）输入结点数据，构造二叉树的结点，按二叉排序树的规则插入该结点到三叉链表中。

（2）从插入的新结点开始，依次寻找其双亲，并检查其双亲的平衡因子是否属于[-1,1]区间，直到树根结点；如果始终未发现不平衡结点，则可以断定插入该结点后的平衡二叉树仍然保持平衡，跳转到步骤（1）继续插入下一个结点。

（3）在步骤（2）中一旦发现某双亲的平衡因子不属于[-1,1]区间，则可以断定插入新结点后的二叉树已不再平衡，该双亲结点即为离插入点最近的不平衡结点。

（4）根据该不平衡结点左右孩子及插入新结点的值，即可判定出该二叉树的不平衡形态（共有 LL 型、LR 型、RR 型、RL 型 4 种），然后根据判定得到的不平衡形态调用不同的旋转函数即可将其重新调整为平衡二叉树。

（5）重复步骤（1）、（2）、（3）、（4），直到所有结点都插入到该平衡二叉树中为止。

（6）输出该二叉树的前序（或者后序）序列和中序序列，手工恢复出该二叉树，检验其是否为平衡二叉树；并验证其中序序列的有序性。

3．设计要求

（1）4 种旋转方式用 4 个独立的函数实现，不能将所有旋转调整的代码都写在插入函数中。

（2）分析平衡二叉树的查找效率。

课题 25 马对棋盘方格的遍历

1．设计目的

（1）掌握栈的本质，灵活使用栈解决实际问题。

（2）掌握求解问题时使用的回溯策略。

（3）比较一般回溯方法和贪心算法的异同点，并尝试分析其时间和空间复杂度。

2．主要内容

编写程序实现马对棋盘方格的遍历。一个棋盘有 8 行 8 列共 64 个方格，输入马的起始方格位置，从起始方格出发，一个马的移动必须跨越两行一列或是两列一行。

设起始方格的次序为 1，马跳过的下一个方格的次序是上一个方格的次序加 1。马必须经过每个方格且仅经过一次，并且马的移动不能超越棋盘边界，求出马经过这 64 个方格的次序。

例如，图 11-24 显示了坐标（5,3）位置上马的所有合法移动位置（即 *K*0～*K*7）。

	0	1	2	3	4	5	6	7
0								
1								
2								
3			*K*7		*K*0			
4		*K*6				*K*1		
5				*K*				
6		*K*5				*K*2		
7			*K*4		*K*3			

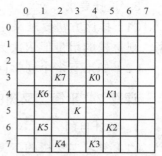

图 11-24　位置 K 上马的八个合法移动位置

简化问题表述则为：从坐标(row,column)出发，依次尝试：(row−2,column+1)、(row−1,column+2)、(row+1,column+2)、(row+2,column+1)、(row+2,column−1)、(row+1,column−2)、(row−1,column−2)、(row−2,column−1)这 8 个方向。

先将整个棋盘（实质就是一个二维数组）的所有方格初始化为-1。

回溯法解决马遍历棋盘的步骤：

（1）从起始位置开始，可将马的每次跳动抽象为一个栈结点，当马跳到下一个方格时就将起跳方格的信息压栈，并在棋盘中标记好马经过该起跳方格的次序。

（2）当马跳到某个方格发现无处可跳时，就出栈一个结点（相当于跳回到上一步，即回溯），并将该方格的次序恢复为初始值-1，然后尝试出栈结点对应方格的下一个跳跃方向。

提示：某个方格无处可跳意味着该方格的 8 个方向要么是已经尝试过的“死路”，要么就是超出棋盘边界，此时只能通过出栈方式回跳到上一个方格，从而进一步尝试上一个方格的其他方向是否存在遍历通路。

（3）当某个方格次序为 64 时，代表所有方格都遍历完。

（4）输出所有方格中的次序。

rowNo	colNo	direction

图 11-25　栈的结点结构

栈结点的结构可以设置如图 11-25 所示。其中，rowNo 保存起跳方格的行号，colNo 保存起跳方格的列号，direction 保存起跳方格的方向（int 型，取值为 0～7，对应 *K*0～*K*7 这 8 个方向）。通过当前方格位置及方向即可计算出下一个方格的行号和列号，便可进一步判断该方格是否越界或者马是否已经过该方格了。

注意：对于用回溯法编出的程序，只能输入(0,0)等少数坐标进行测试，如果输入其他坐标作为马的起始位置，因为回溯次数太多，可能程序运行很久也得不到运行结果。

假设输出马的起始位置为(0,0)，则马遍历整个棋盘方格的次序如图 11-26 所示。

若用贪心算法实现该程序，假设马的起始位置为(5,3)，则马遍历整个棋盘方格的次序如图 11-27 所示。

3．设计要求

（1）用回溯法编程，输入马的初始坐标为(0,0)，输出马对整个棋盘的遍历次序。

（2）输入马的初始坐标为其他方格坐标值，观察程序的运行时间并分析之。

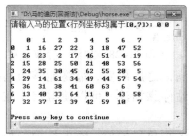

图 11-26　初始位置为(0,0)的遍历次序

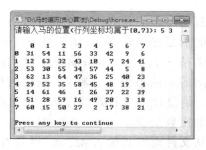

图 11-27　初始位置为(5,3)的遍历次序

（3）查阅参考资料，了解贪心算法策略，并改用贪心算法实现该程序，输入马的初始坐标为棋盘 64 个坐标中的任意坐标，检验程序的运行结果，观察程序的运行时间。

（4）修改问题，进一步要求在遍历棋盘的基础上，使得马的遍历路径能够构成回路，即要求马从棋盘上的最后一个访问位置能够跳回起点，思考此时该问题的求解方法该如何改进。

课题 26　求两个字符串的扩展距离

1．设计目的

（1）了解并掌握动态规划算法的本质，灵活使用动态规划算法解决实际问题。

（2）比较动态规划算法和贪心算法的异同，并尝试分析动态规划算法的时间和空间复杂度。

2．主要内容

对于长度相同的两个字符串 A 和 B，其距离定义为相应位置字符的距离之和。两个非空格字符的距离是它们 ASCII 码之差的绝对值；空格与空格的距离为 0，空格与其他字符的距离为一个定值 k。

在一般情况下，字符串 A 和 B 的长度不一定相同。字符串 A 的扩展是在 A 中插入若干空格字符所产生的字符串。在字符串 A 和 B 的所有长度相同的扩展中，有一对距离最短的扩展，该距离称为字符串 A 和 B 的扩展距离。对于给定的字符串 A 和 B，设计一个算法，计算其扩展距离。

3．设计要求

（1）分析所采用算法的时间复杂度，算法的时间复杂度要尽可能低。

（2）除了所采用的算法，进一步分析该类问题可以采用哪些算法来求解。

课题 27　求汽车最少加油次数问题

1．设计目的

（1）了解贪心算法，学会使用贪心策略来解决实际问题。

（2）比较贪心算法和动态规划算法的异同点。

2．主要内容

假设旅途总长度为 N 千米，途中分布有 M 个加油站(含起点站，不含终点站)，依次标记为 S_0, S_1, S_2, $\cdots S_{M-1}$，如图 11-28 所示。一辆汽车加满油后可以行驶 n 千米，且任意两个加油站之间的距离小于 n 千米。M 个加油站的信息存储在 Next[M]数组中，Next[i]中存储着从加油站 S_i 到 S_{i+1} 之间的距离（任意两个相邻加油站之间的举例小于 n 千米）。假设汽车在起点站加满油之后出发，最终能够顺利抵达

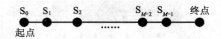

图 11-28　加油站分布示意图

终点，请设计一个有效的算法，求出应在那些加油站停靠加油，可以使得汽车在沿途的加油次数最少。

从文件或键盘输入 M、n，以及 Next[M]数组中各个单元的值，输出最少的加油次数，并指出应在哪些加油站停靠加油。

3. 设计要求

（1）分析所采用算法的时间复杂度，且算法的时间复杂度要尽可能低。

（2）分析贪心算法的优缺点，及其适用问题的范围。

课题 28　大整数运算

1. 设计目的

（1）了解数组和串的存储结构和一般操作方法。

（2）掌握数字字符串与其对应数值之间的转换技巧。

（3）分析大整数运算的特点。

2. 主要内容

任意输出两个大整数，分别求它们加、减、乘、除（选做）的结果。

例如：12345678901234567890+1234567890=12345678902469135780

12345678901234567890－1234567890=12345678900000000000

12345678901234567890*1234567890=15241578751714678875019052100

12345678901234567890/1234567890=10000000001

提示：部分相加和相减运算可以相互转换，互相调用。

3. 设计要求

（1）预设两个大整数，通过执行不同的菜单选择项分别求其加、减、乘、除（选做）运算的结果，比较程序运行结果和手工计算结果是否一致。

（2）两个预设大整数的值，均能够通过执行相应菜单项而重新输入；参与运算的大整数的位数至少应支持 20 位以上。

（3）输出运算对象和结果时，相应的正负号及运算符应一并输出，输出界面应尽量采用竖式形式，以便验证结果。

数据结构实验系统的组装 <<<

本附录的主要目的是指导学生学习文件包含处理的基本方法，并以本书第 2 章～第 10 章的 9 个验证性实验子系统为基础，完成数据结构实验系统的组装。在此基础上，学生还可以扩充自主设计的数据结构其他算法，完成一个更为完善的数据结构实验系统。通过本附录的学习，可以进一步提高程序编写和调试的能力。

A.1 文件的包含处理

本节介绍利用文件包含处理的方法，把第 2 章～第 10 章的 9 个验证性试验的子系统包含到主控模块，从而完成一个数据结构实验系统的组装。

1．什么是文件包含

文件的包含处理是指一个源文件可以将另一个源文件的全部内容包含进来，即将另外的文件包含到本文件之中。C（或 C++）语言提供了#include 命令来实现"文件包含"的操作。其一般形式为：

```
#include"文件名"  或  #include<文件名>
```

图 A–1 所示为"文件包含"以前两个独立文件 file1.cpp 和 file2.h 的示意图。其中图 A–1（a）为文件 file1.cpp，它有一个#include<file2.h>命令，然后还有其他内容的命令，以 S1 表示。图 A–1（b）为另一个文件 file2.h，文件内容以 S2 表示。

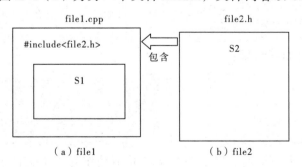

（a）file1   （b）file2

图 A–1 "文件包含"以前示意图

在编译预处理时，要对#include 命令进行"文件包含"处理，即将文件 file2.h 的全部内容复制插入到#include <file2.h>命令处，也就是将 file2.h 的内容包含到 file1.cpp 中，于是得到图 A–2 所示的结果。在编译中，将"包含"以后的 file1.cpp 作

实用数据结构基础 第四版

为一个源文件单位进行编译。

file1.cpp

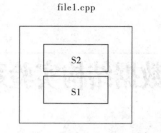

图 A-2 "文件包含"以后示意图

"文件包含"在程序设计中是十分有用的。例如，在程序设计中往往需要使用一组固定的符号常量，如 e=2.718，pi=3.1415926 等，可以把这些宏定义命令组成一个文件，然后各人都可以用#include 命令将这些符号常量包含到自己所写的源文件中。这样，每个人就可以不必定义这些符号常量，而直接进行引用，相当于工业上的标准零件，其作用是大大节省了程序设计人员的重复劳动。

【例 A-1】利用宏定义将程序中的"输出格式"定义好，作为一个输出格式文件 format.h，然后将它包含在一个 file.cpp 的文件中。

（1）format.h 的代码如下：

```
#define PR printf
#define NL "\n"
#define D "%d"
#define D1 D NL
#define D2 D D NL
#define D3 D D D NL
#define D4 D D D D NL
#define S "%s"
```

（2）file.cpp 的代码如下：

```
#include "format.h"
main()
{   int a,b,c,d;
    char string[]="上海东方明珠";
    a=1;b=2;c=3;d=4;
    PR(D1,a);
    PR(D2,a,b);
    PR(D3,a,b,c);
    PR(D4,a,b,c,d);
    PR(S,string);
}
```

程序运行后输出如下结果：

```
1
12
123
1234
上海东方明珠
```

值得注意的是，在编译时，以上两个文件并不是作为两个文件进行连接的，而是作为一个源程序编译，得到的也只有一个目标文件。这种常用在文件头部被包含的文件，称为头部（head）文件，一般以"h"为扩展名。

如果需要修改一些常数，不必修改每个程序，只需修改一个头文件就可以了。但是应当注意，被包含的文件修改以后，凡包含该文件的所有文件都必须进行重新编译。

这一点在程序调试中尤其值得注意。

说明：

（1）一个 include 命令只能指定一个被包含的文件。要包含 n 个文件，必须用 n 个#include 命令。

（2）如果 file1.cpp 包含 file2.h，而 file2.h 中又要用到 file3.h 的内容，则可在 file1.cpp 中用两个#include 命令分别包含 file2.h 和 file3.h，而且 file3.h 必须出现在 file2.h 之前。

定义如下：

```
#include "file3.h"
#include "file2.h"
```

这样，file1.cpp 和 file2.h 都可以使用 file3.h 的内容，且 file2.h 也不必使用#include "file3.h" 命令了。

（3）在一个被包含文件中又可以包含另一个被包含的文件，即文件包含是可以嵌套的。

（4）在#include 命令中，文件名可以用双引号或尖括号括起来。两者的区别是：用尖括号（如#include<file2.h>）形式时，系统到存放库函数的头文件所在的目录中寻找要包含的文件，这种方式称为标准方式；用双引号（如#include "file2.h"）形式时，系统先在用户当前目录寻找要包含的文件，若找不到，再按标准方式查找。

（5）被包含文件（file2.h）与其所在的文件（即用#include 命令的源文件 file1.cpp）在预编译后，已成为同一个文件。所以，如果在 file2.h 中有全局静态变量，它也在 file1.cpp 文件中有效，不用另外声明。

2．如何对"数据结构实验系统"进行文件包含

教材第 2 章～第 10 章基本算法如表 A-1 所示。

表 A-1　各章基本算法

章	第 2 章	第 3 章	第 4 章	第 5 章	第 6 章	第 7 章	第 8 章	第 9 章	第 10 章
	线性表	栈	队 列	串	数组和广义表	二 叉 树	图	查 找	排 序
算法	建表	进栈	进队	建立新串	稀疏矩阵	建二叉树	建立邻接矩阵	顺序查找	数据输入
	插入	出栈	出队	连接两串	新建	凹入显示	深度优先遍历	二分查找	插入排序
	删除	显示	读队头	取出子串	转置	先序遍历	广度优先遍历	二叉排序树	希尔排序
	显示	数制转换	显示	删除子串	查找	中序遍历	返回	建排序树	冒泡排序
	返回	逆波兰式	双向队	插入子串	显示	后序遍历		查找结点	快速排序
		返回	返回	模式匹配	返回	层次遍历		插入结点	选择排序
				比较大小	广义表	叶结点数		删除结点	归并排序
				显示	新建	总结点数		中序输出	堆排序
				返回	查找	树的深度		返回	返回
					显示	返回		返回	
					返回				
					返回				

在组装系统之前，首先必须把原来各子系统的源文件名（扩展名为.cpp）改为头文件名（扩展名为.h）。又因为在 C（或 C++）语言程序中只允许有一个主函数，所

以在组成整个系统前，还必须把各子系统中的主函数 main()，分别写成子函数名。表 A-2 所示为各章子系统的源文件名、头文件名和参考函数名的对照表。

表 A-2　各子系统的函数名对照表

章	源　文　件　名	头　文　件　名	函　数　名
第 2 章	线性表.cpp	线性表.h	LineList()
第 3 章	栈.cpp	栈.h	Stack()
第 4 章	队列.cpp	队列.h	Queue()
第 5 章	串.cpp	串.h	String()
第 6 章	多维数组和广义表.cpp	数组和广义表.h	AGL()
第 7 章	二叉树.cpp	二叉树.h	BTree()
第 8 章	图.cpp	图.h	Graph()
第 9 章	查找.cpp	查找.h	Search()
第 10 章	排序.cpp	排序.h	Sort()

A.2　系统的实现

1. 数据结构实验系统主控模块

只要把表 A-2 所列 9 个子系统的头文件，包含到主控模块中，也就是说在主函数 main() 中加入包含各子系统文件组成的头文件，就能利用主菜单方便地调用各子系统的函数。DS.cpp 就是"数据结构实验系统"的主控模块，其源代码如下：

```
#include "线性表.h"
#include "栈.h"
#include "队列.h"
#include "串.h"
#include "数组和广义表.h"
#include "二叉树.h"
#include "图.h"
#include "查找.h"
#include "排序.h"
void main(void)
{   int choice;
    char ch;
    ch='y';
    while(ch=='y'||ch=='Y')
    {   printf("\n\n\n");
        printf("\n\t\t        数据结构实验演示系统          ");
        printf("\n\t\t              主 菜 单                ");
        printf("\n\t\t*********************************************");
        printf("\n\t\t*         1-------线   性   表           *");
        printf("\n\t\t*         2-------    栈                  *");
        printf("\n\t\t*         3-------队     列              *");
        printf("\n\t\t*         4-------    串                  *");
        printf("\n\t\t*         5-------数组和广义表           *");
        printf("\n\t\t*         6-------二   叉   树           *");
```

```
printf("\n\t\t*              7-------    图          *");
printf("\n\t\t*              8-------查       找       *");
printf("\n\t\t*              9-------排       序       *");
printf("\n\t\t*              0-------退       出       *");
printf("\n\t\t************************************");
printf("\n\t\t    请选择菜单号(0--9):");
scanf("%d",&choice);
getchar();
switch(choice)
{   case 1:LineList();break;
    case 2:Stack();break;
    case 3:Queue();break;
    case 4:String();break;
    case 5:AGL();break;
    case 6:BTree();break;
    case 7:Graph();break;
    case 8:Search();break;
    case 9:Sort();break;
    case 0:ch='n';break;
    default : printf(" 菜单选择错误! 请重输");
}
    }
}
```

主控模块的 switch 语句中 case 1～case 9，所调用的函数名即表 A-2 函数名栏所列的各章子系统的函数名。

2．系统的调试

编译之前把主函数和 9 个头文件放在同一个文件夹中，编译时只要对主控模块 DS.cpp 进行编译即可。

由于各章子系统编写时变量（或结构体变量）名都是独立命名的，单独编译时不会有问题。但在整个系统编译时，如果碰到不同的子系统中存在相同的变量（或结构体变量）名时系统就会出错。当编译出现这种变量相撞的现象时，只要利用查找替换的方法，把某一个子系统中的变量名都修改掉，重新编译即可。

系统经过编译以后，会自动生成一个文件名与主控模块名一样，扩展名为.exe 的可执行文件，即 DS.exe，这个文件只要在操作系统支持下就可以运行。

学生还可以在这个基础之上，扩充自主设计的数据结构其他算法，使之成为一个更为完善的数据结构实验系统。

参 考 文 献

[1]　陈元春，王中华，张亮，等. 实用数据结构基础[M].3 版. 北京：中国铁道出版社，2015.

[2]　谭浩强. C 程序设计[M].2 版. 北京：清华大学出版社，2013.

[3]　严蔚敏，吴伟民. 数据结构（C 语言版）[M]. 北京：清华大学出版社，2011.

[4]　严蔚敏，吴伟民. 数据结构题集（C 语言版）[M]. 北京：清华大学出版社，2012.

[5]　黄国瑜，叶乃菁. 数据结构（C 语言版）[M]. 北京：清华大学出版社，2001.

[6]　胡学钢. 数据结构算法设计指导[M]. 北京：清华大学出版社，1999.

[7]　苏光奎，李春葆. 数据结构导学[M]. 北京：清华大学出版社，2002.

[8]　陈明. 实用数据结构基础[M]. 北京：清华大学出版社，2002.

[9]　周叶，高荣芳. 数据结构与 C++[M]. 西安：西安交通大学出版社，1999.

[10]　佟维，谢爽爽. 实用数据结构[M]. 北京：科学出版社，2003.

[11]　王士元. 数据结构与数据库系统[M]. 天津：南开大学出版社，2000.

[12]　李强根. 数据结构：C++描述[M]. 北京：中国水利水电出版社，2001.

[13]　杨正宏. 数据结构[M]. 北京：中国铁道出版社，2002.

[14]　黄保和. 数据结构：C 语言版[M]. 北京：中国水利水电出版社，2001.

[15]　殷人昆，徐孝凯. 数据结构习题解析[M]. 北京：清华大学出版社，2007.

[16]　李春葆. 新编数据结构习题与解析[M]. 北京：清华大学出版社，2013.

[17]　张世和. 数据结构[M]. 北京：清华大学出版社，2000.

[18]　咨讯教育小组. 数据结构 C 语言版[M]. 北京：中国铁道出版社，2002.

[19]　徐士良，马尔妮. 实用数据结构[M]. 3 版. 北京：清华大学出版社，2011.

[20]　率辉. 数据结构高分笔记之习题精析扩展[M]. 北京：机械工业出版社，2014.

[21]　陈守孔. 算法与数据结构考研试题精析[M]. 2 版. 北京：机械工业出版社，2007.

[22]　2011 年、2012 年、2013 年全国软件和信息技术专业人才大赛试题.